高纬度寒区水循环机理与水资源调控

孙青言　陆垂裕　肖伟华　赵　勇　刘莉莉　等　著

U0227622

科学出版社

北　京

内 容 简 介

本书首先系统介绍高纬度寒区水循环的主要特征和基础理论，并以我国高纬度寒区的典型代表三江平原为研究区，开展水循环和水资源特征的初步分析，在此基础上研发和构建符合三江平原水循环和自然地理特征的分布式水循环模型，其次，基于水循环模拟和实测数据开展三江平原水循环规律分析，揭示高纬度寒区水循环的演变机理；最后以水循环模型为工具，以水资源合理配置成果为调控方案，研究三江平原水资源调控的适宜模式。

本书可供寒区水文、水资源、生态环境等相关领域的科研人员，从事流域水循环机理和模型研究、水资源配置、调控等方面的技术人员，三江平原及其相关地区的水利工作者参考。

图书在版编目（CIP）数据

高纬度寒区水循环机理与水资源调控/孙青言等著 . — 北京：科学出版社，2019.3
ISBN 978-7-03-060807-9

Ⅰ . ①高… Ⅱ . ①孙… Ⅲ . ①冻土区 – 水资源 – 研究 Ⅳ . ① TV211

中国版本图书馆 CIP 数据核字 (2019) 第 044448 号

责任编辑：王 倩 / 责任校对：樊雅琼
责任印制：吴兆东 / 封面设计：无极书装

科学出版社 出版
北京东黄城根北街 16 号
邮政编码：100717
http://www.sciencep.com

北京虎彩文化传播有限公司 印刷
科学出版社发行 各地新华书店经销
*
2019 年 3 月第 一 版 开本：787×1092 1/16
2019 年 3 月第一次印刷 印张：15
字数：344 000
定价：158.00 元
（如有印装质量问题，我社负责调换）

前　言

　　寒区水循环作为全球水循环的重要组成部分，在全球物质和能量循环中发挥着重要作用。寒区社会经济发展对水资源的需求，寒区生态环境保护对水循环的依赖，都迫切需要在理论和实践的基础上对寒区水循环进行深入研究。寒区水循环研究一般以物质平衡和能量平衡两大理论为基础，利用实验观测、统计分析、模型模拟等研究方法，探索寒区水循环要素的形成、转化和运动机理，以掌握水循环的基本规律，目的是服务水循环和水资源的实践，从而推动寒区水循环理论及其在相关应用中的发展。寒区水循环研究涉及冰冻圈科学、水文学、水资源学、地理学、大气科学等多个学科，是交叉学科研究的重点方向之一，经过该领域专家学者长期的摸索与积累，寒区水文学逐渐成为一门较为独立的学科，成为寒区水循环研究的学科基础，使陆面水循环的相关理论不断完善。

　　实践证明，脱离现实问题研究水循环机理和理论往往行不通。水循环领域既有普遍适用的理论，又有显著的流域 / 区域性特征，不同地区的水循环机理各异。例如，高纬度寒区，冻土层的季节性冻结、融化过程使土壤水的渗透机制具有区别于温暖地区的特殊性；季节性积雪消融使流域径流过程形成了影响较大的春季洪水；强人类活动更增加了高纬度寒区水循环的复杂性。因此，对特征鲜明和人类活动强烈的高纬度寒区的水循环研究，既有助于高纬度寒区水循环理论的发展，又有助于解决当地面临的水资源、水生态、水环境等实际问题，符合科学技术发展的一般规律。因此，本书继续沿着寒区水循环研究的一般路径，选取高纬度寒区水循环的典型区，在寒区水循环理论总结和典型区水循环特征分析的基础上，研发和构建符合典型区特征的分布式水循环模型，分析水循环机理和规律，探索水资源调控模式。

　　利用水循环理论和模型开展流域 / 区域的水资源开发利用调控，并探索符合流域 / 区域可持续发展的水资源调控模式，是目前面临的实际问题之一。将水循环模型与水资源配置、水生态效应和水资源开发利用联系起来，形成一套行之有效的解决方法和思路，仍然是目前水循环研究的热点和难点。

　　针对高纬度寒区水循环和水资源的研究，多以特定流域 / 区域为对象，从其水循环机制和水资源形成转化规律的特殊性中概括水循环理论的普遍性，并为当地水资源开发利用提供科技支撑，是一种科学的研究途径。因此，本书以我国高纬度寒区中具有代表性的三江平原为例，开展水循环机理与水资源调控研究，一是为寒区水循环理论的发展做出有益补充，二是为寒区水循环和水资源研究的方法与模型提供参考，三是为三江平原水资源的可持续开发利用提供支撑。

本书的成文基础是国家自然科学基金项目"寒区土壤水冻融循环对入渗影响机理及模型研究"（51509264）和黑龙江省水利科技课题"三江平原水循环转化及水资源开发利用调控研究"的研究成果，其中前者侧重基础科学研究，后者注重对当地水循环和水资源实践的支持。本书将两个研究项目（课题）进行了理论与实践的深度融合，并增加了对现有相关理论和知识的总结凝练，使本书成为集理论体系、方法探索、模型研发、实践应用为一体的完整著作，为水文水资源、寒区水循环、水循环模型等方面的相关研究提供一定的借鉴。

本书由中国水利水电科学研究院、河北工程大学、山东省水利科学研究院等单位的研究人员共同完成。根据研究的思路和体系，本书分为8章。第1章为绪论，由赵勇、孙青言、陆垂裕、肖伟华、刘莉莉等执笔；第2章为寒区水循环基础理论，由孙青言、陆垂裕、肖伟华、赵勇、栾清华等执笔；第3章为三江平原水循环和水资源特征分析，由孙青言、曹国亮、严聆嘉、张世禄、韩婧怡等执笔；第4章为三江平原水循环模型，由陆垂裕、孙青言、严聆嘉、张博等执笔；第5章为三江平原水循环规律分析，由孙青言、陆垂裕、刘莉莉、曹国亮、栾清华等执笔；第6章为三江平原水资源合理配置，由肖伟华、侯保灯、刘莉莉、鲁帆、谢子波、李保琦等执笔；第7章为三江平原水资源调控研究，由栾清华、孙青言、陆垂裕、肖伟华、赵勇等执笔；第8章为主要研究成果与展望，由孙青言、陆垂裕、肖伟华、赵勇、刘莉莉等执笔。全书由孙青言统稿。另外，国家重点研发计划课题（2016YFC0401404）为本书所采用的地表水与地下水联合模拟模型的研发提供了大力支持。黑龙江省水利水电勘测设计研究院曹波教授级高级工程师为本书研究提供了大量的数据支持，中国水利水电科学研究院裴源生教授级高级工程师、东北农业大学付强教授、水利水电规划设计总院朱党生教授级高级工程师、清华大学王忠静教授、北京师范大学徐宗学教授为本书的研究提出了很多宝贵意见，在此表示诚挚感谢！

限于笔者水平和编写时间，书中不足之处在所难免，敬请广大读者不吝批评赐教。

作 者

2018 年 7 月

目　　录

第1章 | 绪 论

1.1 研究背景与意义

1.1.1 研究背景

随着陆面水循环研究日臻成熟，相关机理和理论日趋完善，与水循环有关的伴生过程研究已经成为本领域热门，运用陆面水循环理论和模型解决实际问题的能力逐渐被水文学家和水资源工作者所重视。实践证明，脱离现实问题研究水循环机理和理论往往行不通。水循环领域既有普遍适用的理论，又有显著的流域/区域特征，不同地区的水循环机理各异。例如，高纬度寒区，冻土层的季节性冻结、融化过程使土壤水的渗透机制具有区别于温暖地区的特殊性；强人类活动更增加了高纬度寒区水循环的复杂性。因此，对人类活动强烈的高纬度寒区的水循环研究，既有助于水循环理论在高纬度寒区的发展，又有助于解决当地面临的水资源、水生态、水环境等实际问题，符合科学技术发展的一般规律。

利用水循环理论和模型开展流域/区域的水资源开发利用调控，并探索符合流域/区域可持续发展的水资源调控模式，是目前面临的实际问题之一。将水循环模型与水资源配置、水生态效应和水资源开发利用联系起来，形成一套行之有效的解决方法和思路，仍然是目前水循环研究的热点和难点。

针对高纬度寒区水循环和水资源的研究，多以特定流域/区域为对象，从其水循环机制和水资源形成转化规律的特殊性中概括水循环理论的普遍性，能为当地水资源开发利用提供科技支撑，是一种科学的研究途径。因此，本书以我国高纬度寒区中具有代表性的三江平原为例，开展水循环机理与水资源调控研究，一是为寒区水循环理论的发展做出有益补充，二是为寒区水循环和水资源研究的方法与模型提供参考，三是为三江平原水资源的可持续开发利用提供支撑。

三江平原位于我国黑龙江省东部，北起黑龙江，南抵兴凯湖，西邻小兴安岭，东至乌苏里江，总面积约为 10.57 万 km^2。三江平原土地资源丰富，人均耕地面积约为全国平均水平的 5 倍，且雨热同季，土地肥沃，适宜大田作物生长，不仅是我国重要商品粮基地之一，也是黑龙江粮食增产潜力最大的地区之一，在国家"节水增粮"行动布局中具有重要地位。然而该区丰富的土地资源优势的有效发挥，还面临着诸多问题的约束，具体表现为以下几个方面。

一是农业生产不稳定。三江平原耕地面积约为 7000 万亩[①]（2014 年），自 20 世纪 80

———————
① 1 亩≈ 666.67m²。

年代以来，三江平原农业经济得到迅速发展，目前种植结构以水稻、玉米和大豆为主，三种主要作物播种面积占三江平原农作物总播种面积的 80% 以上；其次是小麦以及其他经济作物。该区农田实灌面积约为 3700 万亩，其中，水稻灌溉面积约为 3538 万亩，旱田和蔬菜灌溉面积约为 162 万亩。大部分旱田作物为雨养，受降水丰枯等自然条件影响较大，产量仍处于较低水平，这是三江平原农业生产不稳的根本原因。

二是水资源面临短缺。三江平原地势低平，排水不畅，20 世纪 80 年代之前渍涝危害严重，随后"以稻治涝"这一治水思想提出并付诸实施，三江平原水田面积发展迅速。水稻种植 70 年代起步，到 80 年代只有 105 万亩，仅占当年总播种面积的 2.3%，进入 90 年代以后发展迅速，到 2000 年已达 1429.5 万亩，占当年总播种面积的 29.2%，2014 年水稻种植面积跃至 3538 万亩，占当年总播种面积的 50.5%。三江平原灌溉水源主要依赖地下水，随着水稻种植面积的显著增加，农业用水量也急剧上升。1985 年该区地下水开采量为 2.2 亿 m³，2010 年已达到 91.43 亿 m³，增加了近 41 倍。地下水无序开采，造成地下水位区域性下降，降落漏斗向纵深发展等，较典型的有佳木斯降落漏斗、建三江降落漏斗等，地下水供需矛盾日益突出。

三是水资源开发利用结构失衡。三江平原多年平均水资源量为 161.95 亿 m³，其中地表水资源量为 116.30 亿 m³，地下水资源量为 85.57 亿 m³，地表水与地下水资源重复量为 39.92 亿 m³。2010 年全区总用水量为 145.64 亿 m³，其中地表水用水量为 54.21 亿 m³（含当地地表水用水量 32.16 亿 m³），地下水用水量为 91.43 亿 m³。地表水开发利用率仅为 23%，地下水开发利用率则高达 137%。丰富的地表水资源（包括界河水资源）没有得到充分利用，而地下水却出现超采现象，造成水资源开发利用结构失衡。

四是水资源开发利用调配不统一。三江平原水资源类型多样，空间分布复杂，增加了水资源开发利用调控的难度。例如，地下水大量、无序开采，造成地下水超采现象；干流沿岸提水泵站各自独立运行，没有统一调度的运行机制，势必造成上下游、左右岸用水矛盾，导致水资源利用效率降低。这一系列的水资源开发利用不合理现象将直接影响水资源的承载能力，使原本丰富的水资源不能充分发挥其支撑社会经济快速发展和生态环境健康稳定的作用。

五是湿地生态受损恶化问题。三江平原是中国最大的湿地集中分布地区之一，其中三江自然保护区、兴凯湖自然保护区和洪河自然保护区被列入《国际重要湿地名录》。20 世纪 50 年代，三江平原湿地面积约为 3.4 万 km²，随着数十年农业的发展和对湿地的垦拓，大型的明水面日益萎缩，小型的泡沼不复存在，目前湿地面积只有约 0.91 万 km²（2010 年），相较 50 年代缩减了近 3/4。同时由于农业灌溉水源主要依赖于地下水，而灌区与湿地相间分布，大量开采地下水引起地下水位持续下降，现有湿地正失去涵养从而二次退化，产生的不良影响已引起广泛关注。

农业发展对水资源的巨大需求与湿地保护的艰巨任务形成尖锐的矛盾，两者对水资源的竞争关系归根结底是水资源承载能力的问题。水资源的不合理开发利用导致水资源承载能力降低，因此，应在摸清区域水循环转化规律的基础上进行水资源调控，开源与节流并重，实现水资源的合理配置，以扭转水资源承载能力降低的趋势。上述问题是三江平原水土资源合理开发利用的难点，如解决不好，将直接影响三江平原粮食生产基地、能源工业基地和生态示范基地的建设。

1.1.2　研究意义

三江平原属于我国高纬度寒区半湿润气候区，其区域独特性在于土壤水封冻期长达半年，水分在土壤中的动态对水循环产生显著影响；土地利用变化剧烈，湿地、林地、草地等自然景观被农田、居民和工业用地等人为景观侵占严重；农田种植结构变化很大，尤其是水稻种植面积，近十年翻了一番；水文地质条件复杂，地下水补给排泄规律尚不明确。因此需要在现有模型的基础上开发符合三江平原特点的水循环模型。本书研究将进一步明确高纬度寒区土地利用剧烈变化影响下的水文循环机理，阐明水文循环变化引起的湿地生态响应，揭示特殊水文地质条件控制下的地表水 – 地下水相互作用机制，对于水文循环研究在高纬度寒区的发展具有重要的科学意义。

为保障三江平原农业稳定增产、用水安全和生态环境健康，迫切需要根据当地的水资源、社会经济和生态环境特点，开展以三江平原水循环转化规律为核心的一系列资源环境问题研究，具体包括：三江平原水循环规律、地下水补给排泄动态平衡和超采机理、寒区水循环要素演变规律、水资源合理配置与调控等。本书研究对充分发挥水资源的限制和导向作用，增强以三江平原为代表的东北地区农业水利工作具有重要的现实意义。

1.2　研究进展与趋势

寒区分布在高纬度和高海拔地区，其特点是冰川、积雪、多年冻土、季节冻土等自然现象普遍存在。寒区在全球广泛分布，仅中国就有 43% 的国土面积属于寒区（杨针娘等，2000）。寒区水循环在水循环研究领域占有一席之地，在水循环理论、水循环模型、水资源调控方面均有广泛的发展。

1.2.1　水循环理论在寒区的发展

水循环是自然界的普遍现象，在全球物质和能量循环中扮演着重要角色。研究水循环的相关机理和规律，对于人类开发利用水资源、保护水资源及其与之密切相关的生态环境具有重要的现实意义。不同流域/区域的自然地理和气候特点存在差异，由此造成各地迥异的水文特征，如寒区水循环与热带地区水循环在循环形式上不同，源于不同地区不同的水循环机制机理，因此，研究流域/区域的水循环应首先从揭示当地的水循环机制机理入手，在实际应用中不断完善水循环理论。

对高纬度和高海拔国家或者地区在水文水资源领域的研究，促进了寒区水循环理论在这些区域的快速发展。水循环在寒区的主要特点在于永久性的或者季节性的冰川、积雪、冻土、冰盖对水循环转化的影响。

冰川主要分布在地球的两极和中低纬度的高山地区，是全球水循环的重要参与者。其中，中低纬度的高山地区冰川是流域水循环的"冻结水库"，不仅是山区河流的补给源，而且是流域径流的调节器。尤其在干旱的内陆地区，高山冰川融水径流更是流域水循环的关键环节（刘潮海等，1999）。随着全球气候趋暖，冰川退缩不断加剧，冰川融水径流增加，在我国干旱内陆盆地已经出现了地表径流增加的趋势（高鑫等，2010）。气候变化导致的冰川消融继而引起河道径流的响应，是目前寒区水循环研究的重要内容之一（Bliss et al.，2014）。

积雪在全球水循环中占据重要位置，尤其是在北半球中纬度地区及中低纬度的高山地区，季节性积雪产生的融雪径流形成流域水循环的重要组成部分，也是寒区水循环的重要特征。积雪融化受多种因素影响，包括温度、植被、覆盖度等，具有显著的季节性和周期性，同时随着气候变化的影响，出现融雪期延长、径流峰值提前、径流量增加等显著趋势性变化（Singh and Kumar，1997；Stewart et al.，2004；王建和李硕，2005；毛炜峄等，2007），对积雪、融雪、产流等在寒区水循环中的研究提出了挑战。

冻土分布于全球高纬度和高海拔地区，对生态、水文、气候及工程均有重要影响。冻土改变了区域水热条件、产汇流过程、产流量多寡及年内/年际变化，成为寒区水循环过程的核心环节。冻土的存在改变了寒区地表径流和水系模式，地下水的补给、径流和排泄条件也因冻土的存在而发生根本变化，形成了寒区特殊的水文地质环境（程国栋和周幼吾，1988）。冻土对流域水循环的影响研究主要包括冻土冻融的水热传输过程，冻土对水分入渗、地下水补给以及产汇流的影响等（Konrad and Morgenstern，1980；Thunholm et al.，1989；Daniel and Staricka，2000；Woo and Marsh，2005），这些相关研究对于揭示冻土对寒区水循环的作用机制具有重要意义。

1.2.2　寒区水循环模型研究进展

寒区水循环模型是研究寒区水循环机理和水资源开发利用的重要工具。水循环机理研究的不断加深，水循环和水资源领域应用需求的增长，以及计算机技术的高速发展，推动了寒区水循环模型从简单向复杂、从单环节过程的经验表达向整体水循环的分布式模拟，形成了一批具有较大影响力的寒区水循环模型。

针对水循环的某个环节采用室内外试验、观测的方式来揭露其规律或机理，并建立若干要素之间的数学方程，形成早期的水分运动模型。寒区土壤水的冻融过程、积雪的累积和消融过程、冰川的形成和融化过程、土壤冻融作用下的入渗过程、融雪/降雨的产汇流过程等，各过程均有详细深入的研究，并抽象出了适应不同地区、不同条件、不同环境下的数学表达式，用于刻画自然界水分运动规律和水分相变机制。其中，土壤入渗过程涉及土壤水的冻融作用。由于冻土的存在，土壤水的运动过程受到影响，因此降水 / 融雪水入渗具有区别于无冻土状态下的特性，其入渗模型也必然有所区别，需要建立适合寒区的入渗模型或者在原有模型的基础上进行改进（Granger et al.，1984；Zhao and Gray，1997；Gusev and Nasonova，1998）。土壤水的冻结和融化与土壤温度有关，而土壤温度则受到气温、积雪、覆被类型等因素的影响，建立冻土变化与上述各要素之间的关系，是研究寒区水循环的基础内容之一，因为冻土的存在对径流过程产生重要影响，而径流过程是水循环的重要组成部分（Shanley and Chalmers，1999）。寒区陆面水循环中径流多源于冰川和积雪的融化，对流域水循环具有重要影响，因此建立冰川 / 积雪的融化模型也是学者关注的焦点（Gray and Landine，1988；Hock，2003）。

随着寒区水循环各环节模型的逐渐成熟，建立各环节整合的流域综合水循环模型成为必然趋势，这对于流域水循环研究和流域水资源管理具有重要意义。寒区水循环模型在俄罗斯、加拿大、美国阿拉斯加等高纬度国家和地区研究较多。这些国家和地区建立的水循环模型均具有寒区的特色（Zhang et al.，2000；Rigon et al.，2006；Pomeroy et al.，2007；Dornes et al.，2008）。由于季节性积雪、常年或者季节冻土、冰川地貌等特征的存在，这些区域的排水系统不明确，偶然性洪水事件高发；流域物质平衡与能量平衡之间存在着密切联系（Pomeroy et al.，2007）。因此，模型需要考虑较多的寒区水循环特点，如融雪产流、春汛、积雪变化、土壤冻融、冻土入渗等。

1.2.3　水资源调控研究

水资源是人类赖以生存的基础性资源，但是水资源又是有限的。不合理的开发利用水资源不但会降低其支撑社会经济发展的可持续性，而且会损害生态环境的稳定性。正是基于这一严重问题，国内学者和政府正积极研究和推进水资源的可持续开发利用，并通过合理调控实现水资源的时空优化分配，以缓解地区间供水矛盾，提高水资源利用效率，增强水资源承载能力。

水资源调控通过水资源合理配置和优化调度实现。水资源合理配置研究始于 20 世纪60 年代的美国，起初是通过流域的水资源供需评价及预测，研究未来不断增长的用水需求的解决方案，体现了水资源配置的思想。随着用水需求的增长和供需水矛盾的加剧，水资源供需平衡及其配置逐渐在水资源规划中得到重视，用于解决水资源供需矛盾的方法和手段也不断丰富起来。用于水资源配置的方法大体分为三类：一是基于模拟技术的水资源配置方法；二是基于优化技术的水资源配置方法；三是模拟与优化技术相结合的水资源配置方法（雷晓辉等，2012）。其中，优化技术在解决简单水资源配置问题中较为适用。但是现实中水资源系统结构复杂、约束条件多样，需要达到的目标也并非单一，此时若用优化技术将大幅度增加问题求解的难度。模拟技术可以通过合理设计配置规则实现对水资源系统的抽象概化，具有很强的灵活性，但是模型参数的调试过程会随着模拟精度要求的提高而变得复杂。模拟与优化技术相结合的方法则从很大程度上集成了上述两种方法的长处，既可以实现对水资源系统的详细描述，也可以实现在模拟的同时追求某种目标最优。水资源配置方案通过水利工程的调度实现，从而达到水资源调控的最终目的。当前的研究多集中在水库或者水库群的优化调度和供水系统的多水源联合调度研究方面，其目标都是以实现水资源的高效、可持续利用为主（郭生练等，2010）。

在寒区，冰川积雪融水径流是水资源重要组成部分，在流域/区域生态环境健康和社会经济发展中发挥着重要的支撑作用。随着社会经济用水需求的持续增加，加上不合理的水资源开发利用模式，寒区的水资源出现各种问题，大大降低了水资源的承载能力。同时，气候变化引起的寒区水循环特征的变异，使得流域/区域水资源形成转化规律发生变化，从而为水资源调控提出了新的问题，因此，气候变化条件下的水资源调控是当前寒区研究的重点之一（Christensen and Lettenmaier，2006；Trumbull，2007；Viviroli et al.，2011；Dawadi and Ahmad，2013）。

1.2.4　存在的问题与发展趋势

目前来看，寒区水循环只是水循环在高海拔或者高纬度地区的一个区域性特例，并没有作为一门单独的理论自成体系。如同城市水循环、农田水循环、沙漠水循环、森林水循环等一样，除了具备流域/区域水循环的基本特征外，主要还是针对有别于其他景观/地区的水循环环节进行单独研究。例如，寒区的冰川、积雪、冻土等在水循环和水资源中扮演着重要角色，对它们的形成、转化、变化规律和机理的研究其实就占据了寒区水循环研究的绝大部分内容，因此，冰川、积雪、冻土以及整体水循环在气候变化和人类活动影响下的演变机理和综合模拟将是未来寒区水循环和水资源研究的趋势。

1）寒区水循环动态监测手段有限，实测数据缺乏，是寒区水循环研究的障碍。任何水循环理论的研究都需要实测数据的支持，任何水循环模型的构建都需要实测数据的检验，任何水资源调控的实施都需要以实测数据为基础，寒区水循环和水资源研究更需要实测数据的支撑。然而，由于寒区冰川、冻土、积雪及其变化的连续监测极为困难，研究成本更加低廉、监测更加方便的监测手段成为未来寒区水循环和水资源研究的重点内容之一。例如，目前应用较为广泛的遥感技术，在积雪和冰川变化的研究中得到重视。利用积雪的遥感监测数据，通过数据同化技术，获得流域/区域积雪面积、雪水当量等重要数据；通过长期监测冰川分布变化，了解气候变化对冰川的影响。

2）冰川变化及其对径流的影响是气候变化对水循环影响研究的重要方向。高寒地区冰川融水是流域径流和地下水的重要来源，尤其是在干旱内陆地区，冰川径流维系着绿洲生态和经济的发展。气候变化对冰川分布的影响已经引起广泛关注，并在径流变化趋势的观测中得到印证。冰川径流变化引起的水资源量的变化现阶段表现为增加趋势，短期内可能利大于弊，但是长远来看冰川的水量平衡可能被打破，按此趋势寒区冰川有彻底消失的风险，届时更大的水资源危机将会到来。因此，面向气候变化开展冰川径流变化规律的研究，并在此基础上开展径流变化情景下水资源调控方案的研究，为未来可能的水资源危机建立可行的应对机制，是寒区水循环和水资源研究的必然趋势。

3）积雪－融雪过程的精细化描述是寒区水循环研究的焦点。积雪是寒区径流的重要组成部分，针对积雪、融雪的研究已经有了深厚的积累，从积雪融雪观测到室内外实验，从微观机理探索到宏观变化规律研究，其最终目的是通过积雪－融雪－径流的精细化表达实现对流域产汇流的精确预测。由此可见，雪的累积、积雪能量平衡、积雪扰动（如雪崩和风扰）对融雪径流的影响，雪层内融水的运移与传输、融雪下渗与产汇流过程、积雪与冻土的相互作用等，仍然是未来寒区水循环研究的重点。

4）在冻土冻融机制研究的基础上开展水循环各过程的冻土效应研究是寒区水循环研究的必要内容。在多年冻土区或者季节冻土区流域径流的研究表明，冻土的影响具有大尺度水文效应。冻土冻融过程对水循环的影响是多方面的，正是由于冻土的存在使寒区水循环出现了众多有别于非寒区水循环的重要特征。冻土的冻结和消融规律影响了寒区的产汇流过程，使径流年内分布趋于均化，春季径流增加；冻土的存在影响地下水的降雨／融雪入渗补给规律，尤其是季节冻土区，冻土的存在和消失与地下水位变化存在显著相关性；冻土和积雪关系密切，两者的相互作用影响融雪、下渗、土壤含水量、土壤温度等。冻土的上述影响在寒区水循环中不可忽略，但是目前相关研究仍不够深入，需要继续对其机理和机制进行挖掘。

5）流域／区域尺度全要素的水循环综合模拟是开展寒区水循环演变机理与水资源调控研究的重要手段。寒区冰川、积雪、冻土等要素的形成、转化、演变过程是寒区水循环的重要组成部分，各部分之间相互作用、相互影响，本就是不可分割的有机整体，应全盘考虑、系统分析、综合模拟，从而为准确分析流域水循环演变机理，开展不同情景下的水循环模拟预测和水资源合理开发利用调控奠定科学基础。目前，寒区水循环综合模拟已经开展了初步工作，未来需要在实践应用中不断完善，在提高普遍适用性，减少不确定性方面不断改进。

1.3　研究目标与主要研究内容

1.3.1　研究目标

选取位于我国东北地区的三江平原作为高纬度寒区水循环和水资源研究的典型区，针对其特殊的自然地理和水文地质条件，从社会经济发展和水资源开发利用的特点出发，以流域／区域水循环转化规律研究为核心，开发符合三江平原水循环转化机制的分布式水循环模型，以分析水文情势变化、水资源开发利用对区域水文过程、地表／地下水转化过程及水分－生态过程的综合影响；预设不同的水资源调控方案，并利用水循环模型进行模拟，以探索保障三江平原粮食生产与生态环境安全的适宜水资源调控模式，最后提出三江平原水资源开发利用的控制性指标，为三江平原湿地生态保护、粮食生产供水安全和跨流域水资源调度工程规划提供科学技术支撑。本研究也将为高纬度寒区水循环机理与水资源调控研究提供一种新思路。

1.3.2 主要研究内容

寒区水循环的研究内容可以归纳为理论、方法、模型、应用等方面的研究，其中理论研究是最高一级的研究，是对大量方法、模型和应用研究的系统总结与凝练，同时也为模型和应用研究提供理论基础。本书首先在总结、归纳和简述前人寒区水循环理论和应用研究的基础上，以高纬度寒区的典型区——三江平原为研究对象，从分析三江平原的水循环和水资源特征入手，研发和构建符合三江平原水循环特点的分布式水循环模型。然后利用模型模拟结果和实测数据深入分析三江平原水循环的驱动机理和演变规律，基于三江平原水循环模型和水资源配置相关理论，开展三江平原水资源合理配置。最后以配置成果和水循环模型为基础，开展三江平原水资源调控，给出水资源调控的合理模式和控制性指标，从而为三江平原水资源的可持续开发利用提供科学依据。主要研究内容具体阐述如下。

1）寒区水循环基础理论研究。目前，寒区水循环的相关理论和实践研究已经取得了丰富的成果，这些成果为本书的研究提供了重要基础和依据，因此，对相关理论进行凝练和总结归纳是本书研究的前提。寒区水循环涉及水文学、水资源学、冰冻圈科学、地理学等方面的科学，是全球/流域/区域水循环在寒区的表现形式。因此，本书在寒区水循环理论方面首先总结水循环的基本概念和分类，并就水循环的整体过程和关键环节做简要介绍；详细论述寒区水循环的关键要素——冰川、积雪和冻土在寒区的形成、分布、分类、动态等特征，针对冰川水循环、积雪水循环和冻土水循环三大寒区水循环组成部分的水循环机制和特点进行理论分析，给出寒区水循环的两大理论基础——能量平衡和物质平衡，提出寒区水循环的学科基础和理论框架。最后论述寒区水循环的两大驱动机制——自然驱动机制和社会驱动机制。

2）三江平原水循环和水资源特征的初步分析。三江平原位于我国黑龙江东部，是研究高纬度寒区水循环和水资源的典型代表，因此选为本书研究的对象。在研发和构建水循环模型、开展水资源调控之前应对三江平原的水循环和水资源特征进行初步了解与分析，这有助于模型进行有针对性的改进，也为后续模型构建和水资源配置提供基础数据。本部分内容包括三项：三江平原自然地理和社会经济概况；三江平原水循环特征初步分析；三江平原水资源及其开发利用特征分析。其中水循环特征初步分析包括三江平原的降雪、积雪、融雪径流、河冰和冻土及其对水循环的影响。

3）三江平原水循环模型的研发与构建。三江平原水循环规律分析和水资源调控仅通过有限的实测和统计数据很难完成，因此本书借助分布式水循环模型——MODCYCLE模型开展研究。该模型已经在我国多个地区和流域得到成功应用，但是要应用于三江平原，还需要针对三江平原水循环的具体特点进行适应性研发和改进。收集和整理水循环模型所需的输入数据，包括基础空间数据和水循环驱动数据，构建模型数据库，然后运行模型。

最后对模型进行参数率定、模型验证、宏观参数和水量平衡的检验，以保证模型具备再现历史水循环过程和预测未来水循环趋势的能力。

4）基于水循环模拟和实测数据的三江平原水循环规律分析。为了弥补实测数据的不足，需要构建三江平原水循环模型，将两者结合起来开展三江平原水循环规律分析。本部分研究内容包括：分析全区水循环转化过程和两大低平原区的水量平衡特征；分析不同土地利用类型的产流和耗水规律，以及产流量的时空分布特点；分析三江平原主要河川的径流量和水文节律变化趋势，为湿地演变分析提供依据；分析平原区地下水的动态平衡、水位和超采机理，为地下水保护提供依据；分析三江平原寒区水循环演变规律，包括降雪变化规律、春汛径流演变规律、冷季蒸发动态规律和地下水补给规律。

5）三江平原水资源合理配置研究。区域水资源配置是开展水资源调控的前提之一。本书研究将针对三江平原区域水资源特点，构建三江平原水资源合理配置模型，通过经济社会系统与生态环境系统、供水水源、用水部门三个层面的水量配置，实现区域水资源合理配置。

6）三江平原水资源调控研究。以保障粮食生产安全和湿地生态健康为目标，在三江平原水资源合理配置成果的基础上，预设多种水资源开发利用调控方案，将各个方案的供用水、种植结构、边界条件、连通工程（三大江之间的规划调水工程）调水方案等数据输入水循环模型进行模拟，对比分析不同方案下三江平原地下水、径流、耗水和湿地的响应情况，依此选取有利于粮食生产与生态环境安全的水资源开发利用适宜调控模式，并提出该模式的控制性指标。

1.4　研究方案与技术路线

1.4.1　研究方案

寒区水循环和水资源研究是在原有理论基础上的进一步完善，也是对诸多典型案例研究的有益补充，从理论分析到案例研究，需要有切实可行的研究方案予以支撑，为此，本研究制定了详细的研究方案。

1）理论准备。开展高纬度寒区水循环和水资源研究之前需要对相关研究进行全面了解，把握当前研究的进展和前沿，发现目前相关研究面临的问题与发展趋势，然后总结归纳水循环的相关理论，包括水循环的基本概念、分类、环节等，以及寒区水循环的特殊要素、特点、基础理论、学科基础等，最后形成一套完备的寒区水循环理论框架。另外，还需要对寒区水循环的驱动机制进行详细分类和分析，这是后续水循环模型研发的理论基础。

2）典型区特征初步分析。三江平原作为高纬度寒区水循环机理与水资源调控研究的典型区，需要对其水循环和水资源的基本情况做初步了解，这样才能为后续模型的针对性研发和构建打好基础。首先了解三江平原的自然地理和社会经济概况，其次把握三江平原水循环的总体特征，再次明确三江平原的寒区水循环特征，最后理清三江平原水资源及其开发利用状况。

3）典型区水循环模型研发与构建。根据三江平原的水循环和水资源特征，对原有模型进行有针对性的改进；收集和整理水循环模型所需的输入数据，包括基础空间数据和水循环驱动数据，构建模型数据库，然后运行模型；对模型进行参数率定、模型验证、宏观参数和水量平衡的检验。

4）典型区水循环规律分析。在典型区特征初步分析和水循环模型构建的基础上，开展三江平原水循环规律分析。首先量化分析三江平原全区域的水循环转化过程和平原区的水量平衡机制，其次分析三江平原产流和耗水规律，再次分析主要河流的径流量和水文节律变化，然后分析平原区地下水的动态平衡、水位变化和超采机理，最后开展三江平原寒区水循环演变规律分析。

5）典型区水资源配置。水资源配置为水资源调控提供方案集，因此需要专门开展三江平原水资源配置。首先开展三江平原供需水预测，其次进行供需平衡分析，再次构建三江平原水资源合理配置模型，最后通过经济社会系统与生态环境系统间、供水水源、用水部门三个层面的水量配置，实现区域水资源合理配置。

6）典型区水资源调控。设定三江平原水资源调控的目标，制定水资源调控的方法，根据水资源配置成果和已有规划，设置水资源调控的方案。将水资源调控的方案数据输入水循环模型运行，对运行结果进行对比分析，包括地下水、耗水、径流量和湿地状态的区别，依次确定不同调控方案对水循环和生态环境的影响，最后根据影响的程度选取水资源调控的适宜模式，并给出保证调控目标实现的控制性指标。

1.4.2 技术路线

研究方案基本遵循了理论归纳—特征分析—模型构建—规律分析—优化调控—目标响应的技术思路，具体来说是通过寒区水循环和水资源的相关研究进展总结，把握当前研究存在的问题与发展趋势，形成寒区水循环理论框架，为本书的研究打好理论基础，指明研究方向；将三江平原作为高纬度寒区水循环机理与水资源调控的典型研究对象，开展典型区初步的水循环和水资源特征分析，为后续模型构建、规律分析、优化调控等环节做好准备；根据三江平原的水循环特征开展模型的适用性改进和构建，通过多个途径校验模型；利用模型和实测数据开展三江平原水循环规律的详细分析；基于模型和配置成果开展水资源调控，通过水循环与生态效应对比分析，完成调控适宜模式的优选和控制性指标的确定，从而实现粮食安全和生态保护的双重目标。上述技术思路可表达为如图 1-1 所示的技术路线图。

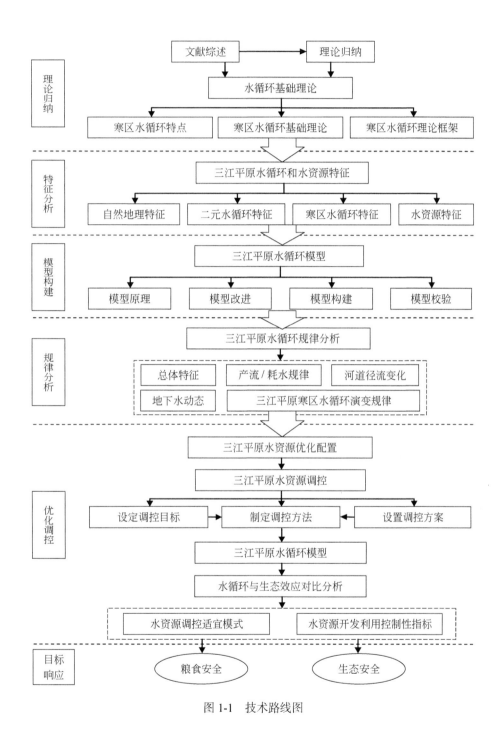

图 1-1　技术路线图

第2章 | 寒区水循环基础理论

寒区水循环是全球水循环的重要组成部分，是流域／区域水循环在寒区的一种特殊表现形式，既有水循环的基本特点，又有区别于非寒区水循环的特殊性，如冰川、融雪、冻土等寒区关键要素的水循环过程。另外，由于人类活动影响的加剧，寒区水循环呈现出"自然－社会"二元性特征，不仅深刻影响水资源的形成转化过程，而且深刻影响与水循环相伴生的生态系统和环境系统的演变规律。变化环境下的寒区水循环演变规律是当前水循环领域的研究热点，也是人类解决水资源问题的科学基础。

本章在水循环基本概念介绍的基础上，概括寒区水循环的基本理论，并对水循环的驱动机制进行分析，初步形成寒区水循环的理论体系，为后续寒区水循环模型的构建奠定了理论基础。

2.1 水循环基本概念

2.1.1 水循环及其分类

地球上的水循环是指水在地理环境中空间位置的移动，以及与之相伴的运动形态和物理状态的变化。在太阳能及地球重力的作用下，水在陆地、海洋和大气间通过吸收热量或释放热量，以及固、液、气三态的转化形成总量平衡的循环运动。水循环把地球上的各种水体联系成一个整体，使其处于连续的运动状态。

水循环是由海洋、大陆以及各种不同尺度的局部循环系统组成，它们相互联系、周而复始，形成了庞大而复杂的动态系统。其循环尺度大至全球，小至局部地区。

水循环按其发生的空间可以分为海洋水循环、陆地水循环（包括内陆水循环）、海陆间水循环。海陆间水循环主要指海面蒸发—水汽输送—陆上降水—径流入海的过程（但也不排除陆面蒸发—水汽输送—海上降水过程的存在），使陆地水得到源源不断的补充，水资源得以再生，与人类的关系最密切。陆地水循环既包括内流区域蒸发形成陆上降水的循环，也包括外流区域蒸发形成陆上降水的循环，还包括内（外）流区域蒸发造成外（内）流区域陆上降水的循环，对水资源的更新数量虽然较少，但对于内陆干旱地区却有重大的意义。海洋水循环虽不能补充陆地水，但从参与水循环的水汽量来说，该循环在所有的水循环中是最多的，在全球水循环整体中占有主体地位。

2.1.2　水循环过程及主要环节

水循环是多环节的自然过程，全球性的水循环涉及蒸发、大气水分输送、地表水和地下水循环以及多种形式的水量储蓄。水循环过程示意图如图 2-1 所示。

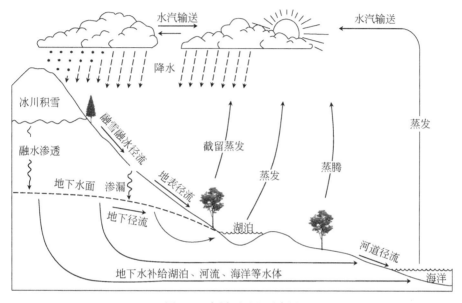

图 2-1　水循环过程示意图

水循环过程总体上分为四个环节：海陆水体的蒸发、水汽输送、水汽凝结形成降水及陆面产汇流过程。

海陆水体的蒸发包括海水蒸发、陆面地表水蒸发、土表蒸发、植被蒸腾、冰川积雪的升华等，其中海水蒸发是大气中水汽的主要来源。

水汽输送是大气层中水分迁移的过程，是水循环最活跃的环节之一，其中海水蒸发形成的水汽可以输送到陆地。例如，中国的大气水循环路径有太平洋、印度洋、南海、鄂霍次克海及内陆五个水循环系统，它们分别是中国东南、西南、华南、东北及西北内陆的水汽来源。西北内陆地区还有盛行西风和气旋东移而来的少量大西洋水汽。陆地蒸发形成的水汽也可能输送至海洋，但与海洋输送至陆地的水汽相比，数量有限。

大气中的水汽在一定的条件下凝结形成降水。就陆地上的降水而言，海洋上空的水汽可被输送到陆地上空凝结降水，称为外来水汽降水；陆地上空的水汽直接凝结降水，称为内部水汽降水。某地的总降水量与外来水汽降水量的比值称为该地的水分循环系数。就海洋蒸发形成的水汽而言，大部分形成了海上降水，只有不到 10% 的水汽输送到陆地上空形成陆上降水。

陆面产汇流过程包括降水产流、下渗、汇流、径流入海（湖泊）等，是水循环过程中最为复杂的环节，形成了现代水文学的核心内容。

2.2 寒区水循环

寒区泛指寒冷地区，主要分布在高纬度地区和中低纬度的高海拔地区。高纬度寒区以两极地区为代表，具有很强的纬度分带性；高海拔寒区以青藏高原及中纬度山地为代表，具有明显的垂直地带性。在中国，寒区主要分为三部分：东北地区的黑龙江流域和内蒙古中东部，属于高纬度寒区；西北地区的高山寒区，包括阿尔泰山、天山等海拔较高的山地；青藏高原的高海拔平原和山地。寒区气候系统和生态系统具有相对独立性，其独特的自然地理特征（冰川、积雪、冻土等）对流域/区域水循环影响显著（丁永建，2017）。

寒区水循环是水循环在寒区的一种表现形式，其特点是水以固态形式储存，以液态形式释放，冰-水相互转化过程及其对水资源和生态环境的作用，是寒区水循环的核心。对寒区水循环的研究主要集中在寒区特有要素的相互转化及其与之密切相关的产流、汇流、入渗、蒸发等水循环关键环节的响应上，包括两个方面：一是研究寒区内各水循环要素的动态变化，重点是诸要素本身的水循环机理和变化过程；二是研究寒区内各水循环要素的变化引起寒区内外水循环和水资源变化。

2.2.1 寒区水循环要素

寒区特殊的水循环要素主要有冰川、积雪、冻土、河湖冰等。各要素形成、转化、消融的过程、规律、机理、趋势等是寒区水循环最基础的研究内容。

2.2.1.1 冰川

冰川是陆地上由终年积雪积累演化而成，具有可塑性，能缓慢自行流动的天然冰体。现代冰川覆盖总面积约为1622.7万km²，占陆地总面积的10.9%，其中南极洲和格陵兰岛冰川面积为1465.0万km²，我国冰川面积为4.4万km²。全球冰川总储量为2406.4万km³，约占地表淡水资源总量的69.0%，其中约99%分布在两极地区，是地球上重要的水体之一（刘南威，2007）。

冰川的主体由降雪积累而成，由雪到冰的演变过程称为成冰作用。降雪首先形成粒雪，然后再经过成冰作用转化为冰川冰，该过程有两种方式：冷性成冰作用和暖性成冰作用。积雪在低温干燥的环境下不断增厚，受上层积雪不断增加的重力作用影响，下层积雪逐渐密实，空气排出，密度增加，形成重结晶的冰川冰。该过程只有重力发挥作用，因此形成的冰川冰密度小，气泡多，过程漫长。例如，南极洲中央冰川，厚度达2000 m以上，成冰时间长达千年以上。这种依赖压力作用的成冰过程称为冷性成冰作用（或者压力成冰作用）。在相对温暖的寒区，覆盖地表的粒雪层会由于温度的升高而升华、融化，部分融水下渗附着于粒雪表面，经过冻结再次结晶。这样，冰粒体积不断增大，在一个季节的时间内即可形成粒雪冰。随着粒雪冰积累增厚，下层受到压缩，逐渐排出粒间空气，冰粒融合结晶为一体，形成少空隙、高密度、全透明、天蓝色的冰川冰，这种由于季节性温度波动形成冰川的过程称为暖性成冰作用。

通常现代冰川包括积雪区和消融区两部分。积雪区即冰川的上游部分，是冰雪积累和冰川冰的形成地区，其降雪量大于消融区；消融区即冰川的下游部分，在冬季有雪和粒雪冰的堆积，夏季消融，露出冰川表面，消融量大于积雪量。当冰川的年补给量大于消融量时，冰川厚度增加，流量增大，冰川呈前进状态；反之，当冰川的年补给量小于消融量时，冰川厚度变薄，流量减小，冰川呈衰退状态。

冰川具有流动性，但流动速度差异显著。山岳冰川的表面流速一般是每年数十米至数百米。降水充分的喜马拉雅山南坡冰川流速曾测得最快达 700 ～ 1300 m/a；阿尔卑斯山降雪较多，山谷冰川流速为 80 ～ 150 m/a；降雪较少的地区冰层薄，冰川流速慢，如位于我国西北内陆地区的天山、昆仑山、祁连山，其冰川流速每年不到 100 m。同一冰川不同部位流速也存在差异。根据祁连山冰川的监测数据，冰川两侧流动慢、中间流动快；由于冰川与冰床之间的摩擦阻力，冰川下部流速较中上部慢。

现代冰川由于发育条件和演化阶段的不同，规模相差很大，且类型多样。根据冰川的形态、规模和发育条件，现代冰川可分为两种基本类型：山岳冰川和大陆冰川。山岳冰川又称山地冰川，分布于中低纬度的高山地区，其面积小、厚度薄，受下伏地形限制，形状与冰床起伏相适应。根据山岳冰川的形态、发育阶段和地貌条件，可进一步分为悬冰川、冰斗冰川、山谷冰川等多个类型。大陆冰川发育在南极大陆和格陵兰岛，其面积最大，厚度达数千米，如南极大陆冰川最厚处达 4267 m。大陆冰川表面呈凸起的盾状，中央厚、边缘薄，中央是积雪区，边缘是消融区，冰川在自身巨大厚度所产生的压力作用下，运动方向由中央向四周辐射。大陆冰川不受下伏地形的控制，常淹没规模宏大的山脉，只有极少数山峰在冰面上露出，形成冰原岛山。当冰川末端巨大冰块注入海洋，被带到未冻结的海域时，就成为冰山。

目前，地球上的冰川处于其演化过程的退化阶段，表现在冰川规模不断缩小，大陆冰川向山岳冰川演化，下伏地形对冰川的控制增加，使原来相互结合的冰川系统，开始分离为山谷冰川、冰斗冰川和悬冰川。

冰川是两极地区和中低纬度高山地区重要的地理景观，其总储水量仅次于海洋，在保持地球生态平衡方面发挥着重要作用。全球冰川融水补给河流的水量高达 3000 km³，约为全球河槽储水量的 1.42 倍。可见，冰川的积累和消融积极参与了全球水循环，对河道径流起到调节作用。

2.2.1.2 积雪

积雪是指季节性积雪，是陆面存在时间不超过一年的雪层。在北半球的冬季，40% 的陆地表面被积雪覆盖。作为一种特殊的下垫面，其具有高反射率、低导热率的特点，对天气和气候系统有重要影响，是气候系统中不可忽视的因素。同时，积雪是中高纬度地区重要的水资源，融雪径流为地表径流的 50% ～ 70%；即使在较低纬度的高山地区，融雪水在河道径流中也占有重要比例。因此，积雪及其消融过程是寒区水循环的关键要素。

积雪的高反照率极大地影响地球表面的能量平衡，进而影响区域和全球尺度的气候，而全球气候系统的变化也可以影响积雪的分布状态。积雪作为重要的固态水库，在消融季节可以补给土壤水、地下水、河流和湖泊。了解积雪的形成和变化机制对寒区水循环的研究具有重要意义。

雪是降水的重要形式之一，以结晶固体状态从云层降落，其形成条件为：①足够多的凝结核；②充足的水汽；③低温。水汽上升过程中，气压、气温逐渐降低，周围实际水汽压大于饱和水汽压，形成微小的水滴，并凝结或凝华成小冰晶。在水汽、水滴和小冰晶并存的条件下，低气温使水汽凝华、水滴凝固，继续形成冰晶。云内较大的冰晶在降落过程中相互碰撞、彼此黏附，形成不同形状的更大冰粒。如果大气层的温度足够低，这些冰粒来不及融化，降落至地表形成降雪。降雪的形成和发生一般取决于合适的地理和气候因素。高纬度、高海拔以及寒流入侵会增加降雪的频率。

降雪在地表积累形成积雪，其在地表存留的时间主要受气候条件控制。积雪根据存在时间长短分为瞬时积雪、季节性积雪和常年积雪。降雪到达地表后迅速融化或者几天内融化，形成瞬时积雪，往往发生在温暖的地区或者气温回升的寒区。降雪在地表覆盖超过几周或者几个月的积雪称为季节性积雪，具有以年为周期的积累和消融过程。常年积雪分布在气温极低的寒区，积累多，消融少，积雪逐渐增厚，最后形成冰川。积雪厚度由降雪量的大小决定，而消融再冻结、风吹雪等因素也会导致积雪厚度发生变化。总之，积雪分布往往由地形、植被、风等因素共同决定，其中风吹雪加剧了积雪分布的异质性。

根据 1996 ~ 2014 年美国国家海洋大气局（National Oceanic and Atmospheric Administration，NOAA）积雪遥感资料，全球积雪面积最大可达 0.47 亿 km²，约占全球陆地面积的 31.5%，其中 98% 分布在北半球。南半球除南极洲之外鲜有大面积陆地积雪。我国一般以年内累积积雪日数 ≥ 60 天作为标准来划分稳定积雪区和非稳定积雪区。根据 MODIS 积雪数据和观测修正数据，我国稳定积雪区面积为 334.4 万 km²，非稳定积雪区面积为 490.6 万 km²，分东北 - 内蒙古、青藏高原和新疆地区三大积雪区。

2.2.1.3　冻土

冻土是指温度低于 0℃ 并含有冰的土壤或者岩石。土壤的冻结和融化是影响寒区水循环的关键要素，因此这里主要研究的冻土为含冰的土壤。按照土壤层中冻土存在时间的长短，可分为短时冻土、季节冻土和多年冻土。短时冻土存在时间一般在半月以内，多年冻土则存在两年以上，存在时间在半月以上、两年以内的冻土属于季节冻土，其中存在时间在一年以上、两年以内的季节冻土又被称为隔年冻土。

季节冻土是寒区水循环的重要影响因素，其冻结和融化对寒区的产汇流、土壤水蒸发、入渗、储蓄等水循环转化过程产生重要作用。通常，随着季节性气温降低，季节冻土自地表向下单向冻结。浅表土层的冻结减弱了地表水的入渗和土壤水分的蒸发，同时冻结层以下土层中的水分由于受地温梯度的影响，由地温较高的深层向地温较低的浅层迁移，因此浅层季节冻土层常会形成比融土更高的含水量。随着季节性气温回升，季节冻土开始融化，通常在冻土层的上下层两个方向融化。由于浅层冻土含水量较高，融化后会导致地表过湿，甚至形成地表积水现象。

相同气候条件下，影响土壤冻融循环规律的任何因素都是通过改变两个基本条件来实现的：土壤温度和土壤含水量。气温变化、植被类型、植物残余、积雪覆盖、太阳辐射、坡度等都是通过改变土壤温度而影响土壤的冻融规律；降水、灌溉、融雪、地下水变化等则通过改变土壤含水量的动态分布而影响冻土的分布格局。不同土壤类型实质上也是由于土壤热量传递性质的差异和持水能力的不同，具有不同的土壤温度和土壤含水量，因此产生不同的冻融规律。

多年冻土通常简称为冻土，是冻土学研究的主要对象。多年冻土表层随气温变化而冻结和融化的部分称为活动层，其厚度通常是指多年最大融化深度。在活动层以下为常年冻结的岩土，即多年冻土。多年冻土是特定环境下地球表层与大气系统能量和水分长期交换的产物，是处于特殊状态的岩土体。与非冻土相比，冻土内部的热物理特性、力学强度、渗透性等均发生了显著变化。一般将饱和冻土作为不透水层对待，在水文研究中，将大多数冻土按不透水层处理。在一维垂直方向上，活动层内土壤水分通常参与区域水文循环过程。由于活动层内融化深度的变化，对地表产汇流的影响也存在差异。深层冻土内部的水分一般不参与短期的水文循环过程。

从寒区水循环的角度来看，多年冻土的存在形成了一道天然的隔水层。多年冻土层不同的连续性会带来强弱不一的隔水效应，从而对区域的冻土水循环过程产生不同的影响。而多年冻土中存储的地下冰量及其分布，对区域水循环过程也有重要影响。

冻土在全球陆地表面分布广泛。地球上多年冻土、季节冻土和短时冻土的面积约占陆地面积的50%，其中，多年冻土面积占陆地面积的25%。在北半球，多年冻土约占陆地面积的24%，季节冻土约占陆地面积的30%。在全球各大洲均有季节冻土分布，在欧亚大陆，季节冻结区（每年发生）南界一般可到30°N，在南半球，季节冻土冻结面积比北半球小得多。在我国，冻土也有广泛分布，季节冻土和多年冻土影响的面积约占中国陆地总面积的70%，如果算上短时冻土的面积则要占中国陆地总面积的90%左右，其中多年冻土约占中国陆地总面积的22.3%。

冻土研究目前主要集中在北半球。过去数十年的研究表明，多年冻土普遍在融化，季节冻土的范围在缩小，在西伯利亚地区、北美的加拿大、阿拉斯加地区都观测到了地温升高、冻土退化的现象，科学家认为过去数十年多年冻土和季节冻土区的变化是气候增暖的结果。

2.2.2　寒区水循环特点

寒区水循环要素的形成、转化和演变对水循环的影响构成了其特有的水循环特征。冰川、积雪、冻土等要素的动态变化不但是寒区水循环过程的重要组成部分，而且是控制寒区水循环的主要特征。

2.2.2.1 冰川水循环特征

冰川积累和冰川消融构成了冰川水循环的基本过程。冰川积累是指冰川收入的固态水分，包括冰川表面的降雪、凝华、再冻结的融水，以及由风和重力作用再分配的吹雪堆、雪崩堆等。冰川积累区降雪是冰川积累的主要来源。降落于冰川积累区的降雪，经过雪晶的变形、雪层密实化和成雪作用等过程，转化为冰川冰。冰川消融是对冰川失去冰雪物质的一切过程的统称，指冰川固态水的所有支出部分，包括冰雪融化形成的径流、蒸发、升华、冰体崩解、流失于冰川之外的风吹雪及雪崩等。冰雪融化形成径流而流出冰川系统是冰川水循环的主要方面。除裂隙和融洞外，冰川表面为不透水面，冰面径流向冰川下游汇流，一部分水量可能储存于汇流路径上的冰川储水构造内；另一部分水量则通过冰川末端出水口离开冰川，形成冰川融水径流。

（1）冰川积累 – 消融特点

根据融水产生及再冻结发生的特点，可将冰川积累区划分为 4 个冰川带：干雪带、渗浸带、湿雪带和附加冰带，如图 2-2 所示。

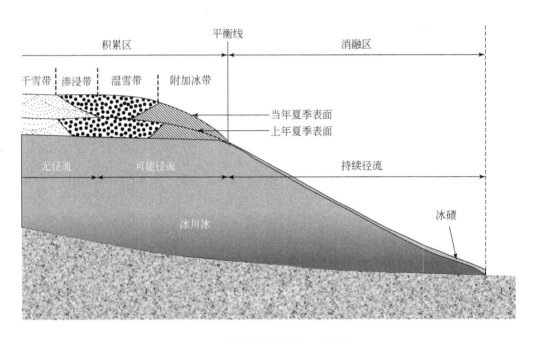

图 2-2 冰川分带及产流区示意图

在南极冰盖和北极格陵兰冰盖的内陆地区，年平均气温低于 –25℃，积雪终年不化，雪层中的水分均以固体形式存在，属于干雪带。在山地冰川中，除少数因纬度较高或者海拔极高的冰川外，一般不发育干雪带。干雪带中没有融水产生，属于无径流区。

在渗浸带，夏季气温偶尔高于 0℃，表面积雪发生融化，融水渗入雪层，并逐渐冻结形成冰腺，或者遇不透水层后沿侧向流动，冻结形成冰片或冰透镜体。渗浸带中虽有融水产生，但是所有融水均再冻结于雪层内部，因此也属于无径流区。同干雪带类似，渗浸带也主要存在于气候寒冷的南北极冰盖中，而在山地冰川区则极少发育。

在渗浸带的下界，随着夏季气温的不断升高，积雪消融显著增强，年积累的雪到夏末全部被融水渗浸，并继续渗浸到更早的粒雪层中，或遇不透水层后沿侧向流动。在气温较高且降雪丰富的地区，湿雪带中的液体水较为充足，除在渗浸过程中冻结而留存在雪层中外，也可能有少量融水形成径流。相对于南北极地区，山地冰川湿雪带普遍发育。在中低纬度的海洋型和大陆型冰川区，夏季积雪的融水也构成了冰川融水径流的重要来源。

附加冰是指由于雪冰融水再冻结而形成于积累区下部的连续冰体。附加冰暴露于冰川表面且有年增长的区域被称为附加冰带。附加冰带的下限就是平衡线。在许多山地冰川及北极格陵兰地区，由于夏季较短，当年形成的附加冰不能完全消融，而在次年能够得到新附加冰的补充，从而形成附加冰带。而在海拔较低的中低纬度冰川地区，夏季较长且消融强烈，春季积累区形成的附加冰在当年消耗殆尽，因此会缺失附加冰带。由于附加冰为不透水层，融水在产生后沿冰面或者裂隙直接进入消融区进而形成径流。

消融区是冰川融水最为富集的区域。消融区的冰川融水主要来源于裸冰消融、积雪消融、液态降水、冰碛区消融、冰川存储释放、水汽受冷凝结等。不同冰川的融水组成可能存在较大差异，这主要与冰川的结构、类型、下垫面特征及冰川区的气候、地形等条件有关。

对于大多数冰川而言，较为平整的裸露冰面为冰川的主要消融区，也是冰川融水的主要来源。影响裸冰消融强度的因素包括气温、太阳直接辐射、大气长波辐射、地表反照率、地形遮蔽度等。

消融区内的积雪融水主要由两部分组成：一是冷季降雪在消融区来临后发生的消融；二是夏季消融期内降雪的消融。在欧洲、北美洲、南美洲、新西兰等地区，受来自海洋暖湿气团的影响，冰川区的冬季降雪非常丰富，至次年春季，存储于冰川消融区的积雪开始快速消融，从而构成春季冰川融水的主要部分。夏季融雪径流在冰川融水中也占有一定的比例，特别是夏季积累型冰川。例如，天山的科其喀尔冰川，冬季降水量仅占全年降水量的11%，大量降水出现在夏季，且在冰川中上部以雪的形式出现。在该冰川的融水径流中，夏天积雪融水约占冰川总径流的20%。

在中低纬度末端海拔较低的冰川中，液态降水（降雨）对于冰川径流的贡献也不容忽视：一方面，雨水降落于冰面后会立即形成表面径流，弥补了气温降低而造成的部分冰面消融损失；另一方面，雨滴与冰之间会发生热量交换，对冰面的消融具有微弱的促进作用。据天山托尔峰地区的研究结果，降雨径流量约占冰川总径流量的10%。

发育于陡峻山谷中的大型冰川，由于冰雪崩及冰川运动对基岩的侵蚀，常带来丰富的岩石碎屑，并在冰舌部分形成连续的冰碛覆盖。厚层的冰碛对其下冰面的消融起到了强烈的抑制作用，但是薄层冰碛则由于其隔热作用微弱，且地表反照率降低，冰面吸收的太阳辐射增加，冰碛覆盖反而有利于冰面的消融（Nakawo and Young, 1982）。

因冰体断裂、坍塌、差异消融等形成的陡峻冰坎或者冰坡称为冰崖。冰崖是冰川运动、热力作用和水力作用的产物，同时对冰川物质平衡、冰川融水径流、冰川运动和地貌形态等具有重要影响。冰崖的形态多种多样，规模各异。小型冰崖（冰坎）的长度仅为 2～3 m，中心高度小于 1 m；而大型冰崖的长度可超过 300 m，中心高度可达 40 m 以上。由于冰崖分布于消融区的下部，其裸露冰面消融异常强烈。例如，天山科其喀尔冰川冰崖的年均消融强度是裸冰区的 2.2 倍，而喜马拉雅山南坡的利龙冰川，冰崖面积仅占冰川总面积的 1.8%，却提供了冰川融水总量的 69%（Sakai et al., 1998）。

（2）冰川融水径流特点

对于绝大多数冰川而言，径流主要发生在日平均气温稍微低于 0℃ 及以上的季节，即暖季。也就是说，冰川消融是季节性的，北半球一般在 6～8 月，南半球一般在 12 月至次年 2 月。不同于一般河道径流与降水过程相伴增减的特点，冰川融水径流对气温（热量）具有高度依赖性。

总体上看，冰川作为固体水库，可通过自身的变化对水资源进行调节。这一调节作用可分为短期（多年）和长期（几十年到数世纪）两种方式。从短期看，在高温少雨的干旱年，冰川消融加强，存储于冰川上的大量冰融化并补给河流，使河流的水量有所增加，从而减小或缓解用水矛盾；相反，在多雨低温的丰水年，又有大量的降水被储存于冰川，对应的冰川消融量也减少。例如，在乌鲁木齐河英雄桥水文站控制断面以上（冰川占流域面积的 4.1%），1982～1997 年冰川径流补给比例平均为 11.3%，但在高温干旱的年份，如 1986 年冰川径流补给比例高达约 28.7%，在丰水的 1987 年冰川径流补给比例则只有 5.1%。这表明冰川作为固体水库在调节径流丰枯变化方面发挥作用（叶佰生等，1999）。从长期看，冰川的形成和变化受气候条件的影响，同时也受自身运动规律的制约，其形成和变化过程需要几百、上千年甚至更长时间。因此，它可将几百年前储存在冰川上的水在某一特定的气候条件下释放出来，或者将部分降水储存在冰川上，使某一时期的冰川径流形成一定的增减变化趋势，这就是冰川波动对水资源的长期调节作用。正是冰川这种固体水库的存在，才使得一些寒区的河流在枯水年份不至于断流，所以其具有重要的水资源意义。

冰川消融量的多寡主要取决于冰川表面的气象条件，如气温、风速、相对湿度、太阳辐射等，但冰川本身的物理特征，如冰川类型、大小、坡度、坡向等，对冰川消融过程及其产流量也有很大影响。在强烈消融区，消融过程会导致冰川表面形态发生变化，引起冰川消融速率和汇流路径发生变化。而冰川运动则在不断改变整条冰川，特别是消融区的形态。这种变化反过来也会影响冰川的消融过程，特别是汇流过程。这种现象是冰川区产汇流过程的特色之一，从而形成了具有特色的融水径流过程。

闭合的非冰川流域的年径流系数一般为 0.2～0.6；而冰川流域的年径流系数一般接近于 1.0。近几十年来，伴随着全球变暖，冰川流域的年径流系数基本大于 1.0。主要原因如下：①冰川区气候寒冷，坡度较陡，无植被覆盖，蒸散微弱；②在当今全球变暖的背景下，冰川加速消融、冰川面积萎缩、厚度变薄，其融水径流不仅来自于当年的降水积累量，而且来自于冰川本身体积的缩小，冰川时常处于负平衡状态，这也是冰川流域不同于非冰川流域的一个特点。

冰川融水径流的大小与降水（降雨和降雪）的关系不密切，其主要与气温有关。降雪是冰川的主要补给源，但降雨会带来热量，部分强降雨事件则会强烈冲刷冰面的雪及其他松散物质，因而降雨会加速消融，从而形成具有特色的径流。这也是不同于非冰川流域的重要特点之一。

2.2.2.2　积雪水循环特征

降雪—积累—消融—产流—汇流构成了积雪径流的整个过程。受气候因素、积雪消融过程及土壤、地形等条件的影响，积雪融水到达河流的时间远落后于降雪发生的时间，从而造成积雪融雪型径流不同于降雨型径流过程。

（1）积雪融化特征

从积雪至积雪融水到达地表的过程，即积雪融化过程，可分为三个主要环节：表层积雪融化形成积雪融水；积雪融水在积雪空隙运移过程中，因下层积雪较低的温度，再冻结形成固态水，积雪融水（或雨水）再冻结过程中释放热量；积雪融水在积雪空隙中运移。积雪冷储、持水能力和积雪融化会使融水经过雪层到达地表时有一定的滞后性。

积雪冷储引起的时间滞后是指积雪从当前温度升高到 0℃ 时所需要的时间，可由积雪冷储、降雨强度和融化速率计算得出：

$$t_c = SCC/(P_r + M) \tag{2-1}$$

式中，t_c 为积雪冷储引起的时间滞后（h）；SCC 为冷储的大小（cm）；P_r 为降雨强度（cm/h）；M 为融化速率（cm/h）。

积雪持水性也在一定程度上延缓了积雪融水到达地面的时间。表层积雪融水在向下运移的过程中受到重力和积雪固体颗粒黏滞力的共同作用。在底层积雪中的液态水达到饱和之前，积雪颗粒黏滞力总是起到一定作用。积雪总量的 3%～5% 总是受到积雪持水性的影响。由积雪持水性引起的时间延迟 t_f 可表达为

$$t_f = \frac{f \cdot SWE}{100(P_r + M)} \tag{2-2}$$

式中，f 为积雪的液态水持水能力；SWE 为雪水当量（cm）。

与积雪冷储引起的时间滞后相比，积雪持水性时间延迟相对较小。在积雪融化过程中，一旦积雪中液态水含量达到积雪的持水能力，雪层中的液态水开始快速释放，在积雪底部形成地表径流和壤中流。积雪融水在雪层中的运动也将引起融雪径流的滞后，其从形成至到达地表的时间可表达为

$$t_t = d/v_t \tag{2-3}$$

式中，t_t、d 和 v_t 分别为液态水在积雪层中运动的时间（h）、积雪层厚度（cm）和液态水的运动速率（cm/h）。积雪融水在雪层中运动产生的时间滞后性更小，相对于积雪冷储的

时间滞后性基本上可以忽略不计。

由积雪冷储、积雪持水性和液态水在雪层的运动引起的总时间延迟为三者之和，即

$$t_d = t_c + t_f + t_t \tag{2-4}$$

与积雪冷储引起的时间滞后性相比，积雪持水性和液态水在雪层的运动引起的时间滞后过短，基本可以忽略不计。上述时间延迟均是基于均质雪层，实际雪层会因地形、植被等因素影响有所差异，使得积雪融水到达地表的时间延迟，存在更大的不确定性。

（2）积雪融水产汇流

与降雨径流过程相比，积雪水文过程具有显著的差异。积雪融化结束前，上层土壤处于冻结状态，积雪融水在土壤中的下渗能力有限，一旦融水到达地表，融水将在雪层底部快速汇聚并形成地表径流。积雪融水到达地表后，主要通过直接产流、坡面汇流和壤中流进入河道。

直接产流是指降水（包括各种形式的降水）直接降落在河道内流动的水中形成径流。总体上，由于河道水面占整个流域面积的比例基本上可以忽略不计（通常小于 1%），直接产流对流域总径流量的贡献基本上也可以忽略不计。在湿地或者湖泊分布较多的地区，特别是面积达到一定比例之后，直接产流才成为重要的产汇流方式之一。在寒区，湿地或者湖泊可能经历封冻 - 解冻过程，当水面封冻后，降雪在冰面积累，直至冰面解冻，积雪和融水形成直接产流。

坡面汇流是指雨水或者冰雪融水接触地面后，在地表直接形成径流的产汇流形式。坡面汇流包括地表径流和壤中流两种形式，其中地表径流形成于超渗产流或者蓄满产流。不同于降雨产流过程，由于积雪下伏土壤层一般处于冻结状态，积雪融水很难通过下渗补给土壤层，大量积雪融水直接通过坡面汇流的方式进入河道。

随着表层土壤的融化，积雪融水会通过表层土壤向河道汇流，即形成壤中流。在融雪初期，积雪融水首先补给表层土壤，土壤层中前期储存的土壤水在积雪融水的作用下首先发生排泄，补给河流；随着融雪过程的进一步增加或者伴随降雨过程的发生，大量水分进入表层土壤，致使表层土壤中的水分含量急剧增加，继续以壤中流的形式补给河流。土壤水分和积雪融化的观测表明，由于融雪过程持续时间较长且对表层土壤水形成稳定的补给，积雪融水对壤中流的补给相当可观，甚至大于降雨过程对壤中流的补给。

（3）融雪径流特征

积雪是重要的固态水资源库，也是形成冰川的物质来源，其融水还是河川、湖泊的补给来源之一。积雪消融过程主要受控于能量输入，前期积雪积累量和能量输入的时空差异决定了积雪产流量的大小和时空差异性；而降雨径流的水温过程主要取决于降雨时间和降雨量。因此，积雪融水型径流过程明显区别于降雨型径流过程。

积雪消融与能量输入存在显著的正相关关系。由于能量输入的日循环过程，积雪消融过程也表现为随日温度变化的日循环过程。晴天积雪消融主要发生在白天且集中于下午，而阴天或者在积雪消融过程的后期，积雪消融过程可以全天进行。在日平均气温低于 0℃时，

积雪消融速率较低；当日平均气温持续高于 0℃时，积雪消融速率显著加快。积雪消融速率呈现逐渐增加的趋势，降雨过程对积雪融化过程的影响显著。

积雪消融过程直接受控于能量的输入过程，温度也可以直接影响积雪消融过程。山区积雪消融过程总是从低到高随海拔梯度变化，并且阳坡的积雪消融早于阴坡。因此，积雪融水对发源于山区河流的补给要持续几周至几个月的时间。3～6 月一般是积雪融水集中补给北半球河流的时间。在我国东北地区，积雪融水的补给时间主要集中在 4～6 月。以松花江下游支流汤旺河的晨明站、梧桐河的宝泉岭站和安邦河的福利屯站 2010 年的实测径流过程为例，如图 2-3 所示。各站的径流过程显示，汛期自 4 月开始，径流量迅速增大，持续两个月左右，到 6 月会出现径流低谷，然后再次进入汛期，表现为典型的双峰、多峰形径流过程。其中 4～6 月径流即所谓的春汛，积雪融水是径流的主要组成部分。

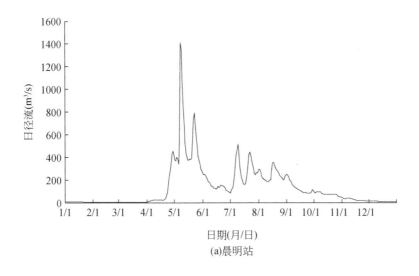

(a)晨明站

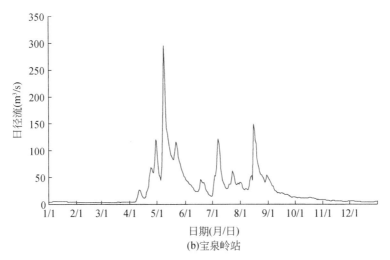

(b)宝泉岭站

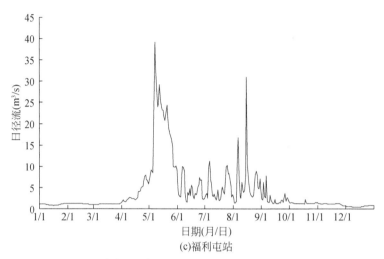

图 2-3　晨明站、宝泉岭站和福利屯站 2010 年日径流过程

2.2.2.3　冻土水循环特征

高纬度寒区内冻土分布及其特征对流域 / 区域的水循环过程具有重要影响。冻土的存在造就了特殊的生态系统和水系模式，形成了独具特色的地貌、景观和水文地质环境。在全球变化的背景下，冻土不断退化变薄，隔水作用减弱，使寒区水循环过程发生显著变化。

（1）冻土入渗特征

饱和冻土层一般具有隔水作用，宏观上其入渗率可以忽略不计；非饱和冻土层则具有一定的渗透性。降水或者积雪融水在非饱和冻土层中下渗时，初始下渗率较大。随着液态水在冻土层中逐渐冻结，土壤含冰量增加，进一步降低了冻土的渗透性，下渗率迅速降低。

寒区冻土的入渗过程按照入渗量可以分为有限型入渗、无限型入渗和受限型入渗。如果入渗过程受到冻土层的阻挡，其入渗量极为有限，称为有限型入渗；如果冻土层颗粒粗大或者裂隙巨大，入渗过程能够全部完成而基本不产流，则称为无限型入渗；如果入渗过程在细颗粒土体中发生，经过一段时间即达到饱和，入渗过程停止，土体蓄满产流，该入渗过程即为受限型入渗。此外，在环北极圈的次亚北冰洋地区，一些季节冻土区的细颗粒土分布的地区中，具有较好吸水性的苔原广泛分布，而冻土层也有一定的下渗率，并不产流的无限型入渗过程在这些季节冻土区广泛存在。

冻土入渗过程受到多种因素的影响。首先，温度的变化会带来冻土弱透水性的变化；其次，外界水分的补给量及补给方式，包括降水和冰川、湖泊等各种水体的补给，都会影响入渗的效率；最后，土壤本身的性质和结构，如土壤颗粒与分层、孔隙大小和数量、裂隙大小，以及黏土含量等因素均对入渗有较大影响。干燥而黏土含量高的土壤通常有较强的蓄水能力和毛细作用力，而黏土吸湿膨胀的现象比较明显；植被根系的存在会改变土壤的孔隙度等性质，植被的蓄水能力则直接影响地表上层的水分含量和排水性能，阻止了侧流的存在，有利于水分的下渗。此外，人为工程、自然因素（如动物的刨坑和洞穴等）等方面的干扰也会影响入渗效率。

（2）多年冻土区的水文特征

多年冻土区的水文过程与多年冻土的覆盖和变化密切相关。冻土区的弱透水性使大部分融雪和降雨径流形成直接产流，因此，高覆盖度多年冻土区通常具有产流率高，直接产流系数高，径流对降雨的响应时间段，以及退水阶段时间短等诸多水文特征。随着冻土覆盖度的降低，上述特征逐渐减弱。

年内径流分配表现出径流峰值高、冬季径流小的特点。多年冻土区的径流峰值通常出现在春夏之交，此时降水和融雪产流量较大，冻土的隔水作用较强，下渗率低，因此出现较高的径流峰值。随着时间进入夏季，活动层逐渐融化，冻结面下降，隔水作用逐渐减弱，地表径流开始从峰值下降。至活动层完全解冻时，下渗强度加大，流域蓄水能力增强，蒸发加大，此时的活动层能够起到削减洪峰的径流调节作用。在冬季，冻土层阻断了地下水对径流的补给，因此冬季径流量小。如果区域冻土覆盖率为 100%，则冬季径流量甚至可能接近于零。

地表水与地下水之间的相互转化过程受多年冻土特征和分布的重要影响。地下水位不仅受融雪和降雨补给的影响，还受活动层融化深度和冻土区补给路径的影响。活动层的变化是地下水位变化的主要控制因素。在大片连续多年冻土区，大气降水、地表水和浅层水从局部融区或基岩破碎带入渗，再侧向运移补给深层地下水，补给和排泄条件较差，因此地下水水量分布极不均匀，与地表水的水力联系差。在岛状多年冻土区，地下水的补给、径流和排泄条件好，地下水和地表水相互转化频繁，水力联系复杂，因此地下水类型较多；在高山多年冻土区，地下水的补给和排泄与地貌岩相带关系密切，一般以高山冰雪冻土带为补给带，山前戈壁砾石带为主要径流带，盆地中心绿洲、湖沼带为排泄带。

多年冻土具有显著的生态水文效应。多年冻土阻止了活动层的下渗过程，使活动层内保留了一定量的水分，这对于维持多年冻土区的生态系统具有重要意义。多年冻土区的植物生长期较短，植被根系通常呈现纵向延伸较浅、横向延伸较广的特点，与非冻土区的植被相比，其持水能力较弱。一般而言，冻土的分布及特征与冻土区的植被类型具有一定的相关性，苔藓、灌丛、草原和草甸等不同的植被覆盖对应着不同的土壤性质、土壤温度、土壤含水量和冻土类型，所以具有不同的生态水文过程。

20 世纪中期以来，全球气候变暖不断加剧，多年冻土区出现了冻土面积缩小、年平均地温升高和活动层加厚等冻土退化现象。这一过程使多年冻土的隔水作用减小，冻土中的地下冰发生融化，不但在冻土区形成融区，还可能向所在流域释放大量的水。这些冻土水文效应对流域的产汇流过程和水循环都产生了深刻的影响。多年冻土退化对流域水文过程的影响表现在以下方面。

1）多年冻土退化导致冬季退水过程发生变化。在多年冻土退化的影响下，河流冬季退水过程明显减缓，流域退水系数在多年冻土覆盖率高的流域表现出增加趋势，但是对多年冻土覆盖率低的流域没有影响。这是因为多年冻土的隔水作用减小后，流域内更多的地表水入渗变成地下水，使得流域地下水水库的储水量加大；活动层的加厚和入渗区域的扩张也使得流域地下水库库容增加，从而导致流域退水过程减缓，冬季径流量增加。同时，流域最大月与最小月的径流量比值也表现出减小趋势。

2）多年冻土退化导致热融湖塘的扩张及消失。多年冻土退化过程中大量地下冰开始融化，冻土层中水被逐步排出，导致表层岩土失稳，地表出现融沉、坡面过程加剧和热喀斯特地貌发育等现象，在一定条件下，会在沉陷凹地汇集形成热融湖。地表水的热侵蚀作用，热融湖塘会持续扩大，致使地面蒸发增加，从而增加了空气湿度，最终导致区域降水量的增加。如果冻土继续退化，当整个冻土层发生融化，多年冻土的隔水作用消失时，包括热融湖在内的地表湖泊中的水可能快速排泄，进入地下水循环，进而导致湖泊消失干涸。

3）多年冻土退化导致区域水循环过程发生变化。在热融湖塘，如果融蚀贯穿多年冻土层或者侧向沟通其他融区，则可能发生湖水的排泄，并通过地表或地下径流补给到河流或内陆湖泊中，形成新的水循环过程。在山区，多年冻土退化带来的地下冰融水会以潜水的形式向低处渗流，进入非冻土区参与水循环。在一些地区，多年冻土作为隔水顶板，封闭着一定量的承压水。当冻土层变薄，甚至某些部位出现贯穿融区时，会形成新生上升泉，补给地表水。在含冰量较少的冻土区，随着冻土的消失，融区扩大，冻结层上水将疏干，含水可容空间增加，在补给量减少的情况下，会发生区域地下水位下降及区域地表水和地下水的动、静储量减少的现象，最终导致部分河流区段频繁断流。

4）多年冻土的退化会引起高寒生态环境的显著退化，导致一系列的生态水文效应。主要表现为地下水位下降、泉口下移、高寒沼泽湿地和湖泊萎缩、高寒草地沙漠化和荒漠化加剧等。在地表热量平衡方面，以沼泽湿地、河湖和高寒植被为代表的下垫面发生荒漠化，导致地表反射率减小、比辐射率增大和吸收热量增多，从而加速多年冻土的退化。在地表水量平衡方面，冻土退化后，区域地表蓄水能力减弱，含水量减小，使得蒸发和融化过程中消耗的相变热减少，增加地表热量的吸收，加速多年冻土的退化。

（3）季节冻土区的水文特征

季节冻土区的水文过程与多年冻土区相似，因为季节冻土区年平均气温较高，产流时间一般较多年冻土区提前，季节冻土区的季节冻结层也具有隔水层的作用，其水文效应随着季节冻结层的融化而消失。

1）季节冻土增加了土层的蓄水量。冻土在冻融循环的不同时期增加的水量有不稳定冻结期雨雪入渗水量；在稳定冻结期内，因为深层土壤水和潜水发生水分迁移而冻结在锋面的水量；融化期融雪和降雨入渗水量；融化期释放的冻结层中水量等。以上蓄水过程加上冻土的弱透水性，导致季节冻土区在冻融期的径流系数比无冻期的要高。

2）季节冻土的蓄水调节作用使地下水的补给时间滞后。由于在封冻期，冻结在河槽和土壤中的水量将在融化期释放补给地下水，同时，冻结层上水在冻土融化后能够以重力水的形式补给地下水。因此，降雨补给地下水的时间明显滞后，只有当冻土全部融化之后，降雨与地下水位波动才有直接关系。

3）季节冻土区滞留的冻土层中水具有显著的生态水文效应。冻结期土壤蒸发能力显著降低，表层蒸发几乎为零。滞留的冻土层中水较冻结前水量的增加值可达 20% ～ 40%，是植物在冬春季节可直接利用的重要水资源，在干旱和半干旱地区甚至是唯一的水资源，也是防止盐渍化、沼泽化和保持生态平衡的主导因子。

4）季节冻土的存在影响了地表水与地下水之间的水力联系。在冻结期积蓄的冻结层上，水在融冻期往往被土壤渗吸或者转化成径流，对冻结层下水的补给有限。例如，在我国的小兴安岭季节冻土区，地下水对年径流的补给量通常在 12% 左右。由于季节冻土区的地表水和地下水之间的水力联系有限，两者通常呈现不同的水化学性质。

2.2.3 寒区水循环理论框架

2.2.3.1 基础理论

（1）能量平衡

在水循环系统中，水量平衡是最基本的理论依据，能量一般作为水循环的驱动因子来考虑。但在寒区水循环中，能量平衡上升到与水量平衡同等重要的地位，成为支撑学科理论的两大重要基础。在寒区，水分的固态、液态和气态之间的相互转化直接依赖于热量的收支过程，而热量的收支过程又依赖于太阳辐射以及冰雪与大气和岩土之间的能量平衡。能量平衡是冰川、积雪、冻土等寒区水循环要素演变的基本动力，也是寒区水循环研究的基础理论之一。寒区的能量平衡可以用寒区表面的能量输入通量与输出通量之间的平衡关系表示：

$$Q_N = \lambda E + H + G \tag{2-5}$$

式中，Q_N 为净辐射通量；λE 为蒸发潜热通量；H 为感热通量；G 为地表向下的热通量。其中，Q_N 为寒区表面总辐射能收入与支出的差值，其平衡方程如下：

$$Q_N = Q（1-\alpha）+ R_L - U \tag{2-6}$$

式中，Q 为寒区表面反射的太阳辐射；α 为寒区表面反照率，受下垫面状况、颜色、干湿程度、表面粗糙度、植被状况和土壤性质等因素的影响，表面反照率存在较大差异；R_L 为大气逆辐射；U 为寒区表面释放的长波辐射。

积累和消融是冰川进退的基本过程，两者之差决定着冰川的物质平衡。积累指冰川收入的固态水分，包括冰川表面的降雪、凝华、再冻结的雨，以及由风及重力作用再分配的吹雪堆、雪崩堆等。消融指冰川固态水的所有支出部分，包括冰雪融化形成的径流、蒸发、升华、冰体崩解、流失于冰川之外的风吹雪及雪崩。物质平衡由冰川区能量收支状况决定，冰川区能量收支状况决定了冰川积累和消融的盈余与亏损，因此，也就决定了冰川的生存状态。同时，冰川的运动、温度及动力过程均受冰川长期能量平衡状态的影响，因此，冰川能量平衡是决定冰川和冰盖物理过程、动力响应机制的关键因素。

海冰由多相物质组成，受热力影响，海冰内部也可发生由相变引起的物质变化，体现为卤水泡的扩张或冻结。无论是内部变化还是外部变化，海冰物质平衡和水盐交换均与能量平衡密切相关，能量平衡影响着海冰－大气－海洋之间的物质、能量和动量的交换。海冰底部的冻结或融化伴随着对上层海洋的析盐或淡水注入，影响海洋的层化与大洋环流，这一过程从根本上来讲也是大洋及海冰能量平衡驱动下的结果。从宏观尺度来看，一定海域范围内的海冰输入、输出也是海冰物质平衡的宏观表现，这一过程的定量计算也基于能量平衡理论。

积雪水循环涉及积雪形成、变化、消融的全部过程，积雪融化过程中雪层变化及其水循环效应，积雪融水径流的计算、模拟、遥感信息和预报方法，积雪洪水形成过程、预报方法、预警机制等内容。这些研究的物理基础均是能量平衡，积雪表面的能量平衡和雪层内的水热传输是定量描述积雪水文过程的基础。

冰川和积雪点尺度上能量平衡方程可表达为

$$Q_N + Q_H + Q_L + Q_G + Q_R + Q_M = 0 \tag{2-7}$$

式中，Q_N 为净辐射通量；Q_H 为大气与冰雪之间的感热传输通量；Q_L 为冰雪表面的蒸发或凝结潜热；Q_G 为地面向冰雪层传递的热通量；Q_R 为降水向冰雪层传递的热量；Q_M 为冰雪消融耗热量。

尽管冻土水文涉及水、热、岩、地表覆盖等众多因素，但无论是冻土活动层内，还是多年冻土内，水、热传输及相变过程中的冰、水转化及相应的热交换是认识冻土水文过程的核心，而决定其水、热过程的主要因素就是能量平衡。

由于寒区水循环过程和水循环要素的特殊性，能量平衡贯穿在寒区水循环的形成、转化及影响的各个环节中，是寒区水循环研究的理论基础之一。

（2）物质平衡

在流域／区域水循环中，物质平衡由水量平衡来表达。水量平衡表示在给定任意尺度的时空范围内，水的运动（包括相变）有连续性，在数量上保持着收支平衡，其基本原理是质量守恒定律。水量平衡是水文现象和水循环过程分析研究的基础，也是水资源数量和质量计算及评价的依据。

水量平衡方程式可由水量的收支情况来确定。系统中输入的水量（I）与输出的水量（Q）之差就是该系统内的蓄水量变化（ΔS），水量平衡的通用公式可表示为 $I - Q = \pm \Delta S$。按系统的空间尺度，大到全球，小至一个区域、流域，从大气层到地下水的任何层次，均可根据通用公式写出不同的水量平衡方程式。

在全球尺度上，从寒区水循环的角度，水量平衡表现在陆地冰量及海洋冰量（海冰）量之间的平衡。当陆地冰量及海洋冰量增加时（冰川前进、冰盖扩大、冻土增加、海冰扩张），海洋水量就相对减少，海平面下降；反之，当陆地及海洋冰量减少时（冰川后退、冰盖缩小、冻土退化、海冰萎缩），海洋水量就相对增加，海平面上升。

寒区水量平衡是指任意流域／区域在任意时段内，收入的水量与支出的水量之间的差值等于该时段流域／区域内储水量的变化，用水量平衡方程来描述：

$$R = P - E - \Delta S \tag{2-8}$$

式中，R 为流域 / 区域的径流输出量；P 为各种形式的降水量，如降雨、降雪、冰雹等；E 为各种形式的蒸散发，包括冰川、积雪的升华，融冰、融雪的蒸发，以及土壤蒸发、水面蒸发、植被蒸腾等；ΔS 为流域 / 区域蓄水量的变化，包括冰川储水量的变化、积雪当量的变化，以及地表水、土壤水、地下水的储量变化。

在区域尺度上，若就寒区自身而言，不同水循环要素的水量平衡关系有较大差异。冰川和冰盖水量平衡实际上是指冰川和冰盖的物质平衡。积雪的水量平衡表现在季节尺度上，实际上是流域年内水量平衡的一部分，可视为流域积雪季节的降水量。多年冻土的水量平衡较复杂，其主要表现在较长时间尺度上多年冻土内冰量的增加和减少，其与能量平衡过程密切相关。无论是冰川、冰盖，还是积雪、冻土，其形成和演化过程始终是以水循环及水热交换过程为核心的，伴随着寒区水分的固 – 液转化，水量收支平衡也随之变化，进而影响到寒区水循环的全过程，因此，寒区水量平衡是研究寒区水循环过程重要的理论基础。

在实际应用中，流域尺度的寒区水量平衡是最受关注的。在陆地上，流域内水循环要素的存在改变了传统的流域水循环过程，水量平衡不仅取决于传统水文学中的降水、蒸散发、径流等水量平衡要素，而且受控于冰川、积雪和多年冻土等寒区水循环要素，将这些寒区水循环要素和非寒区水循环要素联系在一起的纽带就是水量平衡。

如果说能量平衡是寒区水循环的动力基础，那么水量平衡就是寒区水循环的物质基础。在寒区水循环研究中，水量平衡通常与能量平衡密不可分，往往将两者结合在一起进行研究，即水能平衡或水热平衡研究。

2.2.3.2 学科基础与理论框架

寒区水循环是冰冻圈科学与水文学的交叉学科，其中冰冻圈科学是研究地球表层固态水圈层诸要素时空分布与运动规律的科学，如冰川、积雪、冻土等；水文学是研究自然界水文循环、水分运动和溶质运移转化机理的科学。同时，寒区水循环还与水资源科学、地理学和大气科学密切相关。寒区水循环研究既涉及冰冻圈水热过程及其相关的基础知识和研究方法，也涉及水文学基础理论、研究手段和方法。从学科划分的角度来看，寒区水循环既是冰冻圈科学的重要组成部分，也是水文学一个特殊的分支学科。

寒区水循环的应用就是评价冰冻圈水资源，因此，水资源科学研究中的理论、方法和技术对冰冻圈水资源研究也具有重要的理论指导和实践借鉴意义。冰冻圈科学与地理学有着天然的联系。冰冻圈要素的空间分布、时间演化、地带性规律，以及宏观特征的认识均源自地理学的基本理论。实际上，在中国，冰冻圈一直被划归为地理学中自然地理学下的一个三级学科，最初称为冰川冻土学，之后又有冰冻圈地理学的称谓。同时，水文学与地理学的联系也十分紧密，在地理学中有水文地理学科分支。正是由于上述原因，寒区水循环也理所当然的与地理学有着不可分割的联系。冰冻圈是气候的产物，在气候系统各圈层中，大气圈 – 冰冻圈 – 水圈有着密切关系，冰冻圈水循环在其中起着纽带作用。大气圈中的气温、降水是影响冰冻圈进退的关键因子，这一过程通过冰冻圈物质的积累和消融表现出来，同时物质平衡的结果决定着冰冻圈的水循环过程，寒区水循环过程在流域、区域和全球不同尺度上又影响着水圈的变化，水圈的变化又影响着大气圈和冰冻圈。可见，大气科学在寒区水循环研究中也起着重要的基础作用。

寒区水循环研究的对象包括冰川、冻土、积雪等特殊水循环要素在内的所有水循环转化过程，根据研究对象的差异性，寒区水循环可划分为冰川水循环、冻土水循环、积雪水循环等几个分支理论，这些分支都是流域、区域、全球水循环的重要组成部分。冰川水循环的研究重点是冰川融水产汇流过程、变化规律及其水文效应，主要涉及从冰川消融到冰川径流的各种水文现象、过程和基本规律及其在流域水循环中的作用；冻土水循环研究多年冻土地区的水文现象、水循环过程和变化规律；积雪水循环主要研究积雪从积累、消融到径流及其水文变化规律，融雪径流对河流的补给作用及融雪洪水等。另外，寒区水循环还应包括海冰水循环和河湖冰水循环，其中，前者主要研究海冰消融、传输及其对海洋水文的影响，海冰的融池效应、对大洋环流的影响等在气候变化中受到高度关注；后者主要研究河湖冰封冻和解冻过程及其对陆面水循环的影响。寒区水循环的研究内容涉及许多方面，不同分支学科的内容也存在着差异，图 2-4 展示了寒区水循环的基本学科框架，并给出了各分支学科的一些主要研究内容，但并不仅限于此。

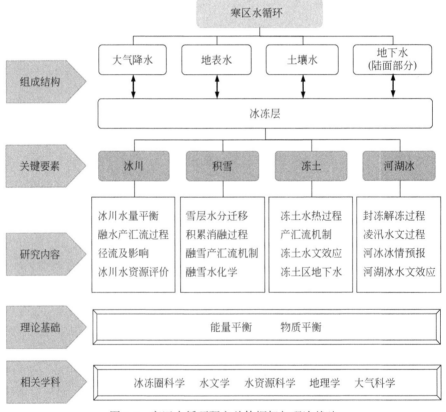

图 2-4 寒区水循环研究总体框架与理论基础

尽管有许多分支学科，但寒区水循环的物理基础是能量平衡和水量平衡，这也是支撑寒区水循环发展最基本的理论基础。寒区水循环最重要的基础学科是冰冻圈科学和水文学，同时，水资源科学、地理学和大气科学也与寒区水循环密不可分，是寒区水循环重要的基础学科。

2.3 寒区水循环驱动机制

天然状态下，流域水分在太阳辐射能、重力和毛细作用力等自然作用力下不断运移转化，其循环内在驱动力表现为一元的自然作用力。而随着人类活动对流域水循环过程影响范围的拓展，流域水循环的内在驱动力呈现出明显的二元结构，在人类活动干扰强烈的地区，人类作用影响持续增大，在某些方面甚至超过了自然驱动力。所以在研究水循环时，必须把社会驱动力作为与自然驱动力并列的内在驱动力。

2.3.1 自然驱动机制

驱动水循环的驱动作用力包括太阳辐射能、重力和毛细作用力三类原动力。风能也是驱动水循环的作用力之一，但不是原动力，而是太阳辐射能作用于大气形成的次生动力。水体在蒸腾发过程中吸收太阳辐射能，克服重力做功形成重力势能；水汽凝结成雨滴后受重力作用形成降水，天然的河道径流也从重力势能高的地方流到重力势能低的地方；当上层土壤干燥时，毛细作用力可以将低层土壤中的水分提升。太阳辐射能和重力、毛细作用力等共同维持水体的自然循环。

（1）太阳辐射能

太阳通过核聚变产生大量辐射能，到达地球大气边界层的能量高达 $1.73 \times 10^{14} kW$，由于大气层的吸收和折射作用，到达地球表面的能量衰减为 $8.5 \times 10^{13} kW$，但仍然是地球总发电量的几十万倍。太阳辐射能进入大气层之后，一部分能量转化为热能，使地球平均温度保持在 14℃ 左右的稳定区间，为全球生物提供了适宜的生存环境。一部分能量转化为风能，推动全球水汽的输送。还有一部分被植物吸收，为光合作用提供能量（何道清等，2012）。太阳辐射能在水分蒸发、植被蒸腾、水汽输送、降水等水循环各环节中意义重大，可以说是推动自然水循环最强大的动力，正是这个覆盖了水分和大气的星球接受了来自太阳的辐射能才开始了水资源的循环往复和水资源的持续更新。

太阳辐射是冰雪消融的主要能量来源。冰雪融化主要发生在冰雪表层，表层的热交换是主要热源。研究发现（寇有观，1983），消融期的冰川表面，辐射平衡在热量收入中占主导，融化耗热在热量支出中占优势。大气透明度良好的晴天，太阳辐射可达最大值，是用于冰雪融化的最大太阳辐射能，但实际上由于多种因素的影响和限制，最大太阳辐射能并不能完全被利用，如云层对太阳辐射的遮挡、地形坡度阴影、冰雪对辐射的反射等，对太阳辐射有一定的削弱作用。

（2）重力

重力在寒区水循环中也发挥着重要作用。水汽凝结形成的雪花在重力作用下降落至地表或者冰雪表面逐渐积累，随着积雪厚度的增长，在重力作用下积雪转化为冰川。冰川在重力作用下沿坡面运动，成为塑造地形、地势的重要驱动力，也为冰川水循环提供了重要的原动力。雪崩也是重力作用的结果，成为积雪水分运动的一种形式。冰川融水径流在重力作用下沿坡面和水系从上游向下游汇集。积雪融水和降雨在重力作用下向土壤深层下渗，补给土壤水和地下水。

在自然驱动力中，重力是除太阳辐射以外最重要的水循环驱动力，重力的存在，使水循环能够完整而持续地运行。一般而言，太阳辐射能为水循环提供重力势能，重力则将水的势能转化为动能，正是水循环动能的存在，才形成了地球表面纵横交错的江河、星罗棋布的湖泊、沟沟壑壑的黄土高原和地势平坦的平原，才使人类有了将水能转化成电能的可能。

（3）毛细作用力

水循环中毛细作用力影响最大的环节是土壤水和地下水的相互转化。土壤中的毛细作用力是由于水的表面张力、内聚力和附着力的共同作用而产生的。在能够形成毛细现象的土壤空隙中，空隙越细小，毛细作用力越大。至于毛细作用力的方向，因为土壤颗粒的排列并无规则，空隙也是方向随机，所以可能具有任意方向。但水的运动方向都是从含水量高的土壤层向含水量低的土壤层运动。上升的毛细管水的高度与土壤结构和颗粒粒径有关，通常为 1～5 m。

寒区水循环中，液态水在积雪和冻土中的运动也受到毛细作用力的影响。尚未压实的积雪存在大量连通的空隙，从而为积雪表层和底部的融水向积雪内部浸润提供了毛细作用力。此时，毛细作用力在促进积雪融化或者积雪成冰作用中发挥着重要作用。冻土形成和发展过程中，地下水在毛细作用力的控制下逐渐上升，成为冻土水分的重要来源之一。随着冻土厚度的增加，冻土对地下水的虹吸作用逐渐加强，地下水向土壤水的转化更加剧烈，甚至使地下水位显著下降。深层冻土融化形成的液态水通过毛细作用力逐渐上升，成为寒区蒸发的一部分。地表植被根系通过毛细作用力吸收土壤水分，成为蒸腾的一部分。总之，毛细作用力作为重要驱动力，在寒区水循环的部分水分转化和运动中扮演着重要角色。

2.3.2 社会驱动机制

随着人类社会对自然界影响的增加，水循环的社会驱动作用越加显著。社会驱动力外在表现为：修建水利工程使水体壅高，或者使用电能、化学能等能量转化为机械能将水体提升。社会驱动力存在三大作用机制：一是经济效益机制，水由经济效益低的区域和部门流向经济效益高的区域和部门。二是生活需求驱动机制，水由生活需求低的领域流向需求低的领域，生活需求又由人口增长、城市化和社会公平因素决定。水是人类日常生活必不可少的部分，为了兼顾社会公平与建设和谐社会的需求，必须在经济效益机制和生活需求的基础上考虑社会公平机制。三是生态环境效益机制，生态环境效益已经从自上至下的政府行政要求转化成自下至上的民众普遍要求。为了人类经济社会的可持续发展，社会驱动力的生态环境效益机制的作用越来越大。

太阳辐射能、重力、毛细作用力等自然驱动力是相对恒定的，而社会驱动力的影响是不断发展的。随着人类使用工具的发展、新技术的开发，人类能够影响的水循环范围逐渐扩大。在采食经济阶段，人类只能够开发利用地表水和浅层地下水；到了近代，人类已经通过修建大型水利工程，深度影响地表水、大规模开发利用浅层地下水；到了现代，人类已经能够进行跨流域调水、开发深层地下水，甚至能够采用科学的手段调控利用土壤水，排放的温室气体引起的全球气候变化能够影响全球水循环，人类活动已经对水循环产生了深刻影响。

社会驱动力作用于寒区水循环除了有上述一般影响外，还包括对寒区特有水循环要素的影响，即人类活动对冰川、积雪和冻土的影响。

人类活动主要是影响冰川的消融，如人工黑化冰川。在冰川表面撒布黑粉，以增加对太阳辐射的吸收，促进融化，这是有意识的人为影响。再如冰川表面固体粒子的增加，当污染大气中固体粒子降落在冰川表面上时，就增加了积雪中固体粒子含量，其结果使冰川反射率减小，促进了融雪，有可能改变冰川的质量平衡。而人类对冰川的最大影响应该在于气候变暖。大量研究已经证实，全球气候出现了明显的变暖趋势，其中大部分研究成果认为，人类活动引起的大规模温室气体排放是造成气候变暖的主因。随着全球普遍性的气温升高，储存于南北两极和高山高原上的冰川正在迅速退化，大量观测数据也显示了这种变化的发生（Shakun et al., 2015）。由此可见，气候变暖引起的冰川消融是人类活动对冰川水循环的最大驱动力。

由于人类活动引起的气候变暖也是积雪覆盖面积、持续时间和雪水当量产生趋势性减少的驱动力之一。基于观测和遥感的北半球积雪面积产品显示，自 20 世纪 70 年代起，积雪面积呈现加速减小的趋势；北半球积雪持续时间明显减少。多个国家积雪观测结果表明，在冬季气温接近 0℃ 的区域，由于气温升高，积雪积累减小，积雪消融量增加，积雪当量减少趋势明显。

人类活动对冻土的影响主要分两类驱动机制：一是气候变暖对冻土的影响；二是土地利用变化对冻土的影响。气候变暖，温度升高，导致季节冻土持续时间缩短，冻土厚度降低，部分地区从多年冻土退化为季节冻土，还有部分地区从季节冻土退化为非冻土，改变了土壤水的运动模式和转化规律。人类大规模的砍伐森林、开垦荒地，改变了地表植被的覆盖类型，对自然条件下的冻土产生了扰动，也是影响冻土的驱动因子。

2.4 小　结

水循环是地球物质循环的重要组成部分，而寒区水循环又是全球水循环的重要组成部分，在寒区水资源的形成和转化过程中发挥着重要作用。为了更加深入地研究寒区水循环和水资源演变机理和规律，也为寒区水资源的实践提供理论依据，在流域／区域水循环的基础上发展了寒区水循环理论。

本章以归纳、概括和介绍已有水循环和寒区水循环的相关理论和知识为主，包括水循环的分类、环节，以及寒区水循环的要素、特点等理论知识，然后形成了寒区水循环的基础理论框架，最后分析了寒区水循环的驱动机制，为后续水循环模型的研发和构建奠定了理论基础。

在水循环基本概念方面，介绍了水循环的定义和分类，将水循环按发生的空间分为海洋水循环、陆地水循环（包括内陆水循环）和海陆间水循环，并简要介绍了水循环的主要环节。

在寒区水循环理论方面，以寒区水循环的三大关键要素——冰川、积雪和冻土为基础，分析了冰川水循环、积雪水循环和冻土水循环的基本特点，以及寒区水循环的两大理论基础——能量平衡和物质平衡，初步设计了当前寒区水循环研究的总体框架与理论基础。

在寒区水循环驱动机制方面，归纳了驱动水循环的两大作用力——自然驱动力和社会驱动力，其中前者以太阳辐射、重力、毛细作用力等为原动力，后者以各种形式的社会、经济、生产、生活等为目的的人类活动为驱动力。

|第3章| 三江平原水循环和水资源特征分析

三江平原是我国最大的平原——东北平原的重要组成部分,位于黑龙江省东部,为高纬度寒区的典型代表。本书将以三江平原为例,开展高纬度寒区水循环机理与水资源调控研究。本章将从介绍三江平原的自然地理和社会经济入手,分析该地区的水循环和水资源特征,初步了解三江平原的基本情况,并为后续研究提供重要的基础信息。

3.1 三江平原概况

3.1.1 自然地理

3.1.1.1 地理位置与地形地貌

三江平原位于黑龙江省东部,包括黑龙江、松花江与乌苏里江汇流的三角地带以及倭肯河、穆棱河与兴凯湖平原。其范围北起黑龙江,南抵兴凯湖,西邻小兴安岭,东至乌苏里江。全区涉及鹤岗、佳木斯、双鸭山、七台河和鸡西 5 个地市以及哈尔滨市的依兰县和牡丹江市的穆棱市,土地总面积为 10.57 万 km^2,占全省面积的 23%。

三江平原地貌可分为山地与平原两大单元,自西北向东南,依次由三江低平原、倭肯河山间河谷平原、穆棱兴凯低平原、小兴安岭山地和那丹哈达岭山地构成。

（1）三江低平原

三江低平原位于三江平原北部,由河谷平原、低平原与山前台地构成。河谷平原分布在松花江、黑龙江、乌苏里江及主要支流的高低河漫滩中,地面高程为 40～65 m,相对高差为 5～10 m;低平原分布在松花江河谷平原两侧,由 I、II 级阶地组成低平原,地面高程为 50～90 m,可见多处零星分布的基岩残丘;山前台地分布在低平原周边的山麓前缘,呈条带状分布,地面高程为 80～100 m,相对高差为 10～20 m。

（2）倭肯河山间河谷平原

倭肯河山间河谷平原位于三江平原西南部,由山前台地和河谷平原构成。地势由东向西逐渐降低,地面比降在 1/3500 左右。地面高程:山前台地为 120～200 m,河谷平原为 100～150 m。

（3）穆棱兴凯低平原

穆棱兴凯低平原位于三江平原东南部,由山前台地、河谷平原与低平原构成。地势低平,沼泽广布,由西南向东北逐渐降低,地面比降为 1/5000～1/3000,地面高程多在 60～150 m,

有河流阶地、河漫滩及湖阶地、湖漫滩，亦有残丘分布。

（4）小兴安岭山地

小兴安岭山地位于三江平原西部，由低山、丘陵及河谷平原构成。山体呈北东向伸展，山势和缓，北低南高，水系发育，地面高程为 500 ～ 1000 m，由山脊线向东坡缓缓降低，至山前地带降至 150 m 左右。

（5）那丹哈达岭山地

那丹哈达岭山地由张广才岭、老爷岭、完达山脉和太平岭组成。该山地属褶断中山、低山及丘陵，山体走向北东或近南北。地势西南高，东北低，地面高程为 800 ～ 1000 m。晚新生代以来，有多期玄武岩浆喷溢，形成了火山熔岩低山、丘陵及台地。

3.1.1.2　气候与水文

（1）气候特征

三江平原属于中温带大陆性季风气候区，夏季受海洋暖湿气团影响，高温多雨；冬季受西伯利亚寒流控制，寒冷干燥；春秋两季是短暂的过渡期，天气变化频繁，春季风速较大。气温南高北低，平原高，山区低，年平均温度为 1 ～ 5℃，初霜为 9 月中下旬，终霜为次年的 5 月上中旬，无霜期为 120 ～ 140 天。结冰期长达 150 ～ 180 天，平均最大冻土深 1.6 ～ 2.2m。干旱指数为 1.0 ～ 3.0，属半湿润、半干旱地区。

（2）降水

三江平原多年平均降水量从三江平原的东北部和西北部向中部和南部逐渐降低，最小值不足 400 mm，最大值超过 700 mm，空间差异较大。

降水年际变化较大，以富锦站为例，降水量最大为 824.5 mm（1959 年），最小为 338.6 mm（1977 年）。降水量的年内分配极不均匀，降水大部分集中在 6 ～ 9 月，占全年降水量的 70% 左右，尤其是 7 ～ 8 月降水量较为集中，占全年降水量的 40% ～ 50%；春季 5 ～ 6 月降水量较少，仅占全年降水量的 20% 左右。

（3）蒸发

三江平原多年平均蒸发量为 550 ～ 840 mm（E601 蒸发皿），其中以穆棱河鸡东站最大，为 835.8 mm，以别拉洪河的别拉洪站最小，为 554 mm。蒸发量的空间分布与降水量相反，从西北部和东北部向中部和南部逐渐增加，在鸡东县达到最大，再向南有所降低，但是仍然比东北部和西北部的蒸发量要大。

（4）径流

该区年径流系数为 0.22，多年平均径流深为 125 mm。从径流来源分析，雨水补给占径流量的 75% ～ 80%，融雪补给占径流量的 15% ～ 20%，地下水补给占径流量的 5% ～ 8%；在地区分布上，北部小兴安岭山区、完达山山区和东部乌苏里江沿岸地区属多雨区，年降水量超过 600 mm，年径流深也在 200 mm 以上，而松花江下游、安邦河、七星河、挠力河、穆棱河等平原区属少雨区，年降水量不足 540 mm，年径流深也在 100 mm 以下。各水文站以上控制流域对应的多年平均径流深见表 3-1。

表 3-1　各水文站以上控制流域面积和径流深

序号	站名	控制面积（km²）	径流深 R（mm）	C_v	序号	站名	控制面积（km²）	径流深 R（mm）	C_v
1	鸭蛋河	385	229	0.59	12	湖北闸	16 218	131	0.60
2	华兴	188	297	0.56	13	八楞山	635	126	0.75
3	宝泉岭	2 750	301	0.52	14	东发	30.7	137	0.72
4	鹤立	485	255	0.6	15	团山子	559	155	0.62
5	福利屯	547	184	0.64	16	哈达水库	282	160	0.51
6	倭肯	4 185	122	0.75	17	伐木场	672	314	0.48
7	四方台	319	231	0.60	18	宝清	3 689	152.3	0.75
8	勃利	142	131	0.69	19	保安	1 344	150.3	0.73
9	孟家岗	297	125	0.64	20	菜咀子	20 556	86.4	0.75
10	穆棱	2 613	151.4	0.54	21	红旗岭	1 147	231	0.47
11	梨树镇	6 443	143.6	0.55	22	别拉洪	1 956	88	0.90

（5）暴雨洪水

三江平原分布有山丘区河流、山丘平原型河流、平原沼泽型河流。洪水又有春、夏两个汛期。春汛洪水发生时间为 4～5 月，主要由融雪、融冰形成，故洪水峰、量均不大。夏汛洪水发生时间为 6～9 月，主汛期为 7～8 月，主要由暴雨形成。

山丘区河流有穆棱河、倭肯河、梧桐河等，大范围暴雨是由低压天气系统形成的。其中穆棱河地区还有台风形成的暴雨，局部地方的暴雨由较弱的天气系统、热力对流作用或地形抬升引起，暴雨的时间分布集中在夏季，平均每年 1～2 次，大范围暴雨每年约一次，主要发生在 8 月，其次为 7 月，一次暴雨持续日数一般为 1～3 天。暴雨的地区分布一般是山丘区多于平原。洪水是由暴雨形成的，主要发生在 7～8 月，尤以 8 月最多；上游山丘区一般为单峰形，多高而瘦的尖峰，进入中下游，随着河谷开阔，峰形逐渐矮胖。支流涨水历时短，落水历时较长，洪水总历时约 7 天。干流洪水也是涨快落慢，上游洪水历时半个月左右，下游洪水历时可达 1 个月。

山丘平原型河流有挠力河、安邦河等，上游山区暴雨集中，雨强大，产汇流条件好，河道比降大，洪水陡涨陡落，峰形多为单峰，过程多在 7～15 天。中下游平原区暴雨小于上游，多为沼泽荒原，产汇流条件差，山区洪水进入中、下游地区后由于地形平坦，河道开阔，河道弯曲比降缓，弯曲系数为 2～3，最大可达 3.5，河道比降一般在 1/37 000～1/15 000，洪水经河槽调蓄，滩地填洼作用后，洪水过程峰小量大，多峰叠加，洪水过程长达 30～60 天，洪水传播时间较长。有些大水年份的夏秋季节的洪水由于洪水泛滥后滞蓄在广大的平原地区，封冻后与冬季降雪一起形成下一年春汛，春汛峰量加大。

平原沼泽型河流有别拉洪河、青龙莲花河、浓江鸭绿河等，该区西南高、东北低，比降很缓，没有明显的河身，暴雨期常形成地面积水。该区暴雨的发生时间多集中在夏季，平均每年 1～2 次，大范围暴雨每年约一次，主要发生在 8 月，其次为 7 月，暴雨持续时间一般为一天，最长可达 2～3 天。暴雨洪水主要发生在 7～8 月，尤以 8 月为最多；该流域属于平原区，峰形矮胖。由于受洪水泛滥及外江回水顶托影响，河道的洪水位汛期较高，持续时间较长，内水排泄受阻，加重内部洪涝灾害，洪水持续时间约一个月。

3.1.1.3　河流水系

三江平原位于黑龙江省东部，地表水系较为发达。该区主要河流有：黑龙江及其支流鸭蛋河、青龙莲花河和浓江鸭绿河；松花江及其支流倭肯河、安邦河、梧桐河、嘟噜河和蜿蜒河；乌苏里江及其支流别拉洪河、七星河、挠力河、阿布沁河、七虎林河、穆棱河和松阿察河共计 18 条河流。另外，该区还包括小兴凯湖和部分大兴凯湖。

黑龙江发源于大兴安岭，干流全长为 2821 km，流经该区长达 406 km，流域总面积为 180 万 km²；松花江发源于大兴安岭和长白山天池，干流全长为 939 km，流经该区长达 357 km，流域总面积为 55.68 万 km²；乌苏里江发源于俄罗斯锡霍赫特岭西麓，河道全长为 890 km，流经该区长达 478 km，流域总面积为 18.7 万 km²。

除三大江外，流域面积大于 1000 km² 的河流有 14 条，其中流域面积大于 10 000 km² 的河流有 4 条。

该区内支流大部分发源于山区，少部分发源于平原。发源于山区的河流有穆棱河、挠力河、倭肯河等，上游坡陡流急，山洪很大，中下游河道弯曲狭小，比降甚缓，洪水宣泄不畅，河水蔓延；这些河流上中游及其支流具有建设控制性水利枢纽工程的条件，充分利用地表径流，为流域内的各业用水提供水源。发源于平原的河流有别拉洪河、七星河和青龙莲花河等，上游是连串的水泡子及低湿地，中游为沼泽性河流，无明显河身，坡降平缓、宣泄能力极差，排水困难；至下游比降稍陡，但往往受外江回水顶托；这些河流通常不具备修建较大蓄水工程的条件，枯水季节经常断流，天然地表径流可利用量很小。

3.1.2　社会经济

三江平原是在中华人民共和国成立初期开发建设，并经过几代人艰苦奋斗建成的国家能源工业基地和重点商品粮及粮食战略储备基地。自中华人民共和国成立以来，三江平原为国家经济建设提供了大量的煤炭、电力和粮食，为缓解粮食短缺做出了卓越贡献。该区的经济支柱首要是四大煤城的煤炭开采和火力发电，其次是以佳木斯为中心的地方工业和以农垦总局为龙头的商品粮生产及精加工业。随着资源的开发和经济社会的发展，五座大中型新兴工业城市也随之崛起。但随着煤炭资源的减少和逐渐衰竭，以煤炭开采为主业的四大煤城面临重大经济结构调整，亟待发展接续产业；以国有农业为主体的农垦总局商品粮生产基地也由于历史原因，开垦与建设失调，开发与保护失衡，资源衰退，生态环境趋于恶化，因此根据农业主产区建设要求也需要调整经济结构，加快绿色特色食品基地建设。

（1）行政区划

该区有佳木斯、鹤岗、双鸭山、七台河、鸡西五个省辖市及其所属萝北、绥滨、集贤、汤原、勃利、桦南、桦川、友谊、宝清、饶河、富锦、同江、抚远、鸡东、密山、虎林、依兰、穆棱共18个县（市）及农垦总局的宝泉岭、红兴隆、建三江、牡丹江四个管理分局的50个农场和其他系统的七个农牧场、七个森工局等。

（2）耕地、人口

2014年，三江平原耕地总面积约为7000万亩，占全省总耕地面积的30%左右。地方市县所属的耕地面积约为3850万亩，占耕地总面积的55%；农垦系统的耕地面积约为3150万亩，占耕地总面积的45%。

2014年，该区总人口为843.5万人，其中，非农业人口为586.0万人，占总人口的69.5%；农业人口为257.5万人，占总人口的30.5%。农村劳动力为168万人。

（3）农业生产与农村经济

三江平原的主要农作物为水稻、玉米、大豆。依据《黑龙江统计年鉴》的数据，2014年总播种面积约为6700万亩，其中，水稻面积3566万亩，占总播种面积的52%，其他农作物玉米、大豆面积占旱地总面积的绝大部分比例。

该区2014年粮豆总产量为222.1亿kg，占全省粮豆总产量的43.6%。其中，地方市县的粮豆产量为137.8亿kg，占该区粮豆总产量的62%；农垦系统的粮豆产量为84.3亿kg，占该区粮豆总产量的38%。该区全年提供各类商品粮为173亿kg，粮食商品率达到78%。

随着农业生产和农村经济的快速发展，农村基础设施和农田基本建设也有了明显进展。2014年该区农田实灌面积为3700万亩，其中，水田灌溉面积为3566万亩；旱田和蔬菜灌溉面积为134万亩。

三江平原种植结构变化较为剧烈，尤其是水稻种植面积，从20世纪80年代的缓慢增加到90年代的快速增加再到21世纪初的急剧增加，对当地水循环模式和水资源形成转化的影响逐年增大。20世纪80年代以来，黑龙江省和三江平原的水稻种植面积变化趋势对比如图3-1所示。从趋势上看，三江平原的水稻种植面积基本上与黑龙江省的水稻种植面积增减趋势较为一致，1995年之前处于缓慢增长的趋势，随之出现4年的快速增长期，之后进入稳定种植期。2003年黑龙江省和三江平原均出现了水稻种植面积下跌的状况，应与当年甚至前几年降水偏枯的现象有关。从2003年开始，水稻种植进入急剧增加的时期，到2013年增加了3倍多。

黑龙江省水稻种植面积与三江平原水稻种植面积比较发现，20世纪90年代中期以前，三江平原水稻种植面积占黑龙江省的比例不足50%，之后三江平原水稻种植面积加速，从1997年占黑龙江省的52%逐渐增加到2013年的63%，成为黑龙江省的水稻种植主产区。

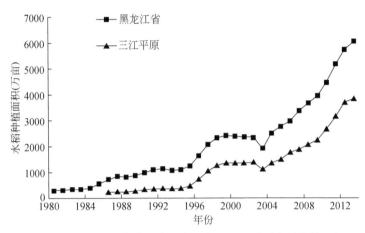

图 3-1　20 世纪 80 年代以来黑龙江省和三江平原水稻种植面积

黑龙江省的水稻种植面积增加中，三江平原的贡献最为突出，为黑龙江省的经济发展和粮食安全提供了保障。

（4）城市发展及工业生产

三江平原是黑龙江省的重要能源基地和对俄贸易通商口岸，拥有鹤岗、鸡西、双鸭山、七台河四大煤矿城市和煤电化基地；有以文化、教育、机械制造、机电、纺织、造纸、塑料、粮食加工为主要产业的区域性中心城市佳木斯市；有黑龙江省对俄罗斯重要的贸易口岸城镇绥芬河、密山、虎林、饶河、抚远、同江、萝北等。

佳木斯市位于松花江干流下游右岸，是三江平原的政治、经济、文化和科技中心及交通枢纽，已发展成为拥有多种工业、门类齐全经济发达的新兴工业城市。2014 年市区工业企业 106 个，拥有固定资产 40.16 亿元。改革开放以来，中外合资对俄贸易等企业相继发展起来，成为对外开放的一级口岸。佳木斯市工业主要有发电、纺织、电子、木材加工、造纸、煤矿机械等企业。

鹤岗市地处小兴安岭东麓南坡低山丘陵与松花江下游平原交界的过渡地带，市区土地面积为 1483 km^2，2014 年市区总人口 69.7 万人。鹤岗市属于资源型城市，有煤、黄金、石墨、白云石等 20 余种矿产资源，煤炭资源储量丰富，煤质优良。鹤岗市工业经济以煤炭为主，并带动了化工、建材、造纸等其他工业发展。

鸡西市位于三江平原的西南部，穆棱河中上游。市区土地面积为 2300 km^2。鸡西市是一个以煤炭生产为主的重工业城市，原煤年产量为 2000 万 t 左右，位居全国同行业前列，其次是石墨、建材、冶金、电子、化工等行业。

双鸭山市位于三江平原西部，安邦河上游。市区土地面积为 1429 km^2。双鸭山市素有"煤城"之誉，以煤炭为主的矿产资源是其立市产业，煤炭年产达 1500 万 t，具有黑龙江省唯一的大型磁铁矿。黄金、石墨、大理石、石灰石等矿产储量可观。双鸭山市工业以煤炭为主，煤炭品种齐全，煤质优良。

七台河市位于三江平原西部，倭肯河中上游左岸。市区土地面积为 1767 km^2。七台河市矿业资源得天独厚，已探明的有煤炭、黄金、石墨、大理石、沸石、膨润土等 10 余种，尤其以煤炭最为丰富，保有储量为 17 亿 t，远景储量为 37 亿 t。七台河市是国家重要的煤炭基地，也是黑龙江省唯一的无烟煤生产基地。七台河市依托资源优势，发展地方工业，形成了以煤炭工业为主体的工业群体，建立起煤炭、机械、冶金、建材、化工等食品加工等门类较为齐全的工业体系。

3.2 三江平原水循环特征

三江平原地处我国东北地区的高纬度寒区，同时受人类活动的影响，形成了显著的"自然－社会"二元性特征。对三江平原水循环特征的初步解读有助于把握该区水循环的复杂性和特殊性，为寒区水循环模型的建立和水循环规律的量化分析奠定基础。

3.2.1 三江平原二元水循环特征

三江平原独特的气候、地理和水文地质条件，使水循环转化过程有其自身的特点。三江平原目前对水循环的研究主要局限在小区域范围或者田间的部分水循环单项的研究，还没有从整个区域的水循环整体入手，研究三江平原整个水循环系统的运行机理。这主要是因为一方面流域／区域水循环过程极为复杂，其机理很难用一般手段予以识别；另一方面是近几年水土资源开发利用强度急剧增大，水循环形势发生诸多新的变化，进一步增加了水循环机理识别的难度。从更高的角度总体认识三江平原的水循环特征，在整体上识别区域的水循环机理，充分考虑水循环的复杂性和特殊性，为水循环转化规律的研究奠定坚实的基础。

（1）三江平原农田水循环

农田是三江平原主要的土地利用方式，占三江平原总面积的 42%，深刻影响着该地区的水循环过程。农田水分主要存在三种基本形式，即地表水、土壤水和地下水，而土壤水是最重要的农田水分存在形式，它与作物生长关系最为密切。土壤水分的动态变化与水分的下渗、蒸散发、径流等有密切的关系。土壤水具有三态，即液态、固态和气态。按照其形态不同可以分为吸湿水（吸着水）、薄膜水、毛管水（毛细水）和重力水等。在三江平原，土壤水分的循环转化除了具有其他区域土壤水转化的共有特点外，还受当地气候特性、土壤物理、化学、生物属性及特定人类活动的影响，存在着自有的特殊性。

三江平原降水量较丰沛，地势平缓，微地形复杂，土质黏重，原地下水位高，农田易呈涝渍潜危害，除了排地表积水（包括地表残积水）外，还需"降低"上层滞水与地下水位，为此，三江平原发展了适用于当地特点的农业灌溉排水模式，这种模式对农田水循环的影响极为显著。大面积的"旱改稻"使农田降水产流机制和耗水规律发生重大变化；大规模的"打井种稻"灌溉方式导致地下水开采量急剧增加，使地下水位逐年下降，出现地下水沉降漏斗，改变了地下水与地表水、土壤水的转换机制，使地下水的补给－排泄规律发生变化。上述一系列农业生产活动对区域水分的循环转换机理产生重要影响，因此，针对三江平原特殊的农业生产方式的区域水循环机理识别，对该区水循环转化规律的研究是十分必要的。

（2）三江平原城市水循环特征

城市水循环是人类社会参与自然水循环过程的高级形式，具有水循环通量集中、人工控制程度高、通量过程受气象影响小、通量具有持续性等特点。城市水循环系统如图3-2所示。

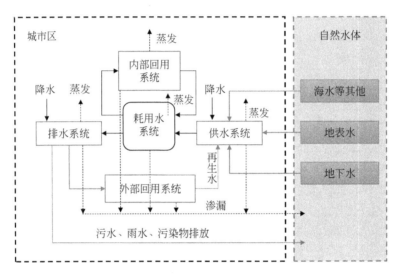

图 3-2　城市水循环系统

城市长期发展过程中形成的水系统分离机制与耦合机制，有效推动了城市二元水循环模式的形成，具体原理为：①分离机制。城市社会侧支水循环与城市自然主水循环各成体系，如城市管网改造减少了水的地下渗漏量，污水处理再生利用和水的重复循环利用减少了污水的排放量；城市化的硬化地面隔断了地表系统与土壤、地下系统的联系；城市化的雨水管网人为改变了城市雨水、污水排放的流向。②耦合机制。城市社会侧支水循环通量与河道主循环通量存在此消彼长的动态互补关系，社会取耗水量的增加直接导致下游断面实测径流量的减少，改变江河湖的水力联系；城市化的硬化地面带来径流的增加；污水和雨水进入水体。

三江平原城市发展与其他地区的城市发展类似，对自然下垫面的改变最为剧烈，形成了城市区特有的产汇流机制；受人类活动影响逐渐强化的社会侧支水循环也有其他地区城市的共性，具有其他地区城市水循环类似的特征。

（3）三江平原其他类型水循环特征

林草、荒地等天然土地利用中存在局部受扰天然水循环系统。在这些水循环系统中，水的产汇流机制仍与纯粹天然水循环系统一样，主要是蓄满产流和超渗产流，但是其中的水循环的通量却由于受人类活动的干扰发生了变化。林草受扰天然水循环系统中水分通量的变化主要反映两种情况：一是一部分人工灌溉后的退水、渠道旁侧渗漏和田面产流进入林草水循环系统，增加了天然林草的地表入渗量。二是天然林草、荒地与农田、水库、渠道人工土地利用等通过区域地下水构成空间上的水力联系，农田的灌溉渗漏可通过地下水的水平传输被林草、荒地等天然状态下的土地利用通过潜水蒸发耗用；同理，林草、荒地的降水入渗等地下水补给也可被农田作物利用。受扰林草水循环系统自身的降水入渗、蒸发和产汇流机制等方面不受影响，仍与纯粹天然状态下的林草水循环系统一样。

湖泊、湿地等水域受扰天然水循环系统与林草、荒地受扰天然水循环系统既有相同之处，又有不同之处。相同之处在于湖泊、湿地等水域也接受灌溉退水和居工地不透水面积上的产流参与到整体的水循环过程中；不同之处在于由于近年来湖泊、湿地等水域的萎缩，人类为了保护和改善生态环境，通过渠道等水利设施对湖泊、湿地等水域进行补水，即人类活动对湖泊等水域的水循环系统既有直接的干预，又有间接的参与。但总的来说，在湖泊、湿地等水域的水循环过程中，各项人类活动干预主要是改变了湖泊、湿地等水循环过程中的入流量和蓄变量，但湖泊、湿地的蒸发、渗漏、出流与湖泊、湿地的面积、水位相关，这部分循环通量也将受到间接影响。

三江平原湿地广泛分布，是当地重要的洪涝渍水蓄滞区，与地下水的联系密切，在区域水循环过程中作为重要的参与者，其水分转化关系影响区域水循环的整体。

（4）三江平原流域水循环特征

流域水循环是由农田水循环、城市水循环、林地水循环、草地水循环、湿地水循环等各种类型水循环有机组合而成，从总体上识别三江平原的水循环转化特征是三江平原水循环模型研究与水资源开发利用调控的前提和基础。

三江平原地表水丰富，但开发利用程度较低，而地下水则开采较多，甚至出现了局部超采现象，说明三江平原的地下水失去了采补平衡，不利于地下水的可持续利用和生态环境的健康发展。由于水资源的无序开发和过度开垦，三江平原天然的流域水循环过程被打破，人工侧支水循环成为流域水循环的重要组成部分，如从松花江干流向三江平原腹地的引调水工程，地表水引水灌溉，洪涝水抽排，等等，对原流域水循环形成了强烈干扰。

三江平原地下水的补给来源包括降水入渗、地表水深层渗漏、农田灌溉渗漏、边界侧向流入等，同时通过潜水蒸发、地下水开采、基流、边界侧向流出等方式排泄，正常情况下地下水补给和排泄处于动态平衡的状态。当地下水的人工开采长期处于大幅度增加时，地下水的补给不能弥补地下水过度开采造成的地下水亏缺，使地下水循环转化机制发生变化。深入剖析三江平原的地下水采补平衡机理，把握地下水超采造成的"四水"（大气水、土壤水、地表水和地下水）转化关系的演变，从流域水平上研究水循环在人类活动干扰下的转化机理，是三江平原水循环研究的重要内容。

3.2.2 三江平原寒区水循环特征

三江平原处于 $43.83°N \sim 48.42°N$，海拔为 $23 \sim 1110 \, m$，属于高纬度寒区，季节性

积雪和冻土过程使其具备了典型的寒区水循环特征。三江平原无冰川分布，积雪、河冰和冻土的形成、消融和演变在区域水循环过程中扮演着重要角色。

3.2.2.1 降雪与积雪特征

降雪是三江平原冷季重要的水分来源，也是三江平原春汛的径流储备。由于地处我国东北部地区，气温在进入 10 月开始快速降低，降水则由于气温降至 0℃附近而以降雪的方式到达地表。10 月是降雨与降雪的过渡期。由于每年的 10 月气温波动较大，降水时如果气温过高，则以降雨的形式到达地表；如果遇到寒流侵袭，则形成降雪。11 月以后降水基本上表现为降雪，直至次年 3 月。4 月气温开始快速回升，寒流与暖流交错，使降雪与降雨交错发生。5～9 月基本上为降雨，进入寒区的雨季。三江平原多年平均日降雪过程如图 3-3 所示。

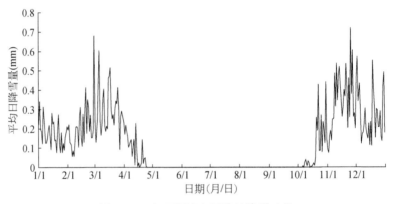

图 3-3 三江平原多年平均日降雪过程

图 3-3 中显示的为三江平原宝清站、富锦站、鹤岗站、虎林站、鸡西站、佳木斯站、罗子河站、牡丹江站、绥芬河站和依兰站 11 个国家气象站 1956～2014 年平均日降雪量的降雪过程。降雪基本上从 10 月开始到次年 4 月结束，可能有该时期范围以外的非典型降雪发生，但都是小概率事件。从图 3-3 上看，降雪量在 3 月和 11 月较大，主要原因是这两个时期气温降低的同时还有相当多的暖湿气流过境，降水比冬季多，且以降雪的形式到达地表。

三江平原多年平均降雪量约为 44.4 mm，占年降水量的 8.2%。历史最大年降雪量（1～12月）发生在 2010 年的虎林站，折合降水深为 197.1 mm；历史最小降雪量（1～12 月）发生在 2008 年的牡丹江站，折合降水深仅为 4.3 mm。可见近期降雪的变化更加剧烈，说明气候的不稳定性在加剧。

在空间分布大趋势上，三江平原降雪量由西北向东南逐渐增加，但是存在两个区域与大趋势不相符：一个是位于松花江下游干流河谷地区的丰雪区；另一个是位于那丹哈达岭山地北麓的少雪区。前者可能是由东南向西北方向的暖湿气流由于小兴安岭地势抬升而被阻滞、汇集，形成较为丰富的降雪；后者则可能是那丹哈达岭山脉阻挡了东南方向来的水汽，使山区北部低平区域产生了降水稀少区。

三江平原积雪日数空间分布与地形变化一致，呈现"山区高、平原低"的特征。从空间分布来看，三江平原积雪持续时间最长的区域分布在小兴安岭和那丹哈达岭山地，最大积雪持续时间超过 6 个月；小兴安岭积雪持续时间为 3～5 个月。平原地区积雪持续时间明显低于山区，三江平原持续时间最长为 3～4 个月。从积雪日数变化来看，小兴安岭山区呈现增加趋势，三江低平原和兴凯湖平原大部分区域呈现减少趋势。虽然三江平原大部分地区呈现变化趋势，但明显增加或者明显减少的地区并不多。这说明三江平原积雪分布范围总体变化不明显，但是不同局部地区积雪变化差异明显，所以选择流域尺度开展研究更有意义。

3.2.2.2 融雪径流特征

三江平原积雪融化产流是春汛发生的主要因素，由于冻土尚未融通，融雪产流系数较高，径流量较大，甚至有可能超过夏汛的径流量。以挠力河流域的宝清站、保安站、菜咀子站和红旗岭站 4 个水文站以上流域径流深为例。宝清站、保安站和红旗岭站以上为山区河流，保安站和红旗岭站以上流域为挠力河支流汇聚而成，宝清站以上流域为挠力河上游干流汇聚而成；菜咀子站位于流域下游，宝清站和菜咀子站之间是中游流域，分布有大面积沼泽湿地。各水文站多年平均月径流深如图 3-4 所示。

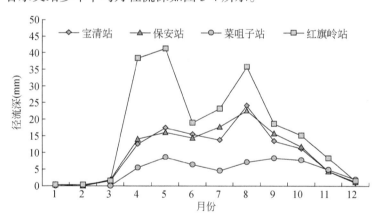

图 3-4　挠力河流域各水文站多年平均月径流深变化特征

挠力河流域径流年内分布不均，并且一年内有两个汛期，分别是春季融雪径流和夏季降水径流，径流量过程线呈马鞍状曲线。宝清站和保安站春汛期洪峰径流深分别为 17.4 mm和 16.1 mm，春汛径流量分别占年径流总量的 40.4% 和 37.4%；夏汛洪峰径流深分别为 23.7 mm 和 26.6 mm，夏汛径流量分别占年径流总量的 55.3% 和 56.7%。菜咀子站春汛洪峰径流深为 8.7 mm，春汛径流量占年径流总量的 36.6%；夏汛洪峰径流深为 8.5 mm，夏汛径流量占年径流总量的 50.7%。红旗岭站春汛洪峰径流深为 41.2 mm，春汛径流量占年径流总量的 49.0%；夏汛洪峰径流深为 35.9 mm，夏汛径流量占年径流总量的 46.2%。

各水文站相比,宝清站、保安站、菜咀子站径流年内分配规律相似,均是夏汛径流量大于春汛径流量,而红旗岭站春汛径流量大于夏汛径流量,占年径流总量的50%左右。此外,比较各水文站年内降水分布和年内径流分布的关系可知,宝清站、保安站、菜咀子站月均最大流量与集水区域的月均最大降水量的分布时间相吻合。与之相比,红旗岭站月均最大流量出现在5月,而在此期间的月均降水量明显小于6~9月。统计8~11月各月降水量值,与8~11月月径流量值分布趋势基本一致。总体来说,红旗岭站降水年内分配与相应月径流量值整体上存在一致性,也存在不一致性。这与流域下垫面分布有关。

由挠力河流域土地利用情况可知,红旗岭站控制流域地表覆盖以林地为主,占流域总面积的90%左右。有关研究表明,森林能有效减少近地面或林下风速,与裸地或耕地相比,11月至次年3月风速至少减小4~6 m/s,既可以降低风吹雪的损失量,又可以减少积雪升华损失量,使大部分降雪次年4~5月以融雪径流的形式汇入河流,增加河流径流量。因此,林地覆盖率较大的流域,其4~5月径流总量占全年的比例很大,甚至大于夏季降水丰富时产生的径流量。

3.2.2.3 河冰特征

随着气温的下降和太阳辐射的减少,河水冻结成冰,而春季随着气温的升高和太阳辐射的增加,又由冰融化成水,这一过程产生了量与质的变化及形态变化复杂的冰情现象。按照冰量的增减,可分为成冰和融冰两个阶段。按照冰的形态变化,可分为结冰期、封冻期和解冻期三个阶段。河道中伏秋大汛和凌汛均是一种涨水现象,但因其形成的原因有别,它们的涨水过程并不相同。凌汛是河道里的冰凌对水流的阻力作用而引起的一种涨水现象。

河流冰盖形成使过水断面的湿周加大,水力半径减小,尤其是冰盖、冰塞的糙率作用、大大增加了水流的阻力。一些研究工作者发现,同样水位下,河道完全封冻后,其能量损失可比明流增加62%;同样水位下,封冻后河道流量比明流时减少29%,这意味着明流条件下量测得到的水位-流量关系不适合于封冻河道。

当气温转正,特别是白天气温较高,积雪及冰盖表面开始融化,融化的水渗入冰层,逐渐改变冰盖下层结构。另外水温也开始回升,冰厚逐渐变薄,冰层开始解体,河流进入解冻期。冰层解体有两种方式:①如果春季流量保持相对恒定,冰盖保持稳定直到最终就地融化,即以热力因素为主完成开河。其特点是水势平稳,冰盖质地酥松,大部就地融化,没有集中流冰,不会造成危害。②当冰盖尚未充分解体,但是由于水力因素突变,冰层被迫鼓开而解体。其特点是流量骤增,水位变化迅猛,流冰量大而集中,冰质坚硬,容易形成冰坝,造成灾害。

三江平原既有黑龙江、松花江和乌苏里江这类大型江河,又有穆棱河、挠力河这类中型河流,还有安邦河、别拉洪河、浓江鸭绿河这类平原溪流,不同类型的河流,河冰的封冻、解体各有特点。一般大型江河水流湍急,水位涨落急剧,对河冰冲击较大,同时河冰的形成对径流的阻挡作用也很明显,易形成危害性较大的凌汛。三江平原河流一般在11月开始封冻,次年4月逐渐开河,河流封冻期约为5个月,最大河冰厚度约为1m。三江平原主要河流水文站监测冰情特征见表 3-2。

表 3-2　三江平原主要河流水文站监测冰情特征

河流名称	站名	封冻日期				开河日期				平均封冻天数（d）	平均最大冰厚（m）
		最早		平均		最晚		平均			
		月	日	月	日	月	日	月	日		
黑龙江	萝北	11	11	11	13	4	30	4	18	150	0.80
	勤得利	11	11	11	21	5	1	4	20	151	1.10
	抚远	11	12	11	25	4	29	4	19	146	1.07
乌苏里江	饶河	11	8	11	17	4	26	4	14	147	0.85
	海青	11	7	11	16	4	24	4	13	148	0.82
小兴凯湖	凤凰德	10	31	11	11	5	5	4	1	163	0.85
穆棱河	穆棱	11	4	11	10	4	28	4	7	143	0.98
	梨树镇	11	5	11	15	4	19	4	5	143	1.16
	鸡西	11	5	11	18	4	5	4	4	137	1.08
	密山桥	11	1	11	16	4	14	4	6	140	0.91
挠力河	宝清	10	29	11	13	4	17	4	6	145	0.95
	菜咀子	10	28	11	17	4	21	4	14	148	0.95
七星河	保安	10	30	11	13	4	17	4	5	134	1.10
别拉洪河	别拉洪	11	21	11	20	4	14	3	27	126	0.33
松花江	佳木斯	11	6	11	22	4	24	4	14	144	1.09
	富锦	11	9	11	23	4	26	4	18	145	1.07
汤旺河	晨明	10	28	11	16	4	26	4	16	152	1.07
倭肯河	倭肯	10	26	11	11	4	15	4	5	145	0.70
梧桐河	宝泉岭	11	1	11	18	4	19	4	9	142	1.18
安邦河	福利屯	10	30	11	15	4	22	4	11	146	1.11

3.2.2.4　冻土及其对水循环的影响

三江平原冬季寒冷，季节冻土开始出现于 11 月下旬，并逐渐加深到 2 m 左右，至次年 4 月表层开始融化，但地下较深的冻土层依然存在，使表层的融冻水和大气降水不能下渗，在下层冻土层上部又形成临时性上层滞水，一直到 6 月上中旬土壤冻层全部化通后才能消失。上层滞水有随降水急剧升高的特性，直接影响作物生长和机械耕作。冻层及上层滞水的形成是春涝的主要因素。

（1）冻土对入渗的影响

冻土是由于土壤水冻结而形成的冰与土壤混合的特殊岩土体，根据冻结前土壤水饱和与否，分为饱和冻土和非饱和冻土。根据相关研究，饱和冻土的渗透性能极低，可以作为土壤层中的隔水层；非饱和冻土具有一定的渗透性，但是温度过低，渗透过程中的水凝结成冰将会进一步减低冻土的渗透性。

季节性冻土区野外冻土入渗实验显示（王晓巍，2010），土壤的入渗能力随冻层的厚度增加而减小。非冻结条件下 90 分钟累积入渗量为 102.64 mm，冻结条件下累积入渗量最高为 14.48 mm，数值减小明显，给定时刻所有冻结条件下的累积入渗量曲线均在非冻结条件的曲线之下。其中，冻土层深度为 10 cm、18 cm、40 cm 时，累积入渗量分别是 13.16 mm、10.80 mm、9.48 mm，在这个深度范围内随着冻深发展，累积入渗量逐渐减小；冻土层深度发展到 85 cm、135 cm、160 cm 时，累积入渗量分别是 13.16 mm、14.48 mm、14.48 mm，在这个深度范围内入渗量随深度有所增加。出现这种现象是因为当冻深达到 80 cm 左右时，外界早晚气温已经达到 –25 ～ –18℃的持续低温范围，冻土层因冻胀而开裂，最大裂缝可达 3 cm，液态水会优先通过裂缝，增加了土壤层的下渗量。总之，冻结土壤的水分入渗能力远小于非冻结土壤，冻土层具有阻渗特性。

（2）冻土对径流的影响

三江平原冻土层厚度除与土壤含水量有关外，主要与这一时期的累积负气温有关。随着累积负气温的增大，冻土层形成并不断加厚，因此，这一阶段主要是固态降水的累积过程，产流量很小。春季来临融冻开始，存储在流域上的各种固态水开始活跃起来。初融时冻土接近地表，冻土层上的包气带厚度接近于零，此时蒸散发能力仍很小，入渗能力最小，产流方式以饱和产流为主。随着气温上升，融冻层增厚，包气带厚度和蓄水容量增加，蒸发和入渗能力增加，土壤含水量消退系数和径流系数相应减小。

即使是久旱无雨期，土层深度为 10 ～ 40 cm 的土壤含水量仍在 30%以上。冻结层上水则长时间保持在近地层，提高了地下水位高度。当 6 ～ 7 月冻土层融通，冻结层上水向下转移时，又进入了 6 ～ 9 月主汛期，地下水位上升，土壤含水量增加。因此冻土层土壤含水量充分，土层湿润，在近地层范围内一般都接近或超过田间持水量。这种土壤含水量的变化特点符合湿润地区蓄满产流条件，产流方式兼有饱和产流、蓄满产流以及融冻锋面以上的分层产流等方式。

春汛是冻土对三江平原径流影响的突出特征。春季初始，因表层土壤处于冻结状态，流域内基本无地表径流形成。3 月中下旬表层土壤已处于正温，有少量降水过程，因流域的填洼作用，地表径流十分微弱；4 月中旬冻土消融尚浅，冻土层如隔水层，阻止水流入渗，在满足流域表层初步损失之后形成地表径流，从这段时间至 6 月初，即春末夏初，为季节冻土层逐渐消失的过程，往往形成年内的第一个径流高峰——春季径流高峰。6 ～ 9 月为北方汛期，7 ～ 8 月为主汛期，雨水充沛，一年的降水量集中于这个时期，流域的调蓄能力增强，下渗及蒸发量大，形成年内径流最高峰——夏季径流高峰。冬季地表水、降雪和土壤冻结,土壤冻结把大量的壤中流以冰晶的形式存储进来。冻土作为不透水层或储水层,在春末夏初可以提高径流,到冬季可以滞留秋冬季降水,提高流域的蓄水量。

(3)冻土对蒸发的影响

季节冻土在冻结过程中具有显著的抑制蒸散发作用。当地表土壤累积负积温小于 0℃时,即土壤开始进入稳定冻结期。稳定冻结期间地面积雪、蒸发发生在雪面,土壤冻结时的土壤水分既不供给蒸发,也不渗透补给地下水。次年随着气温回升,土壤进入融冻期,地面虽无雪覆盖,气候蒸发能力很强,但冻土温度低于冰点,冻层水体为固态,毛管输入水作用消失,向上供水不充分,冻土水分融需需要吸收大量的热量,使土壤蒸散发能力减小;在融冻期由于耕耘或植被覆盖破坏了毛管输水常态,而降低了蒸发速度,冻结期土壤蒸发极为微弱。而这一时期的土壤蒸散发比水面蒸发复杂得多,也小得多,土壤水分消退速度较为缓慢。土壤蒸发减少,同时也降低了土壤水分的损失,保持了土壤蓄水量的稳定。

根据气象站自动监测的日蒸发量数据,冬季稳定冻结时期,11 月、12 月、1 月、2 月的平均蒸发量分别为 0.95 mm/d、0.62 mm/d、0.32 mm/d、0.32 mm/d,3 月的前 20 天平均蒸发量为 0.32 mm/d,3 月 21 日土壤表层开始融化后,平均蒸发量增加到 4.1 mm/d。由此可见,冻土作为不透水层,抑制蒸发的作用非常明显,即冻土存在期,土壤蒸发能力显著降低。

3.3　三江平原水资源特征

3.3.1　水资源状况

3.3.1.1　地表水资源量

地表水资源量是指河流、湖泊、沼泽、水库等水体的动态水量,一般用河道径流量综合反映,可以采用还原后的天然径流量计算。本次年径流计算是在 1996 年《黑龙江省水文图集》的基础上,资料序列应用到 2000 年,同时选取具有代表性的水文站监测数据延长序列至 2010 年。计算的多年平均径流量为 116.30 亿 m³,$P=25\%$ 年径流量为 154.07 亿 m³,$P=50\%$ 年径流量为 99.37 亿 m³,$P=75\%$ 年径流量为 59.87 亿 m³,$P=95\%$ 年径流量仅为 25.82 亿 m³。三江平原各流域地表水资源量成果详见表 3-3。

表 3-3　三江平原各流域地表水资源量成果

流域名称	面积（km²）	多年平均径流量（亿 m³）	设计年径流量（亿 m³）			
			$P=25\%$	$P=50\%$	$P=75\%$	$P=95\%$
穆棱河	18 829	23.69	31.06	20.98	13.20	6.05
阿布沁河	1 667	3.87	4.88	3.55	2.57	1.46
七虎林河	2 690	3.31	4.20	3.00	2.10	1.10
挠力河	23 283	23.51	31.57	19.41	10.87	4.11

流域名称	面积（km²）	多年平均径流量（亿 m³）	设计年径流量（亿 m³）			
			P=25%	P=50%	P=75%	P=95%
倭肯河	11 123	12.53	16.62	10.82	6.52	2.76
梧桐河	4 565	12.25	15.87	11.07	7.32	3.69
嘟噜河	1 849	3.66	4.80	3.30	2.10	1.00
安邦河	1 679	1.55	2.13	1.31	0.73	0.28
青龙莲花河	2 825	1.55	2.14	1.16	0.55	0.13
浓江鸭绿河	4 051	3.56	4.91	2.67	1.25	0.29
别拉洪河	3 059	2.38	3.24	1.76	0.88	0.27
松花江干流	11 749	9.71	12.95	8.23	4.86	2.01
黑龙江干流	6 589	6.83	9.10	5.74	3.37	1.35
乌苏里江干流	11 719	7.90	10.60	6.37	3.55	1.32
合计	105 677	116.30	154.07	99.37	59.87	25.82

除了三江平原当地降水产生的地表水资源量外，还有大量过境河流的水资源，包括黑龙江、松花江、乌苏里江以及兴凯湖的径流量。黑龙江、松花江、乌苏里江以及兴凯湖控制断面的多年平均径流量及设计年径流量成果见表3-4。

表3-4　各控制断面径流量成果

河流/湖泊名称	控制断面	集水面积（万 km²）	多年平均径流量（亿 m³）	年径流量 (P=80%)(亿 m³)
黑龙江	抚远	143	2240	1652
	伯力	162	2680	1974
松花江	同江	54.78	818	529
乌苏里江	河口	18.7	433	317
兴凯湖	—	—	29	—

3.3.1.2 地下水资源量

地下水资源量是指浅层地下水中参与水循环且可以逐年更新的动态水量，用多年平均年补给量（不含井灌回归补给）表示，其中浅层地下水是指与当地降水和地表水体有直接水力联系且具有自由水面的潜水和与潜水有较密切水力联系的弱承压水。为反映各地地下水资源量形成与转化条件的差别，根据地形地貌和水文地质条件，以流域为单元，并区分山丘区和平原区,对以 1980～2010 年为代表的近期下垫面条件下的多年平均地下水资源量进行了评价。

经计算,三江平原多年平均地下水资源量为 85.57 亿 m^3,其中,山丘区地下水资源量为 24.48 亿 m^3,平原区地下水资源量为 66.26 亿 m^3,山丘区与平原区重复计算量为 5.17 亿 m^3。三江平原山丘区和平原区地下水的降水入渗补给量分别为 24.48 亿 m^3 和 44.24 亿 m^3;河川基流量包括平原降水入渗形成的河道排泄量和山丘区的河道排泄量两部分,分别为 0.95 亿 m^3 和 22.09 亿 m^3。各项评价成果见表 3-5。

表 3-5 三江平原各流域多年平均地下水资源量成果

流域名称	面积（km²）	地下水资源量（亿 m³）				降水入渗补给量（亿 m³）		河川基流量（亿 m³）	
		合计	山丘区	平原区	山丘区与平原区重复计算量	平原区	山丘区	平原降水入渗形成的河道排泄量	山丘区的河道排泄量
穆棱河	18 829	14.03	8.07	7.12	1.16	3.75	8.07	0.15	7.48
阿布沁河	1 667	1.37	0.92	0.48	0.03	0.39	0.92	0.01	0.89
七虎林河	2 690	2.35	0.48	1.99	0.12	1.59	0.48	0.04	0.46
挠力河	23 283	14.13	3.88	10.82	0.57	8.66	3.88	0.09	3.49
倭肯河	11 123	5.53	2.93	2.95	0.35	2.13	2.93	0.06	2.39
梧桐河	4 565	3.68	2.18	1.71	0.21	1.03	2.18	0.02	1.84
嘟噜河	1 849	1.76	0.54	1.37	0.15	0.88	0.54	0.02	0.47
安邦河	1 679	1.09	0.61	0.48	0	0.46	0.61	0	0.52
青龙莲花河	2 825	3.84	0	3.84	0	2.56	0	0.06	0
浓江鸭绿河	4 051	4.44	0	4.44	0	3.07	0	0.07	0
别拉洪河	3 059	2.28	0	2.28	0	2.13	0	0.04	0
松花江干流	11 749	14.30	1.4	14.2	1.3	8.43	1.4	0.12	1.28
黑龙江干流	6 589	6.11	1.22	5.35	0.46	3.31	1.22	0.07	1.11
乌苏里江干流	11 719	10.66	2.25	9.23	0.82	5.85	2.25	0.2	2.16
全区	105 677	85.57	24.48	66.26	5.17	44.24	24.48	0.95	22.09

3.3.1.3 水资源总量及可利用量

（1）水资源总量

水资源总量为当地降水形成的地表产水量和地下产水量,即地表产水量与降水入渗补给地下水量之和。水资源总量由两部分组成:第一部分为河道径流量,即地表水资源量;第二部分为降水入渗补给地下水而未通过河川基流排泄的水量,即地下水资源量中与地表水资源量计算之间的不重复量。

三江平原多年平均水资源总量为 161.95 亿 m³，其中地表径流量（地表水资源量）为 116.30 亿 m³，地下水资源量为 85.57 亿 m³，地表水与地下水资源重复量为 39.92 亿 m³，各流域多年平均水资源总量成果见表 3-6。

表 3-6 三江平原各流域多年平均水资源总量成果 （单位：亿 m³）

流域名称	地表径流量	地下水资源量	地表水与地下水资源重复量	水资源总量
穆棱河	23.69	14.03	9.84	27.88
阿布沁河	3.87	1.37	0.95	4.29
七虎林河	3.31	2.35	0.78	4.88
挠力河	23.51	14.13	5.18	32.46
倭肯河	12.53	5.53	2.93	15.13
梧桐河	12.25	3.68	2.34	13.59
嘟噜河	3.66	1.76	0.84	4.58
安邦河	1.55	1.09	0.54	2.10
青龙莲花河	1.55	3.84	1.35	4.04
浓江鸭绿河	3.56	4.44	1.44	6.56
别拉洪河	2.38	2.28	0.19	4.47
松花江干流	9.71	14.30	5.87	18.14
黑龙江干流	6.83	6.11	2.74	10.20
乌苏里江干流	7.90	10.66	4.93	13.63
全区	116.30	85.57	39.92	161.95

（2）水资源可利用量

水资源可利用量是以流域为单位，在保护生态环境和水资源可持续利用的前提下，通过采取经济合理、技术可行的措施，在当地水资源量中可供河道外消耗利用的最大水量。水资源可利用量分为地表水资源可利用量和地下水可开采量。

地表水资源可利用量是指在可预见的时期内，在统筹考虑生活、生产和生态环境用水的基础上，通过采取经济合理、技术可行的措施，在当地地表水资源量中可供河道外一次性利用的最大水量。地表水资源可利用量是反映一个区域的地表水资源量中最大可供河道外经济社会系统利用的水量，这个水量不包括引用到河道外又退回河道而能够重复利用的水量（即一次性耗水量）。据此，一个区域的地表水资源量可划分为三部分：一是为维系河流生态系统功能而应保持在河道内的最小河道内生态用水量；二是由于技术手段和经济因素等原因尚难以被利用的部分汛期洪水；三是可供人类经济社会活动使用的河道外一次性最大水量（即地表水资源可利用量）。

该区地表水资源量中，可供河道外使用的一次性最大水量，即地表水资源可利用量约为 47.14 亿 m³，流域内地表水资源可利用率（地表水资源可利用量与地表水资源量的比值）为 40.5%。其中地表水资源可利用率最大的流域是阿布沁河，可利用率为 49.1%；最小的流域是别拉洪河，可利用率仅为 15.1%。

地下水可开采量是指在可预见的时期内，通过经济合理、技术可行的措施，在不引起生态环境恶化的条件下，允许从含水层中获取的最大水量。山丘区地下水开采困难，一般不评价山丘区地下水的可开采量，因此这里只给出平原区地下水的可开采量评价成果。三江平原平原区地下水可开采量为 65.45 亿 m³，三江平原各流域水资源量及可利用量成果详见表 3-7。

表 3-7　三江平原各流域水资源量及可利用量成果　　（单位：亿 m³）

流域名称	地表水		地下水		
	多年平均径流量	可利用量	多年平均资源量	其中，平原区	
				资源量	可开采量
穆棱河	23.69	11.37	14.03	7.12	7.10
阿布沁河	3.87	1.90	1.37	0.48	0.46
七虎林河	3.31	1.52	2.35	1.99	1.97
挠力河	23.51	10.81	14.13	10.82	10.77
倭肯河	12.53	6.01	5.53	2.95	2.47
梧桐河	12.25	5.51	3.68	1.71	1.72
嘟噜河	3.66	1.46	1.76	1.37	1.36
安邦河	1.55	0.73	1.09	0.48	0.46
青龙莲花河	1.55	0.39	3.84	3.84	4.20
浓江鸭绿河	3.56	1.00	4.44	4.44	4.82
别拉洪河	2.38	0.36	2.28	2.28	2.35
松花江干流	9.71	1.94	14.30	14.20	14.25
黑龙江干流	6.83	1.37	6.11	5.35	5.31
乌苏里江干流	7.90	2.77	10.66	9.23	9.18
全区	116.30	47.14	85.57	66.26	65.45

3.3.2 水资源开发利用现状

3.3.2.1 三江平原水资源特点

（1）过境水资源量大

三江平原过境水量包括黑龙江、松花江、乌苏里江三大干流以及兴凯湖的径流量，多年平均总过境水量达到 2680 亿 m³（伯力站），是三江平原当地水资源量的 16.5 倍。丰富的过境水量是三江平原开发利用潜力最大的水源，提高过境水的利用率将有助于优化三江平原的水资源开发利用结构，阻止地下水超采的趋势，改善生态环境状况。

（2）水资源时空分布不均

三江平原多年平均降水量空间分布总的趋势是山区大于平原，东部大于西部，完达山山南大于山北。该区有 4 个高值区和 2 个低值区。高值区 2 个在小兴安岭和老爷岭东侧，中心降水量大于 620 mm，2 个在黑龙江和乌苏里江汇合处和完达山东部，中心降水量分别为 640 mm 和 600 mm；2 个低值区，一个是倭肯河下游，另一个是三江平原腹部——友谊、集贤、宝清—富锦一带，中心降水量分别为 400 mm 和 460 mm，年际差异大，完达山东部关门咀子站丰水年（1971 年）降水量为 1113.5 mm，枯水年（1975 年）降水量仅为 308 mm。

三江平原年径流深与降水量相似，总的趋势是山区大于平原，完达山南大于完达山北。该区有 2 个明显的高值区和 3 个低值区。2 个高值区，分别为小兴安岭与完达山东部，中心径流深都超过 300 mm。3 个低值区分别为三江平原腹部的富锦、友谊、宝清一带，倭肯河下游平原以及穆棱兴凯湖平原的中心径流深为 50 ～ 100 mm。年际差异很大，丰水年（1998 年）年径流量为 8.02 亿 m³，而枯水年（1977 年）年径流量仅为 0.34 亿 m³。实测最大年径流深出现在完达山东部的伐木场水文站，1981 年年径流深达 790.02 mm，实测最小径流深出现在东部别拉洪河水文站，1977 年年径流深仅为 8.5 mm。丰枯水年交替发生，有明显的周期性。

地表水水量年内分配相差悬殊。由于地理位置和季风气候的影响，该区降水量在年内的分配很不均匀，年连续最大的 6 ～ 9 月降水量占年降水总量的 60% ～ 80%，11 月至次年 3 月的降水量不足年降水总量的 10%，区域上的分布规律是自西北向东南递减。区域西北部小兴安岭山地丘陵区，6 ～ 9 月降水量占年降水总量大于 75%，区域东南部的虎林、密山东南侧略小于 65%，其他地区介于其间，是三江平原春旱秋涝的重要原因。

三江平原年径流量与降水量有相似的趋势，6 ～ 9 月连续最大的 4 个月径流量占年径流总量的 55% ～ 75%，11 月至次年 3 月的径流量不足年径流总量的 5%，集中分布为西南部，一年最大的 4 个月径流量出现时间为 5 ～ 8 月，占年总径流总量的 65% 以上，东北部黑龙江、松花江、乌苏里江交汇的平原地带，气温回暖较晚、地势低洼，沼泽密布，流域调蓄作用大，年连续最大的 4 个月径流量出现时间延至 8 ～ 11 月，其占年径流总量的 55% 左右，其他地区介于两者之间。三江平原有连片的沼泽和沼泽化平原区，对径流的年内分配起重要的制约作用。径流的年际变化与水源补给有关，该区地表径流补给来源，降水占

75% ~ 80%，融雪占 15% ~ 20%，地下水占 5% ~ 8%。

（3）地下水资源蕴藏丰富，补给条件较好

三江平原是沼泽和沼泽化冲积平原，面积大，地下普遍沉积着很厚的砂砾石含水层，是一个大范围的储水盆地。在大地构造上，属于新华夏构造体系第二隆起带和沉降带的一部分，自中生代以来，始终处于大面积下沉为主的间隙性升降运动。东西横贯的完达山为上升区，三江低平原及穆棱兴凯湖低平原等为下沉区，由于升降运动在区域上的不均匀性，形成多种地貌类型。下沉区普遍沉积着第四系地层（均为沙砾石层），透水性好、埋藏浅、厚度大、富水性强，为地下水埋藏和赋存创造了水文地质条件。该区地下水主要赋存于砂砾石含水层中，但各地貌区地下水量差异较大。

三江平原位于黑龙江、松花江、乌苏里江的三角地带，还有大、小兴凯湖。三条大江及其支流和兴凯湖流域面积大，水量丰富，当三江平原地下水资源大面积开采后，三江一湖可通过地下通道补给。由于三江一湖为过境江湖，补给后不影响该区地表水资源量，因而具有较大的补给潜力。

（4）人均水资源量偏低

三江平原人均地表水资源占有量为 1995 m³，低于全国人均 2460 m³ 的水资源占有量，也低于黑龙江省人均 2074 m³ 的水资源占有量。其中安邦河、倭肯河地区更低，分别只有 544 m³ 与 970 m³，属于严重缺水区。佳木斯、鹤岗、双鸭山、鸡西、七台河等 5 个城市均有不同程度的缺水，缺水总量现状为 1.69 亿 m³。

3.3.2.2　水资源开发利用状况

三江平原历次水资源开发利用评价采用了不同的分区。2000 年水资源开发利用评价根据行政区、流域、地理空间分布特点等综合信息将三江平原分为萝北地区（Ⅰ区）、同抚地区（Ⅱ区）、挠力河地区（Ⅲ区）、安邦河地区（Ⅳ区）、倭肯河地区（Ⅴ区）和穆棱河地区（Ⅵ区）6 个分区；2005 年根据三大江干支流流域将三江平原分为了 14 个分区；2010 年则是根据水资源四级区将三江平原分为了 11 个分区。三种分区方式难以相互匹配，内部分区水资源开发利用状况不具可比性，但是三江平原全区的水资源开发利用状况可以做一个较好的对比分析。

不同年份的水资源开发利用规模不同，对水循环的影响存在差异，因此摸清历年的水资源开发利用状况是水循环模型建立的基础。2000 年、2005 年和 2010 年的供用水情况统计如下。

（1）2000 年供用水量

2000 年三江平原总供水量为 106.28 亿 m³，其中地下水为 51.28 亿 m³，占总供水量的 48%；地表水为 55.00 亿 m³，占总供水量的 52%。

按用水范围划分，城市用水 10.55 亿 m³，占 9.9%；农村用水为 2.16 亿 m³，占 2.0%；农业用水为 92.92 亿 m³，占 87.4%；林草用水为 0.65 亿 m³，占 0.6%。各分区情况见表 3-8 和表 3-9。

表 3-8　2000 年三江平原实际供水量　　　（单位：亿 m^3）

分区	地表水					地下水	总供水量
	水库净调节水量	外江水	区间径流	回归水	小计		
I	0.57	6.30	3.49	0.19	10.55	6.92	17.47
II	0.05	3.54	0	0	0.09	9.43	9.52
III	1.35	1.11	4.42	1.11	8.00	13.69	21.69
IV	0.30	10.53	0.04	0.07	10.94	6.42	17.36
V	3.06	0	2.98	0.26	6.30	3.08	9.38
VI	4.80	6.03	7.53	0.76	19.12	11.74	30.86
合计	10.13	27.51	18.46	2.39	55.00	51.28	106.28

表 3-9　2000 年三江平原用水量　　　（单位：亿 m^3）

分区	城市用水	农村用水	农业用水	林草用水	总用水量
I	1.11	0.27	16.05	0.04	17.47
II	0.26	0.2	9.02	0.04	9.52
III	0.15	0.16	21.31	0.07	21.69
IV	6.32	0.34	10.62	0.08	17.36
V	0.83	0.45	7.96	0.14	9.38
VI	1.88	0.74	27.96	0.28	30.86
合计	10.55	2.16	92.92	0.65	106.28

（2）2005 年供用水量

截止到 2005 年底，三江平原地表水供水工程共建成各类水库 201 座，总库容为 30.66 亿 m^3。其中大型水库 6 座，总库容为 19.61 亿 m^3，兴利库容为 9.39 亿 m^3；中型水库 21 座，总库容为 7.61 亿 m^3，兴利库容为 5.15 亿 m^3；小型水库 174 座，总库容为 4.24 亿 m^3，兴利库容为 2.71 亿 m^3；水库净调节水量为 13.63 亿 m^3。引提水工程共 60 处，其中农田灌溉 43 处；城市供水工程 17 处。

地下水供水工程共有生产井 8.31 万眼，配套的机电井 8.01 万眼。其中浅层配套机电井 7.76 万眼，深层配套机电井 0.25 万眼。

该区还有污水回用工程 2 处，煤矿疏干水利用工程 4 处。

三江平原 2005 年总供水量为 96.19 亿 m^3，其中地表水为 43.43 亿 m^3，占总供水量的 45.2%，地下水为 52.20 亿 m^3，占总供水量的 54.3%。地表水供水量中包含区外调水，为 2.92 亿 m^3；地下水供水量中，浅层淡水和深层承压水所占的比例分别为 96.21% 和 3.79%。其他供水量为 0.56 亿 m^3。详见表 3-10。

三江平原 2005 年总用水量为 96.19 亿 m^3，其中生活用水为 3.01 亿 m^3，生产用水为 93.04 亿 m^3，生态用水为 0.14 亿 m^3。在三生用水中，生活用水占总用水量的 3.11%；生产用水占总用水量的 96.73%，其中农业用水占总用水量的 85.83%；生态用水占总用水量的 0.15%。说明三江平原以农业用水为主。详见表 3-11。

表 3-10 2005 年三江平原不同水源供水量统计   （单位：亿 m³）

流域名称	地表水				地下水			其他	合计
	小计	蓄水	引提水	区外调水	小计	浅层	深层		
穆棱河	7.50	3.43	3.63	0.44	5.84	5.26	0.58	0.18	13.52
阿布沁河	0.11	0.04	0.07	0.00	0.69	0.69	0.00	0.00	0.80
七虎林河	1.25	0.93	0.21	0.11	2.68	2.68	0.00	0.00	3.93
挠力河	5.82	3.21	2.61	0.00	13.51	13.14	0.37	0.00	19.33
倭肯河	4.99	2.82	2.17	0.00	1.76	1.43	0.33	0.22	6.97
梧桐河	1.91	0.97	0.94	0.00	1.22	1.02	0.20	0.11	3.24
嘟噜河	0.26	0.26	0.00	0.00	0.27	0.27	0.00	0.00	0.53
安邦河	0.60	0.47	0.13	0.00	0.69	0.50	0.19	0.05	1.34
青龙莲花河	0.16	0.01	0.00	0.15	0.99	0.99	0.00	0.00	1.15
浓江鸭绿河	0.17	0.17	0.00	0.00	6.38	6.38	0.00	0.00	6.55
别拉洪河	0.00	0.00	0.00	0.00	1.76	1.76	0.00	0.00	1.76
松花江干流	12.39	0.20	9.97	2.22	9.77	9.46	0.31	0.00	22.16
黑龙江干流	0.44	0.14	0.30	0.00	2.22	2.22	0.00	0.00	2.66
乌苏里江干流	7.83	0.36	7.47	0.00	4.42	4.42	0.00	0.00	12.25
全区	43.43	13.01	27.50	2.92	52.20	50.22	1.98	0.56	96.19

表 3-11 2005 年三江平原不同行业用水量统计   （单位：亿 m³）

流域名称	生活用水	生产用水		生态用水	合计
		小计	农业用水		
穆棱河	0.73	12.75	10.86	0.04	13.52
阿布沁河	0.01	0.79	0.78	0.00	0.80
七虎林河	0.02	3.91	3.90	0.00	3.93
挠力河	0.41	18.90	18.01	0.02	19.33
倭肯河	0.48	6.47	5.59	0.02	6.97
梧桐河	0.35	2.87	2.21	0.02	3.24
嘟噜河	0.01	0.52	0.51	0.00	0.53
安邦河	0.20	1.13	0.55	0.01	1.34
青龙莲花河	0.03	1.12	1.11	0.00	1.15
浓江鸭绿河	0.03	6.52	6.50	0.00	6.55
别拉洪河	0.01	1.75	1.75	0.00	1.76

续表

流域名称	生活用水	生产用水		生态用水	合计
		小计	农业用水		
松花江干流	0.62	21.51	16.08	0.03	22.16
黑龙江干流	0.05	2.61	2.57	0.00	2.66
乌苏里江干流	0.06	12.19	12.14	0.00	12.25
全区	3.01	93.04	82.56	0.14	96.19

（3）2010 年供用水量

截止到 2010 年底，三江平原地表水供水工程共建成各类水库 203 座，总库容为 32.86 亿 m³。其中大型水库 6 座，总库容为 19.61 亿 m³，兴利库容为 9.39 亿 m³；中型水库 23 座，总库容为 9.01 亿 m³，兴利库容为 6.44 亿 m³；小型水库 174 座，总库容为 4.24 亿 m³，兴利库容为 2.71 亿 m³；水库净调节水量为 13.63 亿 m³。引提水工程共 60 处，其中：农田灌溉 43 处；城市供水工程 17 处。

地下水供水工程共有生产井 14.27 万眼，配套的机电井 14.09 万眼。其中浅层配套机电井 13.97 万眼，深层配套机电井 0.30 万眼。

三江平原 2010 年总供水量为 145.60 亿 m³。其中地表水供水量为 54.20 亿 m³，以蓄水工程供水最多，占地表水总供水量的 59.3%；地下水供水量中，浅层淡水和深层承压水所占的比例分别为 97.5% 和 2.5%。详见表 3-12。

表 3-12　2010 年三江平原不同水源供水量统计　　　　　　（单位：亿 m³）

水资源分区	地表水				地下水			合计
	小计	蓄水	引提水	区外调水	小计	浅层	深层	
倭肯河	5.62	5.62	0.00	0.00	2.54	2.26	0.28	8.16
依兰至佳木斯区间	6.02	0.55	3.71	1.76	1.96	1.75	0.21	7.98
梧桐河	2.22	2.22	0.00	0.00	2.06	1.88	0.18	4.28
佳木斯以下区间	4.51	0.40	3.32	0.79	16.06	15.81	0.25	20.57
黑河至松花江口干流区间	1.61	0.82	0.79	0.00	4.16	4.16	0.00	5.77
松花江口至乌苏里江口干流区间	1.77	1.46	0.00	0.31	14.28	14.28	0.00	16.05
穆棱河	9.31	7.14	0.00	2.17	7.37	6.89	0.48	16.68
穆棱河口以上区间	7.09	1.94	5.15	0.00	4.65	4.65	0.00	11.74
挠力河	9.37	6.87	0.00	2.50	21.02	20.17	0.85	30.39
穆棱河口至挠力河口区间	3.41	2.72	0.61	0.08	5.72	5.72	0.00	9.13
挠力河口以下区间	3.27	2.42	0.85	0.00	11.58	11.58	0.00	14.85
合计	54.20	32.16	14.43	7.61	91.40	89.15	2.25	145.60

三江平原 2010 年总用水量为 145.60 亿 m³，其中农业用水占总用水量的 88.8%，生态用水占总用水量的 0.1%，说明三江平原以农业用水为主。详见表 3-13。

表 3-13　2010 年三江平原不同行业用水量统计　　（单位：亿 m³）

水资源分区	生活用水	生产用水		生态用水	合计
		小计	农业用水		
倭肯河	0.51	7.62	5.93	0.03	8.16
依兰至佳木斯区间	0.40	7.56	3.71	0.02	7.98
梧桐河	0.36	3.90	2.61	0.02	4.28
佳木斯以下区间	0.64	19.90	18.27	0.03	20.57
黑河至松花江口干流区间	0.11	5.65	5.48	0.01	5.77
松花江口至乌苏里江口干流区间	0.05	16.00	15.88	0.00	16.05
穆棱河	0.79	15.86	13.21	0.03	16.68
穆棱河口以上区间	0.03	11.71	11.65	0.00	11.74
挠力河	0.33	30.05	28.90	0.01	30.39
穆棱河口至挠力河口区间	0.05	9.08	8.98	0.00	9.13
挠力河口以下区间	0.04	14.81	14.70	0.00	14.85
合计	3.31	142.13	129.32	0.15	145.60

综上，从总供用水量上看，2000 年、2005 年和 2010 年分别为 106.28 亿 m³、96.19 亿 m³ 和 145.60 亿 m³，呈先降后升趋势。从供水量上看，2000 年、2005 年和 2010 年地表水供水量分别为 55.00 亿 m³、43.43 亿 m³ 和 54.20 亿 m³，地下水供水量分别为 51.28 亿 m³、52.20 亿 m³ 和 91.40 亿 m³。从用水量上看，2000 年、2005 年和 2010 年农业用水分别为 92.92 亿 m³、82.56 亿 m³ 和 129.32 亿 m³，非农业用水分别为 13.36 亿 m³、13.63 亿 m³ 和 16.28 亿 m³。各年份的水源供水与用水户用水对比如图 3-5 所示。

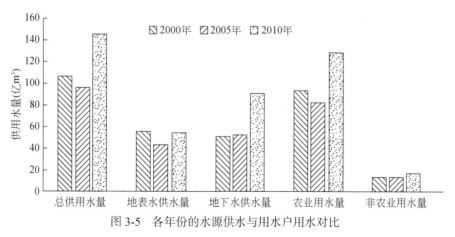

图 3-5　各年份的水源供水与用水户用水对比

农业是用水大户，对供用水量影响最为显著。2005 年农业用水量比 2000 年减少 10 亿 m^3 左右，主要发生在地表水用水上，地下水用水反而增加，原因应与降水减少引起的地表水可利用量下跌有关。2010 年总供用水量比 2005 年增加了近 50 亿 m^3，主要发生在地下水用水上，地表水用水只恢复到了 2000 年的水平。水稻面积的急剧增加提高了水资源的供应量，由于地表水供给能力有限，地下水开采量增加，从而使总供水量增加。

非农业用水包括工业、生活、生态等，在三江平原所占比例相对较小，也比较稳定。

3.4　小　　结

本章从三江平原的自然地理和社会经济介绍入手，分析该区的水循环和水资源特征，初步了解三江平原的基本情况，并为后续研究提供重要的基础信息。

1）自然地理与社会经济概况。三江平原位于我国的东北部，属于典型高纬度寒区。地形地貌以低平原和低丘陵为主，属大陆性季风气候区；社会经济以能源开采和加工、商品粮生产和精加工两大产业为主，其中水稻种植业是三江平原的重要经济收入行业，也是对水循环影响较大的社会驱动力。

2）三江平原水循环具有深刻的二元性和寒区特征。三江平原人类活动剧烈，农业、工业、生活、生态等各种形式社会经济活动都对天然水循环过程产生重大影响，在原有水循环的基础上形成了一个由蓄水、引水、供水、耗水、排水等环节构成的人工侧支水循环。三江平原水循环的寒区特征主要体现在季节性积雪、融雪径流、河冰、冻土等方面，本章初步分析了三江平原的降雪和积雪特征、融雪径流特征、河冰特征和冻土特征。

3）三江平原水资源及其开发利用特征。三江平原水资源相对丰富，黑龙江、松花江和乌苏里江过境水资源量大，地下水资源蕴藏丰富，补给条件较好，但是水资源时空不均。水资源开发利用结构失衡是三江平原水资源面临的主要问题。地表水资源开发利用不充分，尤其是三大江的过境水量，开发利用率较低，大量水资源流出境外；地下水资源过度开采，开采率高达 137%，形成大面积地下水降落漏斗。

三江平原自然地理、社会经济、水循环和水资源特征的定性和定量化分析，将为后续三江平原水循环模型的针对性开发提供重要信息，也为模型构建提供重要的基础性数据。

第 4 章 │ 三江平原水循环模型

作为高纬度寒区的典型代表，三江平原水循环具有不同于非寒区的特殊性，同时在强人类活动的影响下，出现了显著的二元性特征。这些都是水循环内在机理的外在表现，仅通过单个水循环环节的简单分析，不足以揭示寒区水循环的演变机理和规律，因此需要借助综合性的分布式水循环模型。本章首先介绍分布式水循环模型系统的结构和部分主要原理，然后利用三江平原的有关数据构建水循环模型，并利用历史监测数据对模型进行校验，形成符合三江平原水循环特性的分布式模型，为后续的水循环规律分析、生态环境响应分析、水资源调控模式研究提供有力工具。

4.1 模型结构及其主要原理

根据三江平原空间尺度大、地表水与地下水相互转化频繁、农业生产活动剧烈等特点，本研究选取了具有物理机制的分布式水循环模型 MODCYCLE（陆垂裕等，2016）。该模型在多个地区得到了成功应用，但在人类活动剧烈的高纬度寒区尚未进行过实质性的验证，除了能够胜任三江平原的前述特点外，还需要根据三江平原的具体情况进行有针对性的改进。

4.1.1 模型结构

MODCYCLE 为 An Object Oriented Modularized Model for Basin Scale Water Cycle Simulation 的简写。该模型以 C++ 语言为基础，通过面向对象程序设计（object-oriented programming，OOP）的方式模块化开发，并以数据库作为输入输出数据管理平台。利用 OPP 模块化良好的数据分离 / 保护以及模型的内在模拟机制，该模型还实现了水文模拟的并行运算，大幅度提高了模型的计算效率。此外该模型还具有实用性好、分布式计算、概念 – 物理性兼具、能充分体现人类活动对水循环的干扰、水循环路径清晰完整、具备层次化的水平衡校验机制等多项特色。

MODCYCLE 为具有物理机制的分布式模拟模型。在平面结构方面，该模型首先需要把流域 / 区域按照数字高程模型（digital elevation model，DEM）划分为不同的子流域，子流域之间通过主河道的级联关系构建空间上的相互关系。其次在子流域内部，将按照子流域内的土地利用分布、土壤分布、管理方式的差异进一步划分为多个基本模拟单元，基本模拟单元代表了流域下垫面的空间分异性。除基本模拟单元外，子流域内部可以包括小面积的蓄滞水体，如池塘、湿地等。在子流域的土壤层以下，地下水系统分为浅层和深层两层。每个子流域中的河道系统分为两级，一级为主河道，一级为子河道。子河道汇集从基本模拟单元而来的产水量，经过输移损失后产出到主河道。所有子流域的主河道通过空间的拓扑关系构成模型中的河网系统，河网系统中可以包括湖泊/水库等大面积蓄滞水体，水分将从流域/区域的最末级主河道逐级演进到流域/区域出口。从这个意义而言，子流域之间是由分布式水力联系的，其空间关系是通过河网系统构成的。此外，当子流域地下水过程用数值模拟方式处理时，各子流域地下水之间的作用也将表现出分布式性质。图4-1为模型系统的平面结构示意图。

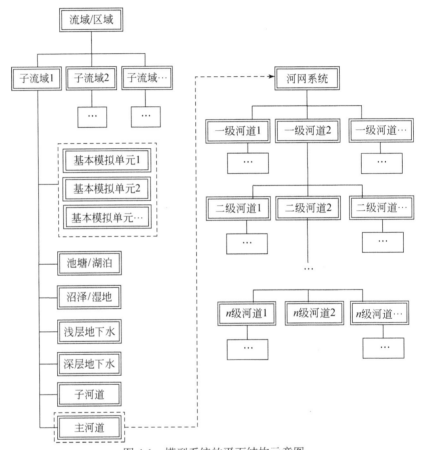

图 4-1   模型系统的平面结构示意图

在水文过程模拟方面，MODCYCLE 将流域/区域中的水循环模拟过程分为两大过程进行模拟，首先是产流过程的模拟，即流域陆面上的水循环过程，包括降水产流、积雪/融雪、植被截留、地表积水、地表入渗、土壤蒸发、植物蒸腾、深层渗漏、潜水蒸发、越流等过程。其次是河道汇流过程的模拟，陆面过程的产水量将向主河道输出，考虑沿途河道渗漏、水面蒸发、湖泊/水库的拦蓄等过程，并模拟不同级别主河道的水量沿着河道网络运动直到流域/区域的河道出口的过程。图4-2为 MODCYCLE 模拟的水循环路径示意图。

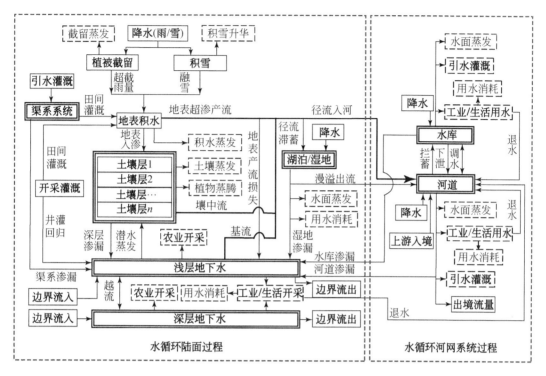

图 4-2 MODCYCLE 模拟的水循环路径示意图

4.1.2 主要模拟原理

4.1.2.1 基础模拟单元水循环

基础模拟单元代表特定土地利用（如耕地、林草地、滩地等）、土壤属性和种植管理方式的集合体，其物理原型是土壤层及其生长的植被。模型采用一维半经验／半动力学模式对基础模拟单元的水循环过程进行模拟，时间尺度为日尺度。涉及的模拟原理包括降水、冠层截留、积雪／融雪、入渗／产流、蒸发蒸腾、土壤水分层下渗、壤中流七部分，如图 4-3 所示。由于基础模拟单元涉及的模拟原理较为繁杂，本节仅做简要介绍，更详细的原理可参考有关 MODCYCLE 原理和应用的论著（陆垂裕等，2016）。

（1）降水

降水（降雨／降雪）是水分进入陆面水循环过程的主要机制。由于降水控制着水平衡过程，其时空分布必须被正确模拟。虽然 MODCYCLE 仅需要日降雨数据作为输入，但由于其产流过程采用 Green-Ampt 方法进行模拟，因此需要对日降雨进行日内分布。在模拟期间，日降雨数据将通过双指数函数的方法按 0.5 h 的时段大小进行随机分布。

日降雨量必须分配到当天中的某个时段，分配方法通过双指数函数进行。假设降雨强度将随着时间指数增长到峰值，然后指数衰落到降雨结束。在一次降雨时间中，分布函数

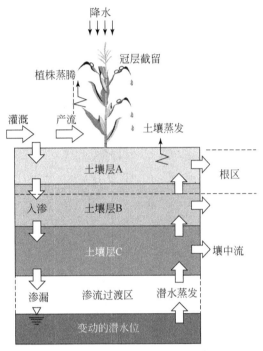

图 4-3　基础模拟单元水循环示意图

形式如下：

$$
i(T)=\begin{cases} i_{\mathrm{mx}} \cdot \exp\left[\dfrac{T-T_{\mathrm{peak}}}{\delta_1}\right] & 0 \leqslant T \leqslant T_{\mathrm{peak}} \\[3mm] i_{\mathrm{mx}} \cdot \exp\left[\dfrac{T_{\mathrm{peak}}-T}{\delta_2}\right] & T_{\mathrm{peak}} < T < T_{\mathrm{dur}} \end{cases}
\tag{4-1}
$$

式中，i 为 T 时刻的降雨强度（mm/h）；i_{mx} 为降雨强度的峰值；T 为降雨开始后的时间（h）；T_{peak} 为从 0 开始到降雨峰值到达的时间（h）；T_{dur} 为降雨持续时间；δ_1 和 δ_2 为方程因子（h）。图 4-4 为 i_{mx} 等于 10mm/h、T_{dur} 等于 12h、T_{peak} 等于 2h、δ_1 等于 0.5h、δ_2 等于 2h 时的降雨强度日分布曲线示例。

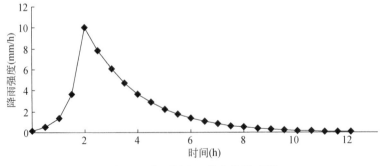

图 4-4　降雨强度日分布曲线示例

（2）冠层截留

模型中植被冠层的最大截留量以日尺度动态变化，其值为植被的叶面积指数函数：

$$can_{day} = can_{mx} \cdot \frac{LAI}{LAI_{mx}} \tag{4-2}$$

式中，can_{day} 为某日植被冠层的最大截留能力（mm H_2O）；can_{mx} 为植被完全生长时的最大截留能力（mm H_2O）；LAI 为当日的植被叶面积指数；LAI_{mx} 为植被完全生长时的最大叶面积指数。

（3）积雪／融雪

模拟过程中当天降水的性质是降雨或是降雪通过日平均气温判断。降雪背景温度阈值为模型的重要参数。如果当天的平均气温低于降雪背景温度阈值，则认为当天降雪（或冻雨），否则认为是降雨。

1）积雪。降雪在地表以积雪的形式存储，积雪中所存储的水量称为积雪当量。当有降雪补充时，积雪当量增加；当积雪融化或升华时，积雪当量减少。基本模拟单元上的积雪当量 SNO 的平衡关系为

$$SNO = SNO + R_{day} - E_{sub} - SNO_{mlt} \tag{4-3}$$

式中，SNO 为当天的积雪量（mm H_2O）；R_{day} 为降雪量（仅在 $\overline{T}_{av} < T_{s-r}$ 时）（mm H_2O）；E_{sub} 为当天的积雪升华量（mm H_2O）；SNO_{mlt} 为当天的融雪量（mm H_2O）。

由于雪堆漂移、地形阴影等作用，在特定子流域里，积雪很少能够均匀地分布在整个表面上，这使得部分子流域表面可能没有积雪。没有积雪的部分必须被定量出来以正确计算融雪量，即积雪覆盖度。影响积雪覆盖的因素对于一个地区而言通常年复一年是相似的，因此可根据积雪量来推断积雪覆盖度，计算公式如下：

$$sno_{cov} = \frac{SNO}{SNO_{100}} \cdot \left[\frac{SNO}{SNO_{100}} + \exp(cov_1 - cov_2 \cdot \frac{SNO}{SNO_{100}}) \right]^{-1} \tag{4-4}$$

式（4-4）定义了一条曲线，式中，sno_{cov} 为基本模拟单元上的积雪覆盖度；SNO_{100} 为积雪覆盖度达到 100% 时的积雪当量阈值。cov_1 和 cov_2 为曲线形状的系数因子，通过曲线方程上已知的两点计算，第一点为 95% 的积雪覆盖度，积雪当量等于 SNO_{100} 的 95%；第二点为 50% 的积雪覆盖度，积雪当量与 SNO_{100} 的比值为用户的输入值。

2）融雪。融雪和降雨一起用来计算地表径流量和入渗量，融雪在模型中假设全天 24h 都是平均的。融雪量是空气和积雪温度、融雪速率和积雪覆盖度的函数。

积雪的温度是日平均气温的函数，为气温的阻尼方程。前一天的积雪温度对当天的影响由一个滞后因子 l_{sno} 确定，该参数表达了积雪密度、积雪厚度等因素对积雪温度的影响。积雪温度的计算如下：

$$T_{snow(d_n)} = T_{snow(d_n-1)} \cdot (1 - l_{sno}) + \overline{T}_{av} \cdot l_{sno} \tag{4-5}$$

式中，$T_{snow(d_n)}$ 为某天的积雪温度；$T_{snow(d_n-1)}$ 为前一天的积雪温度；l_{sno} 为滞后因子；$\overline{T}_{av}$ 为

当日的平均气温。当 l_{sno} 接近 1.0 时，当天的气温对积雪的温度影响权重加大。当积雪的温度超过阈值 T_{mlt}（由用户给出）时，积雪才会融化。

用线性方程描述融雪过程：

$$SNO_{mlt} = b_{mlt} \cdot sno_{cov} \cdot \left(\frac{T_{snow} + T_{mx}}{2} - T_{mlt} \right) \tag{4-6}$$

式中，b_{mlt} 为当天的融雪因子（mm H_2O/℃）；sno_{cov} 为积雪覆盖度；T_{snow} 为当天积雪的温度（℃）；T_{mx} 为当天最高气温（℃）；T_{mlt} 为融雪基温（℃）。

融雪因子 b_{mlt} 可根据夏至和冬至的最大值进行季节变化。

$$b_{mlt} = \frac{(b_{mlt6} + b_{mlt12})}{2} + \frac{(b_{mlt6} - b_{mlt12})}{2} \cdot \sin \left[\frac{2\pi}{365} \cdot (d_n - 81) \right] \tag{4-7}$$

式中，b_{mlt6} 为 6 月 21 日的融雪因子（mm H_2O/℃）；b_{mlt12} 为 12 月 21 日的融雪因子（mm H_2O/℃）；d_n 为当天的日序数。

（4）入渗 / 产流

模型的入渗 / 产流过程通过地表具有积水机制的改进 Green-Ampt 模型进行模拟，并在日模拟过程用 0.5h 尺度作为迭代计算时段。若当天有降雨或灌溉，先用 Green-Ampt 模型计算基础模拟单元的地表累积入渗量：

$$F(t_i) = F(t_{i-1}) + K_e \cdot \Delta t + \psi \cdot \Delta \theta_v \cdot \ln \left[\frac{F(t_i) + \psi \cdot \Delta \theta_v}{F(t_{i-1}) + \psi \cdot \Delta \theta_v} \right] \tag{4-8}$$

式中，$F(t_i)$ 为当前时刻的累积入渗量（mm）；$F(t_{i-1})$ 为前一时刻的累积入渗量（mm）；K_e 为土层的有效水力传导度（mm/h）；Δt 为计算步长（0.5h），等于 $t_i - t_{i-1}$；ψ 为湿润峰处的土壤水负压（mm）；$\Delta \theta_v$ 为湿润峰两端的土壤含水量相差值。地表产流量的计算公式为

$$\begin{cases} R(t) = P(t) + IR(t) - F(t) - SP_{mx} & \text{若 } P(t) + IR(t) - F(t) > SP_{mx} \\ R(t) = 0 & \text{若 } P(t) + IR(t) - F(t) \leq SP_{mx} \end{cases} \tag{4-9}$$

式中，$R(t)$ 为第 t 天的地表产流量（mm）；$P(t)$ 为第 t 天的降水量（mm）；$IR(t)$ 为第 t 天的灌溉量（mm）；$F(t)$ 为第 t 天的累计入渗量（mm）；SP_{mx} 为地表最大积水深度参数（mm）；SP_{mx} 为影响入渗量的重要参数，式（4-9）表达的含义为，只有当地表的积水量（深度）超过最大积水深度时才能形成地表产流。当天的地表积水量可计算为

$$\begin{cases} SP(t) = SP_{mx} & \text{若 } P(t) + IR(t) - F(t) > SP_{mx} \\ SP(t) = P(t) + IR(t) - F(t) & \text{若 } P(t) + IR(t) - F(t) \leq SP_{mx} \end{cases} \tag{4-10}$$

式中，$SP(t)$ 为第 t 天的地表积水量（mm），第 t 天的地表积水量 $SP(t)$ 将在次日扣除积水蒸发后与次日的地表降雨、灌溉量一起作为综合的地表潜在入流量继续模拟入渗 / 产流过程。

（5）蒸发蒸腾

MODCYCLE 使用 Penman-Monteith 公式计算日蒸发蒸腾量，该公式需要太阳辐射、最高 / 最低气温、相对湿度和风速五项气象数据。

$$E_0 = \frac{\Delta \cdot (H_{net} - G) + \gamma \cdot c_p \cdot (0.622 \cdot \lambda \cdot \rho_{air}/P) \cdot (e_z^0 - e_z)/r_a}{\lambda \cdot [\Delta + \gamma \cdot (1 + r_c/r_a)]} \qquad （4-11）$$

式中，Δ 为饱和气压 – 温度曲线的斜率（kPa/℃）；H_{net} 为净辐射 [MJ/（m^2·d）]；G 为地中热通量 [MJ/（m^2·d）]；ρ_{air} 为空气密度（kg/m^3）；c_p 为常压下的比热 [MJ/（kg·℃）]；e_z^0 为高度 z 处的饱和水汽压（kPa）；e_z 为高度 z 处的实际水汽压（KPa）；γ 为湿度表常数（kPa/℃）；r_c 为植物阻抗（s/m）；r_a 为空气动力阻抗（s/m）；λ 为汽化潜热（MJ/kg）；P 为大气压力（kPa）。

每日计算开始时，模型先利用式（4-11）计算参考作物腾发量。模型的参考作物为 40 cm 高度的紫花苜蓿，植物阻抗为 r_c=49 s/m，空气动力阻抗每日根据风速计算，计算公式为 r_a=114/u_z，其中 u_z 为高度 z 处的风速（m/s）。

植被截留蒸发、积水蒸发、积雪升华、土表蒸发这四项蒸发分项将以参考作物潜在腾发量为基准，结合当天植被截留水量状况、地表积水 / 积雪状况、地表覆盖度、土壤含水量等因素分别计算。植被蒸腾仍使用 Penman-Monteith 公式计算，但植物阻抗和空气动力阻抗这两项关键参数依据具体作物而定。

（6）土壤水分层下渗

进入土壤剖面的水分在重力作用下向下渗透，在模型中土壤水的下渗由田间持水度控制，当某层土壤含水量超过田间持水度对应的含水量时（存在重力水），水分才能下渗。对于单个土层，当天的下渗过程分强迫排水和自由排水两阶段。强迫排水阶段为该土层作用有静水压力的阶段，排水量计算公式为

$$seep_x = K_s \cdot \frac{2 \cdot H_0 \cdot t_x \cdot 24 - (H_0 - thick) \cdot 24^2}{2 \cdot t_x \cdot thick} = K_s \cdot \frac{24 \cdot H_0 \cdot t_x - 288 \cdot (H_0 - thick)}{t_x \cdot thick} \qquad （4-12）$$

式中，H_0 为静水压力（mm）；t_x 为强迫排水结束时间（h）；thick 为土层厚度（mm）；K_s 为饱和渗透系数（mm/h）。

自由排水阶段为土层排泄自身重力水的阶段，排水量计算为

$$seep_y = (sol_{ST} - sol_{FC}) \cdot [1 - exp(-24/HK)] \qquad （4-13）$$

式中，sol_{ST} 为当天该土层的含水量（mm）；sol_{FC} 为该土层田持时含水量（mm），HK=thick/K_s。

当天该土层的总排水量计算为

$$seep = seep_x + seep_y \qquad （4-14）$$

模型逐层计算每层土壤的下渗量，当计算到土壤剖面的底层土层时，该土层的下渗量作为深层渗漏量离开土壤剖面进入渗流区，并通过储流函数的方法计算土壤深层渗漏量向地下水的补给。

（7）壤中流

降雨垂直下渗遇到透水性较差的土层，水分将在不透水层上方聚集，形成一定的饱和区，或者称为上层滞水面。当地表有一定坡度时，上层滞水面的水分成为壤中流的主要来源。MODCYCLE 采用一种类似运动波的方法计算壤中流。

$$Q_{lat,day} = \frac{V_{Q_{lat,day}}}{A_{hill}} = 0.024 \cdot \left(\frac{2 \cdot SW_{ly,excess} \cdot K_{sat} \cdot slp}{\phi_d \cdot L_{hill}} \right) \tag{4-15}$$

式中，$SW_{ly,excess}$ 为山坡上某土层上单位面积的可排水量（mm H_2O）；ϕ_d 为土壤可排水的孔隙度；L_{hill} 为山坡的长度（m）；K_{sat} 为土层的饱和渗透系数（mm/h）；slp 为山坡的坡度。

4.1.2.2 地下水循环

MODCYCLE 将子流域分为山区子流域和平原区子流域两类进行地下水模拟计算。考虑到山区子流域一般都具有自然的分水岭，且地表水分水岭与地下水分水岭通常一致，因此山区子流域地下水用均衡模式计算，各子流域的地下水相互之间相对独立，不考虑子流域间地下水水量的侧向交换。平原区由于子流域分水岭不明显，各子流域地下水含水层之间相互连续，在地下水开采强烈的地区，地下水水平方向的侧向运动不能忽略，因此采用网格形式的数值方法进行模拟。

平原区地表/地下水的耦合模拟通过水文模型与地下水数值模拟模型的耦合实现。MODCYCLE 创造性地实现了分布式水文模型与地下水数值模拟模型的紧密耦合，通过两者的实时信息交互实现了地表水、土壤水和地下水的耦合模拟。

（1）水文模型与地下水数值模拟模型耦合的现状

分布式水文模型因其具有一定的物理机制，且能够在某种程度上体现水文循环的时空差异性，因此是目前水文模型领域较为流行的一类模型。地下水模拟领域则以地下水数值模拟模型最为先进。分布式水文模型与地下水数值模拟模型耦合成为当今研究地表/地下水耦合模拟的前沿。两类模型的耦合方式总体上分为两类。

一类是文件传输形式的松散耦合方法。该方法先用水文模型计算出地下水数值模拟模型所需的前期数据信息，再将数据信息处理成符合地下水数值模拟模型要求的数据文件格式，最后地下水数值模拟模型读入上述数据文件完成模拟过程。该方法灵活性强且易于实现，但一个不足是，文件传输量庞大时会显著影响系统的运行效率。另外一个不足是，通常这种技术方法只能实现从水循环模拟到地下水数值模拟的单向数据信息传递，地下水数值模拟的数据信息无法同步反馈到水循环模拟过程中实现双向作用过程，难以实现两者的优势互补，因此虽然对大尺度地表/地下水耦合模拟有一定改善，但程度有限。

另一类是网格式交互的紧密耦合方法。该方法的代表有 MIKE-SHE 、MODHMS 等，是针对上述文件传输形式方法的不足而提出的。主要技术关键是将水循环模型的网格单元与地下水数值模拟模型的网格单元构成严格的一一对应关系，通过每个网格单元内数据的同步交互，可实现水循环模拟与地下水数值模拟的紧密耦合，进而融为一个系统。但是在网格单元尺度过大时水循环模拟将产生明显的尺度效应，影响模拟精度，网格单元尺度较小时则会在面积较大的流域/区域的建模中产生庞大的空间数据规模，影响模型的运行效率。另外，该方法物理机制较强，一般结构都比较复杂，需要大量参数和数据支撑，且专业性很强，不易被一般用户掌握。

（2）MODCYCLE 与地下水数值模拟模型耦合

为了克服现有技术的问题，提出了一种新的分布式水文模型（MODCYCLE）与地下水数值模拟模型的紧密耦合方法，实现其在大空间尺度流域/区域和长模拟期条件下应用的能力，并具有水循环模拟与地下水数值模拟过程的双向反馈能力，在保证精度的基础上具有较高的运行效率。

1）地下水数值模拟模型原理。在介绍 MODCYCLE 与地下水数值模拟模型耦合之前，先简述地下水数值模拟的原理。地下水数值算法采用网格单元中心差分法进行全三维模拟，其控制方程为

$$\frac{\partial}{\partial x}\left(K_{xx}\cdot\frac{\partial h}{\partial x}\right)+\frac{\partial}{\partial y}\left(K_{yy}\cdot\frac{\partial h}{\partial y}\right)+\frac{\partial}{\partial z}\left(K_{zz}\cdot\frac{\partial h}{\partial z}\right)-W=S_s\cdot\frac{\partial h}{\partial t} \qquad (4\text{-}16)$$

式中，K_{xx}、K_{yy} 和 K_{zz} 为渗透系数在 X、Y 和 Z 方向上的分量，这里假定渗透系数的主轴方向与坐标轴的方向一致（L/T）；h 为水头（L）；W 为单位体积流量（T^{-1}），用于代表来自源汇处的水量；S_s 为孔隙介质的贮水率（L^{-1}）；t 为时间（T）。

三维含水层系统可划分为一个三维的网格系统，整个含水层系统被剖分为若干层，每一层又被剖分为若干行和若干列。每个计算单元的位置可以用该计算单元所在的行号（i）、列号（j）和层号（k）来表示。图 4-5 为计算单元（i, j, k）和其相邻的六个计算单元。

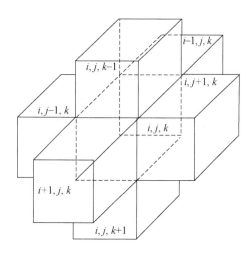

图 4-5　计算单元（i, j, k）和其六个相邻的计算单元

通过隐式差分离散处理，控制方程可离散为以下形式的矩阵方程：

$$
\begin{aligned}
&\mathrm{CR}_{i,j-1/2,k}(h^m_{i,j-1,k}-h^m_{i,j,k})+\mathrm{CR}_{i,j+1/2,k}(h^m_{i,j+1,k}-h^m_{i,j,k})+\\
&\mathrm{CC}_{i-1/2,j,k}(h^m_{i-1,j,k}-h^m_{i,j,k})+\mathrm{CC}_{i+1/2,j,k}(h^m_{i+1,j,k}-h^m_{i,j,k})+\\
&\mathrm{CV}_{i,j,k-1/2}(h^m_{i,j,k-1}-h^m_{i,j,k})+\mathrm{CV}_{i,j,k+1/2}(h^m_{i,j,k+1}-h^m_{i,j,k})+\\
&P_{i,j,k}\,h^m_{i,j,k}+Q_{i,j,k}=\mathrm{SS}_{i,j,k}(\Delta r_j\Delta c_i\Delta v_k)\frac{h^m_{i,j,k}-h^{m-1}_{i,j,k}}{t_m-t_{m-1}}
\end{aligned}
\tag{4-17}
$$

式中，CR、CC、CV 分别为沿行、列、层之间的水力传导系数（L^2/T）；P 为水头源汇项相关系数；Q 为流量源汇项相关系数；SS 为储水系数；m 为当前计算的时间层；$m-1$ 为上一时间层。

2）子流域与地下水数值模拟网格单元的空间融合。MODCYCLE 和地下水数值模拟模型分别基于不同的空间离散技术，面临的首要解决的问题是子流域与网格的相容。大尺度流域/区域应用情况下一般子流域的个数远比网格单元的数量少，因此存在单个子流域能够容纳多个网格单元的条件，这样通常的思路是通过多个网格单元的组合去近似子流域的形态，但是子流域边界形态是无规则的，近似时难免产生误差；子流域的面积也大小不一，有可能大多数子流域的面积比网格单元大，但也存在个别子流域比网格单元还小的情况。以上原因使用多个网格单元的组合去近似子流域的形态有可能不通用。为此，采取另外一种结合策略，不强制让网格单元去近似子流域的形态，只需要两者之间的叠加效果即可。

这种策略通过子流域的边界切分网格单元，可将网格单元分为两类，第一类是完全位于某个子流域内部的网格单元，第二类是位于两个或多个子流域边界上的网格单元，如图 4-6 所示。图 4-6 中折线 c 为子流域边界，它环绕的区域为某一子流域；阴影 a 为该子流域内部的网格单元；阴影 b 为与该子流域边界相交的网格单元。

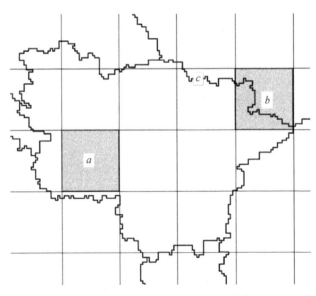

图 4-6 子流域与网格单元的空间嵌套图

切分的主要目的是确定网格单元的从属，即第一类网格单元具有唯一从属的子流域，第二类网格单元从属多个子流域。无论是哪类网格单元，其在不同子流域的面积比例是可以通过 ArcGIS 等工具确定的。该策略的优点是使网格单元的空间离散独立于子流域离散之外，即子流域对网格单元的空间离散没有硬性要求，因此比较灵活和通用，这样网格单元可以充分根据精度和运行效率要求自由选择剖分尺度。

另外，山区地下水和平原区地下水的性质存在一些显著的差别。山区子流域由自然分水岭分隔，地下水运动主要发生在风化岩体裂隙中，无明显意义的地下水含水层，一般无需进行地下水数值模拟。平原区坡度平缓，含水层厚度大，各子流域之间地下水有明显的水力联系，是进行地下水数值模拟的重点区。采用上述空间嵌套策略，还可以根据山区和平原区的分布范围指定需要进行地下水数值模拟的子流域。与这些子流域没有叠加关系的网格单元都是无效的网格单元，不参与仿真计算。

确定各网格单元在各流域中所占的面积比例。面积比例指某网格单元占某子流域的面积除以该子流域的面积，可表达为

$$PA_{i\text{Cell}, j\text{Subb}} = A_{i\text{Cell}, j\text{Subb}} / A_{j\text{Subb}} \qquad (4\text{-}18)$$

式中，$i\text{Cell}$ 为网格单元的编号；$j\text{Subb}$ 为子流域的编号；$A_{i\text{Cell}, j\text{Subb}}$ 为编号为 $i\text{Cell}$ 的某网格单元与编号为 $j\text{Subb}$ 的某子流域之间的叠加面积；$A_{j\text{Subb}}$ 为编号为 $j\text{Subb}$ 的子流域的面积。若某网格单元与某子流域在空间上没有叠加关系，则 $PA_{i\text{Cell}, j\text{Subb}} = 0$。

通过子流域与网格单元的空间叠加，确定两者之间的从属关系，并计算各网格单元在各子流域中所占的面积比例，以此建立水文模型所划分的子流域与地下水数值模拟模型所划分的网格单元之间的空间关联，为两者之间的双向数据信息交互提供基础。

3）信息在水文模型与地下水数值模拟模型之间的同步相互反馈。解决信息在水文模型与地下水数值模拟模型之间的反馈机制需要考虑时间步长问题。时间步长是进行模拟时的时间片段，模型对逐个时间片段进行模拟，直至到达模拟期结束时刻。时间步长的大小取决于模型本身的限制以及计算精度的要求。多数分布式水文模型以日作为时间步长，而地下水运动相对缓慢，地下水数值模拟模型往往以旬、月作为时间步长，两者若兼顾则耦合系统以日为时间步长。

以日为时间步长，通过水文模型与地下水数值模拟模型在每个时间步长内的双向信息交互，构成两者之间的同步耦合。其中，双向信息交互是指以水循环模拟过程中使用的子流域和地下水数值模拟中使用的网格单元之间的空间嵌套处理作为交互基础，双向信息交互的内容包括两方面：一是水循环模拟系统得出的垂向循环通量时空分布信息传递给地下水数值模拟系统，提供地下水模拟所需的源汇处的水量。垂向循环通量时空分布信息包括降水入渗补给量、河道/水库/湿地/渠系等地表水体渗漏补给量、井灌回归补给量、地下水基流量、潜水蒸发量、地下水开采量。二是地下水数值模拟系统得出的地下水位和地下水埋深的信息传递给水循环模拟系统，辅助水循环模拟系统计算地下水与地表水、土壤水之间的转化量。同步耦合是指在同一个时间步长内，两个系统完成信息之间的交互反馈。对于水循环模拟系统而言，是将该时间步长内模拟得出的地下水源汇项信息反馈给地下水数值模拟系统；对于

地下水数值模拟系统而言，是在获得水循环模拟系统所反馈的信息后，进行该时间步长内的地下水数值模拟，并将模拟得出的地下水位和地下水埋深数据反馈给水循环模拟系统。地下水位和地下水埋深是水循环模拟系统所需的重要数据，河道／水库／湿地／渠系与地下水之间的交换量、土壤水深层渗漏、潜水蒸发等水循环过程的模拟都将用到地下水位和地下水埋深数据。在获得这些由地下水数值模拟系统反馈的数据后，下一个时间步长水循环模拟系统将可以使用这些数据。两个系统之间同步耦合流程如图 4-7 所示。

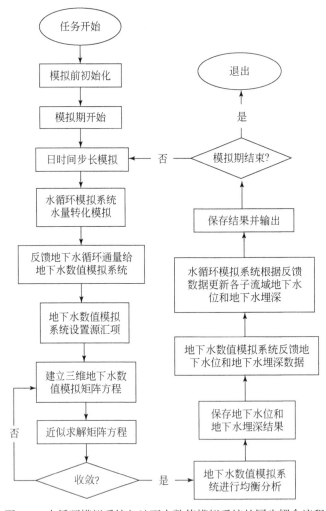

图 4-7　水循环模拟系统与地下水数值模拟系统的同步耦合流程

在一个时间步长内，上述的同步耦合包括以下子过程步骤。

第一步，水循环模拟系统先完成该时间步长的水循环模拟，并计算各子流域内地下水循环的各项垂向通量，即

$$P_{j\text{Subb}} = p_r + p_w + p_i \tag{4-19}$$

$$D_{j\text{Subb}} = d_e + d_d + d_p \tag{4-20}$$

式中，$P_{j\text{Subb}}$ 为编号为 $j\text{Subb}$ 的子流域的地下水垂向补给通量总和（L^3/T）；p_r、p_w 和 p_i 分别为该子流域的降水入渗量、河道/水库/湿地/渠系等地表水体渗漏量和灌溉渗漏量（L^3/T）；$D_{j\text{Subb}}$ 为该子流域的地下水排泄通量总和（L^3/T）；d_e、d_d 和 d_p 分别为该子流域的潜水蒸发量、基流排泄量和地下水开采量（L^3/T）。

第二步，水循环模拟系统将与地下水有关的垂向循环通量信息传递给地下水数值模拟系统，这根据子流域与网格单元的从属关系和面积比例关系进行。各地下水网格单元所获得的源汇量强度大小可由式（4-21）确定，即

$$\overline{W}_{i\text{Cell}} = \sum_{j\text{Subb}=1}^{\text{Sum}} (P_{j\text{Subb}} - D_{j\text{Subb}}) \cdot \text{PA}_{i\text{Cell}, j\text{Subb}} \tag{4-21}$$

式中，$\overline{W}_{i\text{Cell}}$ 为编号为 $i\text{Cell}$ 的网格单元获得的源汇量强度（L^3/T）；Sum 为模拟空间内子流域的个数。

第三步，地下水数值模拟系统获得了该时间步长内所需的全部源汇量信息，即式（4-16）中 W 项（代表来自源汇处的水量）已经可以确定，因此完成本时间步长的模拟过程并更新所有网格单元的地下水位。

第四步，地下水数值模拟系统将地下水位信息传递给水循环模拟系统。在水循环模拟系统获得来自地下水数值模拟系统在该时段内的信息后，将通过面积加权法更新各子流域的平均地下水位和地下水埋深，该步骤也根据子流域-网格单元空间嵌套关系和面积比例关系进行。

$$\overline{H}_{j\text{Subb}} = \sum_{i\text{Cell}=1}^{\text{Total}} h_{i\text{Cell}} \cdot \text{PA}_{i\text{Cell}, j\text{Subb}} \tag{4-22}$$

$$\overline{D}_{j\text{Subb}} = \sum_{i\text{Cell}=1}^{\text{Total}} d_{i\text{Cell}} \cdot \text{PA}_{i\text{Cell}, j\text{Subb}} \tag{4-23}$$

式中，$\overline{H}_{j\text{Subb}}$ 和 $\overline{D}_{j\text{Subb}}$ 分别为编号为 $j\text{Subb}$ 的子流域的平均地下水位和平均地下水埋深（L）；$h_{i\text{Cell}}$ 和 $d_{i\text{Cell}}$ 分别为编号为 $i\text{Cell}$ 的网格单元的地下水位和地下水埋深（L）；Total 为模拟空间内网格单元的总个数。

第五步，该时间步长内的同步耦合过程结束，系统进入下一时间步长，在下一个时间步长，水循环模拟系统将用上一个时间步长所更新的地下水位和地下水埋深作为基础进行水循环模拟。重复以上步骤直至所有的时间步长完成，从而结束整个模拟期。模拟期可长可短，根据应用要求而定，具体可从几天到数十年。

通过上述水文模型与地下水数值模拟模型的空间融合和信息同步相互反馈，实现了两者真正意义上的紧密耦合，形成了具备地下水数值模拟功能的综合水文模型，可以进行地表水与地下水的耦合模拟。MODCYCLE 在进行地下水模拟时首先将子流域划分为山区子流域和平原区子流域，前者采用均衡模式进行模拟，后者采用本节所述的数值方法进行模拟。

4.1.2.3 河道水循环

河道水循环模拟模块是 MODCYCLE 的重要组成部分，其控制方程式（4-24）遵守水量平衡原理。以河网系统中的河段（模型中为主河道）为模拟单元，各河段模拟完成后，通过河网的空间拓扑关系，实现河网系统的汇流演进。模拟时段结束时刻，河段中存储的水量为

$$V_{stored,2}=V_{stored,1}+V_{in}-V_{out}-w_{rg,riv}-E_{ch}-\mathrm{div} \tag{4-24}$$

式中，$V_{stored,2}$ 为时段结束时刻河段中存储的水量（m^3）；$V_{stored,1}$ 为时段开始时刻河段中存储的水量（m^3）；V_{in} 为该时段进入河段的入流量，为上游河段扣除损失水量后的出流量之和（m^3）；V_{out} 为该时段流出河段的出流量（m^3）；$w_{rg,riv}$ 为沿途的渗漏损失（m^3）；E_{ch} 为河段的蒸发损失（m^3）；div 为从河段的引水量（m^3）。

模型首先计算河段的入流量 V_{in}，然后通过马斯京根法计算河段的出流量 V_{out}，最后计算沿途的渗漏损失、河段的蒸发损失和河段的引水量。在河段的出流量进入下一个河段之前将这些损失水量在 V_{out} 扣除，以保持水量平衡。这里主要介绍马斯京根法计算河道出流量，其他分项的计算方法可参考相关文献（陆垂裕等，2016）。

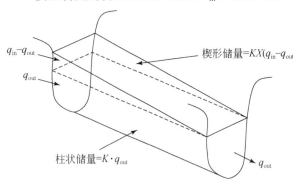

河道出流量在模型中采用马斯京根法计算，马斯京根法将河道中的蓄水体积模拟为柱状储量和楔形储量，如图 4-8 所示。

图 4-8 河段水体模拟中的柱状储量和楔形储量示意图

对于某一河段，假设水体断面的面积与流量成比例，可以将柱状储量表达为流量的函数 Kq_{out}，K 具有时间量纲。按照同样的原理，楔形储量也可以表达为流量的函数 $KX(q_{in}-q_{out})$，其中 X 为权重因子，控制出流或入流在计算楔形储量时的相对重要性。将这两项相加得河道中的水体体积：

$$V_{stored}=Kq_{out}+KX(q_{in}-q_{out}) \tag{4-25}$$

式中，V_{stored} 为河段的水体体积（m^3）；q_{in} 为入流流量（m^3/s）；q_{out} 为出流流量（m^3/s）；K 为河段的存储时间常数（s）；X 为权重因子。权重因子 X 是楔形储量的函数，下限为 0，上限为 0.5。对于完全的楔形水体；$X=0.5$；对于河流，X 为 0～0.3，平均值为 0.2。

在不考虑水量损失的前提下，根据水流的连续性方程：

$$\Delta t \frac{q_{in,1}+q_{in,2}}{2} - \Delta t \frac{q_{out,1}+q_{out,2}}{2} =V_{stored,2}- V_{stored,1} \tag{4-26}$$

式中，Δt 为时间步长（s）；$q_{in,1}$ 为时段的初始时刻河道的入流流量（m^3/s）；$q_{in,2}$ 为时段的结束时刻河道的入流流量（m^3/s）；$q_{out,1}$ 为时段的初始时刻河道的出流流量（m^3/s）；$q_{out,2}$ 为时段的结束时刻河道的出流流量（m^3/s）。

通过式（4-25）和式（4-26）的联合求解并化简，可得时段的结束时刻河段的出流流量 $q_{out,2}$：

$$q_{out,2} = C_1 q_{in,2} + C_2 q_{in,1} + C_3 q_{out,1} \tag{4-27}$$

并且有：

$$C_1 = \frac{\Delta t - 2KX}{2K(1-X) + \Delta t}$$

$$C_2 = \frac{\Delta t + 2KX}{2K(1-X) + \Delta t} \tag{4-28}$$

$$C_3 = \frac{2K(1-X) - \Delta t}{2K(1-X) + \Delta t}$$

4.1.2.4 植物生长模拟

植物生长过程中叶面积指数、高度、根系、生物量等都会发生变化，从而影响地表覆盖度以及地表蒸散发的全过程，在水循环过程中为重要的参与者。模型中关于作物的生长基于热单位（heat units）理论，潜在生物量的计算基于 Monteith 提出的方法，计算产量时通过收获指标确定，在寒季时作物可以进入休眠。

模型假设高于作物生长基温的热量都对作物生长有效。当天的热单位累积计算公式为

$$\text{HU} = \overline{T}_{av} - T_{base} \quad \overline{T}_{av} > T_{base} \tag{4-29}$$

式中，HU 为当天的热单位累积；$\overline{T}_{av}$ 为当天的日平均温度（℃）；T_{base} 为植物的生长基温（℃）。作物达到成熟时所需要的热单位总量为

$$\text{PHU} = \sum_{d=1}^{m} \text{HU} \tag{4-30}$$

式中，PHU 为作物达到成熟时所需要的总热单位；HU 为第 d 天累积的热单位，$d=1$ 为种植日期；m 为作物成熟所需要的天数（天）。PHU 也称为潜在热单位。

4.1.2.5 人类活动过程模拟

鉴于人类活动在水循环过程中的参与和深刻影响，水循环模型中必须考虑人工过程的模拟，否则在人类活动频繁的地区，如本研究区将无法适用。当前的 MODCYCLE 能够处理的人工过程具体如下。

（1）农业种植过程

天然生态植被，如草地等的生长循环一般无人类活动参与，模型模拟时仅需指定生态植被的种类、发芽时间和枯萎时间，但农作物的生长循环受人类控制，农业种植活动指作物的播种、收割、收获等。

（2）农业灌溉过程

农业灌溉通常是人类活动中对区域水循环影响程度最大的行为，因为一般农业用水都

是区域取用水的主体部分。

灌溉水源在 MODCYCLE 中有 5 种：河道、水库、浅层地下水、深层地下水、流域外供水。模型对于农业灌溉过程可采用三种方式进行模拟：一是指定灌溉；二是动态灌溉；三是自动灌溉。

（3）工业/生活取用水过程

工业/生活取用水在模型中的处理方式是将水分从流域中直接移除，移除的水分认为从系统中消失。模型允许水分从任何子流域的浅层地下水、深层地下水、河道、水库、池塘中通过取用水进行移除。

工业/生活取用水最终有一部分在工厂生产过程中被热蒸发，或被人体自身消耗，或以某种形态成为产品的一部分等，这些水分消耗过程与自然蒸散发虽然有不同的形式，但结果都相同，即这些水量都将离开系统不再参与循环。

（4）退水过程

工业/生活取用水时通常不是所有的取用水都被消耗，所取水量经过循环使用后将有一部分水量退出，如工业废污水、生活污水等，经过污水处理厂集中处理后排泄到河道中，重新进入水循环系统。退水量可以用取用水量扣除耗水量来确定。退水过程在模型中通过点源模拟，模型允许在河道网络系统任何地点设置点源。除点源位置外，点源信息主要是由不同时间尺度计量的退水量数据，可以基于多年平均、年、月、日时间尺度进行输入。

点源的另一种用处是当模拟的系统不是完整的流域时，可以用点源来处理模拟区域边界河流的上游来水。

（5）河道–水库间调水过程

河道地表水系统一般是人类控制程度最高的水循环子系统。不同河道之间，河道与水库之间通过水利枢纽进行调水的行为很常见。模型允许水从流域的任何河段和水库转移到其他任意河段和水库。调水模拟过程中用户需要指定传输水源类型、传输水源位置、目的水源类型、目的水源位置，以及两者之间传输的水量信息。

（6）湿地补水过程

湿地本身在模型中主要用来模拟存在于河道系统之外的自然蓄滞水体。湿地的入流和出流过程主要受地形地貌、自然气象和水库蓄滞容量的影响。但在人类活动频繁的地区，湿地作为美化和改善人居环境质量的生态要素。与灌溉取水方式类似，模型可将模拟区域内任意子流域的主河道、浅层地下水、深层地下水、任意水库以及流域外水量（外调水）向湿地补充。补水过程中与灌溉取水一样考虑水源供水是否充足，包括河道取水时的流量限制、水库蓄量控制等。

（7）城市区水文过程

与一般农田区或自然下垫面不同，城市区具有大面积的不透水面积和相应的排水设施。楼房、停车场、道路的建设等不透水面积减少了降水入渗量；人工渠道、路边材料、城市暴雨集水系统和排水系统等增加了水流运动的水力学效率。这些因素的综合效果显著增加了地表径流量和径流速度，增大了洪峰排泄量，从而使水流在空间的运动模式被改变。

城市区在模型中被刻画为一种特殊的基础模拟单元，其面积被分为两部分：一部分是透水面积；一部分是不透水面积。对于城市区基础模拟单元的水循环模拟，模型中仅在降水/产流上有模拟区别，其他过程，如入渗、蒸发、地表积水等模拟方法与前述一致。

4.2 面向三江平原水循环特征的模型改进

根据三江平原水循环的影响因素，在现有模型的基础上，开发符合三江平原特点的水循环模型，是提高水循环模拟精度，揭示水循环区域性规律，更加深入地探索寒区水循环机理的必然要求。影响三江平原水循环过程的区域性特征包括土地利用变化剧烈，土壤层封冻期长，水稻种植面积增加快等，这是以往模型从未遇到过的新情况。如果仍然采用原模型进行三江平原水循环模拟，势必造成模型模拟效果的不理想。为此，针对三江平原的上述特征对模型进行三方面的改进：增加了土地利用数据处理模块；考虑了冻土过程；增加了水稻田灌溉需求动态识别功能。

4.2.1 变土地利用数据处理

目前，分布式水循环模型在模拟具有不同土地利用/覆被（land use/cover，LUC）类型的流域/区域水循环时，一般只能输入一期土地利用数据，即认为整个模拟期 LUC 是保持不变的。而现实中 LUC 是不断变化的，尤其是在人类活动强烈的平原地区，如三江平原农田大面积侵占湿地和林地。此时如果仍采用一期土地利用数据，将不可避免地产生较大的水循环模拟误差。使模型具备模拟土地利用变化条件下水循环过程的功能，成为本研究必须解决的难题之一。

MODCYCLE 对于多期土地利用数据的处理分为两步：一是缺失土地利用数据年份的插补或延长；二是土地利用类型转换前后基础模拟单元水量平衡的控制。一般土地利用数据并非每年都能收集到，对于缺失数据的年份可以通过第一步，利用已有数据进行插值或者延伸。土地利用每年都会发生变化，变化前后子流域内部的水分需要保持平衡，但是有些土地利用类型在新的年份增大、减小或者消失，从而造成基础模拟单元水分总量的变化，因此需要通过第二步达到总体水循环水量平衡的目的。

（1）缺失土地利用数据年份的插补或延长

土地利用变化一般不会引起土壤属性和地表高程的变化，模拟范围内各子流域始终保持不变，其中的土壤分布和类型也保持相同，因此以子流域内某种土壤类型为土地利用插补或延长的基本单元。土地利用插值采用线性插值法，延长则直接采用最近一期的土地利用数据，因此这里只介绍线性插值法。

假设模型模拟期为 n 年，即 $1,2,\cdots,i,\cdots,i+5,\cdots,n$，如果只有第 i 年和第 $i+5$ 年有土地利用数据，分别为 LUC(i) 和 LUC($i+5$)，那么第 i 年之前的年份均采用 LUC(i)，而第 $i+5$ 年

之后的年份均采用 LUC（i+5）。第 i 年和第 i+5 年之间的年份土地利用则采用 LUC（i）和 LUC（i+5）进行线性插值。选取某个子流域进行插值计算，如图 4-9 所示。

　　子流域内有 3 种不同的土壤类型：黑土、暗棕壤和沼泽土。以该子流域内暗棕壤的土

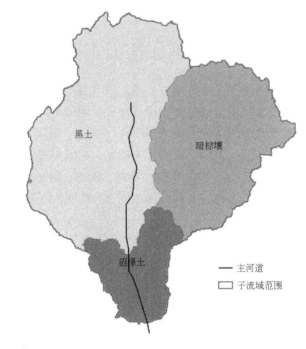

图 4-9　某子流域内不同土壤类型分布

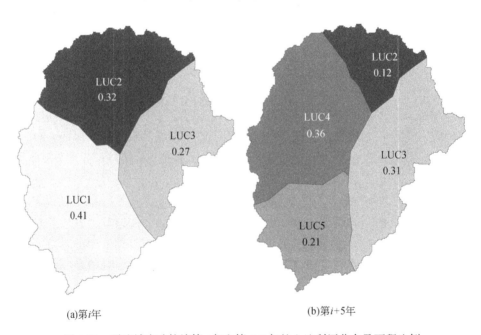

(a)第 i 年　　　　　　　　　　　　　　　　(b)第 i+5 年

图 4-10　子流域内暗棕壤第 i 年和第 i+5 年的土地利用分布及面积比例

地利用变化为例，如图 4-10 所示。

第 i 年暗棕壤土地利用类型包括 LUC1、LUC2 和 LUC3，3 种土地利用类型面积占该子流域内暗棕壤总面积的比例分别为 0.41、0.32 和 0.27。经过 5 年的演变，到第 $i+5$ 年时，LUC1 消失，LUC2 面积减小，LUC3 面积增大，LUC4 和 LUC5 为新土地利用类型。5 种土地利用类型面积在第 $i+5$ 年时占该子流域内暗标壤总面积的比例分别为 0、0.12、0.31、0.36 和 0.21。通过线性插值，可以得到第 $i+1$ 年、第 $i+2$ 年、第 $i+3$ 年和第 $i+4$ 年的土地利用面积比例，见表 4-1。

表 4-1 子流域暗棕壤土地利用数据插值

LUC 类型	土地利用面积比例					
	第 i 年	第 $i+1$ 年	第 $i+2$ 年	第 $i+3$ 年	第 $i+4$ 年	第 $i+5$ 年
LUC1	0.41	0.33	0.25	0.16	0.08	0
LUC2	0.32	0.28	0.24	0.20	0.16	0.12
LUC3	0.27	0.28	0.29	0.29	0.30	0.31
LUC4	0	0.07	0.14	0.22	0.29	0.36
LUC5	0	0.04	0.08	0.13	0.17	0.21

通过运用上述插值和延长方法，可以利用几期土地利用数据在整个模拟期内进行补充，使模拟期内每年都能分配到土地利用数据，体现土地利用随时间连续变化的特征。

（2）土地利用类型转换前后基础模拟单元水量平衡的控制

土地利用变化后，模型基础模拟单元的类型和面积也随之发生变化，仍以上一步的子流域、土壤和土地利用为例，进行基础模拟单元转换的土壤水量平衡控制计算。

由于子流域内土壤和土地利用均不存在空间属性，由两者组合而成的基础模拟单元在子流域内部也是按照面积比例进行模拟计算的。子流域内某种土壤类型上的土地利用类型从第 i 年的模拟结束到第 $i+1$ 年模拟开始，类型发生变化的同时，面积比例也发生变化，变化方式分为两种：一部分土地利用类型面积增大，包括第 i 年没有的土地利用类型在第 $i+1$ 年出现；另一部分土地利用类型面积减小，包括第 i 年的土地利用类型在第 $i+1$ 年消失。没有变化的土地利用类型无需水量平衡转化，可以直接转移到下一年模拟。

以表 4-1 中第 i 年的土地利用格局变化到第 $i+1$ 年的土地利用格局为例。假设土壤层分为 3 层（Layer 1、Layer 2 和 Layer 3），不同土地利用类型的土壤含水量不同。第 i 年年底模拟结束时，各土地利用类型不同土壤层的土壤含水量，见表 4-2。LUC4 和 LUC5 在第 i 年尚不存在，因此没有含水量。

表 4-2　第 i 年模拟结束时各土地利用类型不同土壤层的土壤含水量　（单位：mm）

土壤层	LUC1	LUC2	LUC3	LUC4	LUC5
Layer 1	W_{11}	W_{21}	W_{31}	—	—
Layer 2	W_{12}	W_{22}	W_{32}	—	—
Layer 3	W_{13}	W_{23}	W_{33}	—	—

相对于第 i 年的土地利用面积，第 $i+1$ 年的土地利用类型中 LUC1 和 LUC2 面积减少，LUC3、LUC4 和 LUC5 面积增大。第 $i+1$ 年 LUC1 和 LUC2 的土壤含水量保持不变，面积减少的部分，不同土壤层的土壤含水量之和分别为

$$\text{Layer 1：} W_1 = \frac{(0.41-0.33)W_{11} + (0.32-0.28)W_{21}}{(0.41-0.33)+(0.32-0.28)}$$

$$\text{Layer 2：} W_2 = \frac{(0.41-0.33)W_{12} + (0.32-0.28)W_{22}}{(0.41-0.33)+(0.32-0.28)} \qquad (4\text{-}31)$$

$$\text{Layer 3：} W_3 = \frac{(0.41-0.33)W_{13} + (0.32-0.28)W_{23}}{(0.41-0.33)+(0.32-0.28)}$$

土地利用类型面积减少的土壤含水量全部变为了土地利用类型面积增加的土壤含水量，这些水量以其他土地利用类型面积增加部分的比例分配到各其他土地利用类型上。LUC3、LUC4 和 LUC5 增加的面积比例分别为（0.28 - 0.27）、（0.07 - 0）和（0.04 - 0），即 0.01、0.07 和 0.04。利用面积增量比例分配 W_1、W_2 和 W_3。

LUC3 不同土壤层的土壤含水量变为

$$\text{Layer 1：} W_{31'} = \frac{0.27W_{31} + 0.01W_1}{0.28}$$

$$\text{Layer 2：} W_{32'} = \frac{0.27W_{32} + 0.01W_2}{0.28} \qquad (4\text{-}32)$$

$$\text{Layer 3：} W_{33'} = \frac{0.27W_{33} + 0.01W_3}{0.28}$$

LUC4 和 LUC5 在第 i 年不存在，面积均为 0，到第 $i+1$ 年新增，增加的面积比例分别为 0.07 和 0.04，同样可以利用式（4-29）计算。计算后不同土壤层的土壤含水量分别为 W_1、W_2 和 W_3。

通过上述计算可以得到第 $i+1$ 年各土地利用类型不同土壤层的土壤含水量，见表 4-3。

表 4-3　第 *i*+1 年模拟结束时各土地利用类型不同土壤层的土壤含水量　（单位：mm）

土壤层	LUC1	LUC2	LUC3	LUC4	LUC5
Layer 1	W_{11}	W_{21}	$W_{31'}$	W_1	W_1
Layer 2	W_{12}	W_{22}	$W_{32'}$	W_2	W_2
Layer 3	W_{13}	W_{23}	$W_{33'}$	W_3	W_3

上述过程不局限于 5 种土地利用类型和 3 层土壤层。该过程可以保证土地利用类型和面积在不同年份之间的变化过程中保持土壤含水量的总和不变，使流域水循环模拟保持水量平衡。

4.2.2　冻土过程

三江平原地处高纬度寒区，冬季寒冷，结冻期长，季节冻土开始出现于 10 月末，并逐渐加深到 2.2 m 左右，至次年 3 ~ 4 月表层开始融化，但地下较深的冻土层依然存在，使表层的溶冻水和大气降水不能下渗，在下层冻土层上部又形成临时性上层滞水，一直到 6 月上旬、中旬土壤冻层全部化通后才能消失。上层滞水有随降水急剧升高的特性，直接影响作物生长和机械耕作。冻土层及上层滞水的形成是导致春涝的主要因素。冻土过程示意图如图 4-11 所示。

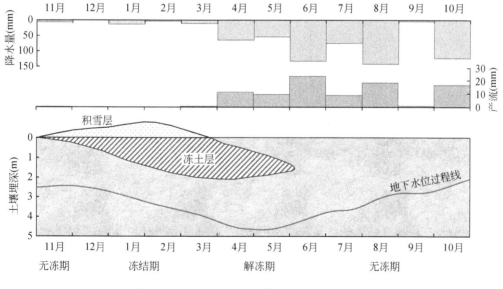

图 4-11　三江平原冻土及降水 – 产流过程示意图

季节冻土的冻融过程对水循环产生重要影响：地表径流过程的年内分配发生变化，除了夏汛外，还出现了春汛；对于土壤水的时空分配具有重要影响，包括蒸发、蒸腾、下渗等环节；地下水的补给过程也发生了变化，冻土层的存在影响了降雨、融雪和灌溉水的渗漏补给。

土壤的冻融与土壤温度直接相关，而土壤温度又受到气温、土壤深度、季节变化等因素的影响。模型建立了土壤温度与气温、土壤深度和时间之间的数学关系，用于模拟冻土在水循环中的作用，如图 4-12 所示。

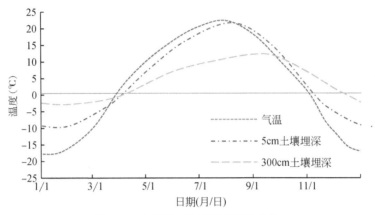

图 4-12　土壤温度在不同埋深的变化

通过上述因素对土壤温度的影响，判断土壤的冻融状态。模型将土壤层分为若干层，每层采用不同的土壤温度 – 深度曲线，根据温度的高低判断土壤层的冻融状态。当某土层的温度低于 0℃时，该土层的水分冻结，水分将不能下渗。土壤温度变化过程的数学关系为

$$T_{soil}(z, d_n) = l \cdot T_{soil}(z, d_n - 1) + (1.0 - l)[\mathrm{df}(\overline{T}_{AAair} - T_{ssurf}) + T_{ssurf}] \tag{4-33}$$

式中，T_{soil} 为土壤温度；z 为土层深度；d_n 为一年中的第 n 天；l 为土壤温度延迟因子，控制前一天的温度对当天温度的影响（$0 \sim 1.0$）；df 为深度因子，表征地表以下深度对土壤温度的影响；$\overline{T}_{AAair}$ 为年平均气温；T_{ssurf} 为土表温度。

4.2.3　水稻田灌溉需求动态识别

三江平原主要的土地利用类型为农田，农田中主要的农作物为水稻。2014 年水稻种植面积已经达到 3566 万亩，占三江平原总面积的 22.4%。水稻又是灌溉用水、耗水量最大的农作物，是三江平原水循环的重要参与者，因此，在水循环模拟时应输入水稻的实际灌溉水量。

水稻种植需水量大，对于水资源条件有限的区域，尤其需要对水稻不同生育期的灌溉水量进行精确估算，以保证在有限的水资源条件下实现水稻的稳产增收，保障粮食供应安全。目前对于水稻灌溉水量的计算从水量平衡原理出发，首先设定水稻各生育期适宜的田面水深阈值（最小水深和最大水深），考虑耗水量和降水量对水深的影响，其次根据实际水深与水深阈值之间的差异，计算使水深恢复到适宜水深所需要灌溉（排水）的水量。然

而，水稻的耗水量受气象条件影响较大，再加上降水量时空分布的随机性，导致水稻灌溉水量计算存在较大难度。针对上述困难设计了一种根据气象条件和水深阈值智能判断水稻灌溉需求的方法，可以实现历史任意气象情景下水稻灌溉水量的精确计算，为水循环模型提供了一种水稻灌溉水量计算的新方法。

总的模拟思路是，模型中利用五类气象数据计算水稻的蒸散发消耗，并根据土壤属性分层计算水稻田的下渗量，以降水量、蒸散发量和下渗量为基础，按照水量平衡原理计算水稻田的积水深度，然后与提前预设的水稻不同生育期的适宜水深阈值进行比较，大于上限阈值则排水，小于下限阈值则灌水（图 4-13）。

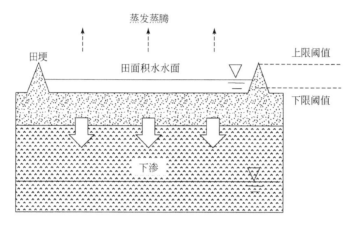

图 4-13　水稻田灌溉与排水阈值示意图

从一年周期的第一天开始识别，识别每一天是否为水稻生育期的时间节点。当识别到第一个时间节点时，即水稻种植前泡田期灌溉的开始日期，首先将当前水深扣除蒸散发和下渗排水，再考虑降水量，形成当日的田面积水水深，然后判断该水深是否处于预设的该生育阶段的水深阈值范围。如果当日水深小于水深下限阈值，则执行灌水操作，记录当日灌水日期和灌水量；如果当日水深大于水深上限阈值，则执行排水操作，当日形成的水深进入次日的灌水（或排水）识别。

日期进入新的一天，首先判断该日期是否为水稻的下一个生育阶段的时间节点，如果否，则继续采用当前生育阶段预设的水深阈值范围进行判断；如果是，则需要采用新生育阶段预设的水深阈值范围进行判断。灌水（或排水）后形成的水深首先考虑蒸散发、下渗和降水，形成新的水深，然后判断该水深是否处于当前生育阶段预设的水深阈值范围，执行灌水（或排水）操作，记录灌水日期和灌水量。上述步骤逐日循环执行，直至水稻生育期结束。之后继续逐日识别每一天是否为水稻生育期的时间节点，即下一轮水稻种植前泡田期灌溉的开始日期。

水稻田灌溉需求识别过程涉及水稻田的蒸散发、下渗和降水产流过程，这些过程都是陆面水文循环的关键组成部分，水稻的生长及其灌溉、管理操作对农田尺度的水文循环也具有重要影响，因此水稻田灌溉（排水）过程可以作为流域/区域水文循环的一部分，在水文模型中融入水稻田灌溉需求识别模块，其识别流程如图 4-14 所示。

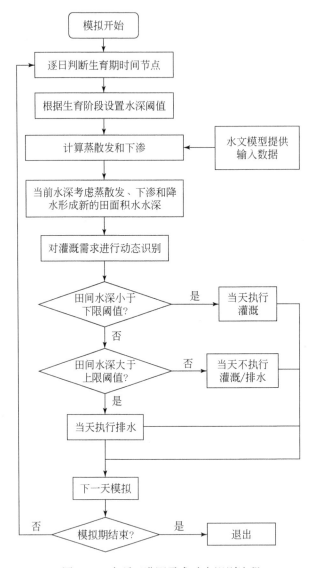

图 4-14　水稻田灌溉需求动态识别流程

4.3　三江平原水循环模型构建

MODCYCLE 的构建需要基础空间数据和水循环驱动数据两类。基础空间数据包括DEM、数字河网、土地利用、土壤、水文地质参数等；水循环驱动数据包括气象数据、人类活动取用水数据、地下水边界条件等。数据库所需数据说明见表 4-4。

表 4-4 MODCYCLE 主要参考数据

数据类型	数据内容	说明
基础地理信息	DEM	90 m×90 m 精度
	土地利用类型分布图	1：10 万（2000 年/2005 年/2010 年/2014 年）
	土壤分布图	1：100 万
	数字河网	1：25 万
气象信息	降水、气温、风速、太阳辐射、相对湿度、雨量站/气象站位置信息	中国气象数据网以及当地气象部门
土壤数据库	孔隙度、密度、水力传导度、田间持水量，土壤可供水量	《黑龙江省土种志》，中国土壤数据库
农作物管理信息	作物生育期和灌溉定额	当地农业灌溉实验站观测资料
水利工程信息	水利工程参数	三江平原相关水利调查评价报告
水文信息	各水文站实测水位、流量数据	流域管理机构水文局以及当地部分水文观测站
地下水位信息	地下水观测井位置信息及地下水埋深实测数据	当地水利部门地下水观测站
供用水信息	生活、生产、生态用水	三江平原相关水资源调查评价报告

4.3.1 主要空间数据及其处理

4.3.1.1 子流域划分及主河道生成

根据模型计算原理，为研究地表产汇流关系，在空间上，首先需要根据 DEM 信息借助 ArcGIS 汇流关系分析工具将三江平原划分成多个子流域，提取模拟河道，以刻画区域地表水系特征。一般来说受精度限制，DEM 信息对山区等高程变化较大地区的子流域划分精度较高，但对平原区等地势平缓地区的子流域划分精度较差。同时平原区人工河道和天然河道纵横交错、水利工程密布，仅仅根据 DEM 难以刻画其复杂的河道系统，因此划分子流域、提取模拟河道时除利用 DEM 以外，还需要利用实际河道分布信息进行人工引导。在本次模拟过程中，研究区共划分为 1705 个子流域，每个子流域都有自己的主河道。

4.3.1.2 气象数据空间展布

模型对气象数据的空间展布采用类似于泰森多边形的处理方式，子流域模拟所用的气象数据来自于与其形心最近的雨量站或气象站。

4.3.1.3 土地利用数据

三江平原土地利用类型较为丰富，受人类活动的影响，不同土地利用类型间存在明显的相互转化。三江平原土地利用类型包括农田、林地、草地、水域、居工地等，其中农田分为水田和旱地，林地分为有林地、灌木林地、疏林地和其他林地，草地分为高覆盖度草地、中覆盖度草地，水域分为河渠、湖泊、水库、坑塘等，居工地分为城镇用地、农村居民点用地和其他建设用地。统计遥感解译的土地利用类型数据，得到各年份不同土地利用类型的面积及比例，见表4-5。可以看出，三江平原土地利用类型主要以农田为主，其中旱地所占比例大于水田，但从变化趋势上看，2000～2014年，水田所占的比例从10.05%增加到17.19%，有显著增加的趋势，而旱地则从39.29%减少到33.65%，有显著减少的趋势。而其他土地利用类型则没有显著变化。

表 4-5　各年份不同土地利用类型的面积及比例

土地利用类型	2000 年		2005 年		2014 年	
	面积（km²）	比例（%）	面积（km²）	比例（%）	面积（km²）	比例（%）
旱地	40 511.66	39.29	39 452.89	38.26	34 697.01	33.65
有林地	27 353.21	26.53	28 763.77	27.89	28 395.82	27.54
水田	10 364.09	10.05	12 939.04	12.55	17 727.14	17.19
沼泽地	8 669.27	8.41	10 131.91	9.83	9 641.62	9.35
灌木林地	3 701.42	3.59	1 123.42	1.09	1 209.95	1.17
高覆盖度草地	3 373.38	3.27	4 470.55	4.34	3 640.00	3.53
滩地	2 384.26	2.31	1 298.28	1.26	2 556.28	2.48
农村居民点用地	1 597.00	1.55	1 247.62	1.21	1 414.25	1.37
疏林地	1 368.94	1.33	12.07	0.01	19.16	0.02
湖泊	1 346.80	1.31	1 283.73	1.24	1 285.65	1.25
河渠	1 104.17	1.07	986.19	0.96	1 002.89	0.97
中覆盖度草地	574.19	0.56	329.58	0.32	315.07	0.31
城镇用地	307.83	0.30	605.95	0.59	654.22	0.63
水库、坑塘	267.62	0.26	276.90	0.27	307.60	0.30
工交建设用地	137.43	0.13	171.65	0.17	204.77	0.20
其他林地	46.47	0.05	4.19	0.00	4.19	0.00
裸岩石砾地	8.65	0.01	14.04	0.01	19.65	0.02
裸土地	4.28	0.00	9.15	0.01	23.57	0.02
盐碱地	0.25	0.00	0.00	0.00	0.06	0.00
沙地	0.00	0.00	0.00	0.00	1.98	0.00

注：因为小数修约问题，部分土地利用类型比例显示为0

4.3.1.4　土壤类型分布

研究区内土壤主要分为五大类：暗棕壤、黑土、白浆土、草甸土和沼泽土。其中暗棕壤包括山地棕壤、草甸棕壤和砂质棕壤，主要分布在山地丘陵及松花江以北平原中高地，面积为3.61万 km²，占全区总面积的31.6%，主要特点是土质轻、易干旱、黑土层薄、基础肥力低、水土流失严重；黑土包括黑土和草甸土，主要分布在依兰、勃利、桦南、佳木斯、桦川、集贤、富锦、宝清一带的岗坡地和平原的高岗地，面积为0.67万 km²，占全区总面积的6.1%，已大部分开垦，主要特点是土层深厚、物理性状较好、有机质多、基础肥力高，是该区最好的土壤；白浆土包括高地白浆土、平原白浆土和低地白浆土，主要分布在完达山前的岗平地和抚远三角地带，面积为 2.07 万 km²，占全区总面积的 19.6%，大部分已经开垦，主要特点是剖面明显分为黑土层、白浆土和淀积层，黑土层薄，瘦瘠板结黏重，怕涝怕旱，是该区的主要低产土壤；草甸土包括盐化草甸土、低地草甸土和砂地草甸土，主要分布在平地、低平地和江河沿岸，面积为 2.80 万 km²，占全区总面积的 25.7%，已大部分开垦，主要特点是黑土层厚、基础肥力高、大部分土质黏重、渗透性差、涝灾严重，是该区农业增产能力最大而产量很不稳定的土壤；沼泽土包括草甸沼泽土、漂筏及淤泥沼泽土和泥炭土，分布在广大低湿荒原中，面积为 1.46 万 km²，占全区总面积的 13.4%，主要特点是表层为草根层或泥炭层，下部有一层黑土层或淤泥层，地表常年或季节性积水，蕴藏丰富的草炭资源。另外，还有少量的泛滥土和苏打盐土分布在江河沿岸或零星分布在佳木斯—富锦一带盐化草甸中。

不同类型土壤主要物理和水力学参数见表 4-6。土壤层分为表土层、心土层和底土层，三层之间有时又夹杂着犁底层，即使是同种土壤类型，不同层次的物理和水力学参数也会存在着较大差异，因此，表 4-6 中给出了不同类型土壤的参数取值区间，根据不同土层取不同的参数值。

表 4-6　不同类型土壤主要物理和水力学参数

土壤类型	容重（g/cm³）	渗透系数（m/d）	饱和含水率（%）	田间持水率（%）	凋萎含水率（%）
暗棕壤	0.92～1.27	0.22～0.54	35.1～40.1	23.9～30.5	11.0～13.0
黑土	0.98～1.36	0.14～1.03	44.7～46.3	32.5～33.7	13.9～14.9
白浆土	1.01～1.58	0.05～0.13	20.9～44.7	20.7～36.1	8.3～10.5
草甸土	1.10～1.50	0.76～0.99	22.1～38.5	15.5～26.0	9.1～10.1
沼泽土	0.59～1.45	0.02～0.87	60.1～69.7	45.7～48.2	16.2～17.8

4.3.1.5　基础模拟单元划分

基础模拟单元代表特定土地利用（如耕地、林草地、滩地等）、土壤属性和土地管理方式（种植、灌溉等）的集合体，具有三重属性。初级基础模拟单元主要依据土地利用和土壤分布进行划分，仅考虑两重属性。通过 ArcGIS 工具对 2000 年、2005 年、2010 年和2014 年土地利用和土壤分布进行叠加归类操作，初级基础模拟单元分别为 20 169 个、22 492 个、26 623 个和 25 420 个。后期将主要根据各行政分区种植结构进一步对耕地类型的初级基础模拟单元细化，分出具体作物的种植面积及其农业操作，包括作物生育期、灌溉/雨养模式等。

4.3.1.6　水文地质条件及其参数处理

（1）三江平原水文地质概况

1）三江低平原松散岩类孔隙水。三江低平原第四系沉积物厚度达 300m，组成巨厚的孔隙水含水岩组，但厚度不等，绥滨及前进地区含水层厚度为 200～300 m，平原边部含水层厚度仅为 20～50 m，其他地区含水层厚度为 100～200 m。

含水层结构单一，属单层结构含水层，同江—富锦—集贤以东地区除河漫滩外，表层有 5～20 m 厚的粉质黏土层；以西地区主要发育有 1～3 m 厚的粉土层。由于岩相差别较大，加之补给条件的差异，其富水性亦显示不同的单井涌水量（口径为 8in[①]，降深为 5 m）。

水量极丰富地区（单井涌水量大于 5000 m³/d）：分布于松花江、黑龙江等主要河流的绥滨—萝北地区及同江—抚远部分地区。

水量丰富地区（单井涌水量为 1000～5000 m³/d）：广泛分布于三江低平原地区，在低平原周边地区含水层厚度较薄，单井涌水量为 1000～3000 m³/d，其他地区单井涌水量为 3000～5000 m³/d。

水量中等地区（单井涌水量为 100～1000 m³/d）：主要分布于残丘附近、宝清山前台地前缘地区和山间河谷地带。含水层厚度在 30 m 左右。

水量贫乏地区（单井涌水量小于 100 m³/d）：主要分布于山丘区河流支谷地带及山前台地，由粉质黏土夹碎石、砂与粉质黏土互层，含泥砂砾石组成，含水层厚度一般小于 10 m。

黑龙江、松花江、乌苏里江及其主要支流的河谷平原中，含水介质为全新统冲积层。其下部层位分布于高漫滩，为亚砂土、粉细砂、砂砾石，结构松散，具水平斜交层理；上部层位分布于低漫滩，为粉砂、细砂及砂砾石，间夹淤泥质亚黏土或亚砂土透镜体。砂砾石松散，分选性差，垂向颗粒变化上细下粗，砾石含量随深度增加而增多。含水层厚度一般为 10～25 m，最厚可达到 30 m。高、低漫滩含水介质相近，下伏同一的上、中、下更新统巨厚砂砾石层。结构上的主要区别在于低漫滩为现代河流冲积层，地表一般无黏性土覆盖，而高漫滩表层则断续覆盖 0～3 m 的亚黏土。

从含水层系统的分布、埋藏状况明显地反映出三江平原是一个由山前微向北东倾覆的储水盆地，平原表面平坦开阔，海拔为 40～80 m，纵向坡降为 1/10 000～2/10 000，较有利于地下水的储存。同江—富锦—友谊连线以东地区，因普遍覆盖厚达 5～20 m 的亚黏土，地下水普遍为微承压水。水位埋深为 4～9 m，承压水头为 6～7 m，靠近岛状丘陵边缘较低为 1～2 m。黏土质低平原因河流切割，地下水散失多形成层间潜水，一般低于隔水层顶板 1～3 m，最大可达 13 m。同江—富锦—友谊连线以西地区，无亚黏土覆盖或亚黏土呈岛状分布地带，为潜水分布区。

2）穆棱兴凯低平原松散岩类孔隙水。穆棱兴凯低平原包括穆棱河低平原及兴凯湖低平原两部分。其中，穆棱河低平原为单一松散层结构含水层，含水层厚度由河谷地带的 10 m 多到平原地带的 30～40 m；兴凯湖低平原含水层厚度一般为 100～150 m，最厚可达 230 m，为河、湖交互相多层结构含水岩组。

由于岩相差别较大，加之补给条件的差异，其富水性亦显示不同的单井涌水量。

水量丰富地区（单井涌水量为 1000～5000 m³/d）：分布于穆棱河中、下游地区，乌

---

① 1in=2.54cm。

苏里江沿岸，含水层由粗砂、砂砾石组成，局部为粉细砂。

水量中等地区（单井涌水量为 100～1000 m³/d）：分布于穆棱河上游河谷地带及兴凯湖低平原一级阶地大部地区，含水层由砂砾石、砂、砂砾石（中夹厚度 10～20 m 的粉质黏土）组成。

水量贫乏地区（单井涌水量小于 100 m³/d）：分布于山间河流支谷，含水层由砂砾石夹粉质黏土或薄层砂砾石组成，厚度小于 10 m。

含水层系统由河湖相砂、砂砾石或亚黏土及砾石组成。上部一般无黏性土覆盖，因而多为潜水，仅平原南部地区，由于分布、埋藏有较厚的亚黏土层，地下水显微承压–承压性。第四系含水层系统各层之间由下至上为连续沉积，不同时代和不同沉积相堆积物组成上迭结构，厚度最大达 200 m。表层较普遍覆盖厚约 1.5 m 的淤泥质亚黏土或亚砂土。除阿北农建点和四村一带外，含水层中间均无明显的隔水层，形成统一的含水层系统。第三系构成平原区第四系的基底，接触处多为泥岩，构成隔水底部边界。平原周边，在山区与平原的衔接部位，多因区域性断裂存在各类刚性岩石以高角度斜坡与第四系相接触，其输导能力差，构成不透水或弱透水边界。

3）倭肯河山间盆地松散岩类孔隙水。倭肯河山间盆地，含水层厚度相对较薄，含水岩组由砂、砂砾石单一含水层组成，中上游地带含水层厚度为 20～30 m，下游地带含水层厚度在 50m 以上，单井涌水量差别亦较大。

水量丰富地区（单井涌水量为 1000～5000 m³/d）：分布于倭肯河中下游河谷及其支流七虎力河、八虎力河下游河谷地带，含水层由细砂、中细砂、含砾中粗砂、砂砾石组成。

水量中等地区（单井涌水量为 100～1000 m³/d）：呈条带状分布于倭肯河上游河谷地带，含水层由中粗砂、砂砾石组成，分选较差，表层分布厚度为 0.3～1.0 m 粉质黏土。

水量贫乏地区（单井涌水量小于 100 m³/d）：分布于河流支谷上游地带，含水层由粉质黏土夹中粗砂组成，含水厚度一般小于 5 m。

4）乌苏里江河谷平原松散岩类孔隙水。分布于完达山东麓的乌苏里江河谷及其支谷地区。含水层由单一结构的中粗砂、砂砾石组成，含水层厚度一般小于 30 m，表层分布厚度为 1～5 m 的粉质黏土层。富水性差别较大，河漫滩地带水量丰富，单井涌水量为 1000～3000 m³/d；乌苏里江中下游河谷地带水量中等，单井涌水量为 100～1000 m³/d；山间支谷地带水量贫乏，单井涌水量小于 100 m³/d。

5）山前台地粉质黏土裂隙微孔隙水。分布于小兴安岭东南麓及那丹哈达岭周边山前台地地区，一般均发育有厚度为 20～30 m 的黄土状粉质黏土，或粉质黏土夹碎石，赋存裂隙微孔隙潜水。水量极贫乏，单井涌水量一般小于 10 m³/d。

（2）水文地质参数处理

与模型地下水数值模拟有关的主要水文地质参数包括地表高程分布、地下水的给水度/储水系数、含水层导水系数、含水层底板高程等信息。根据《三江平原 1∶50 万水文地质图》《黑龙江省水文地质志》《黑龙江省水文地质图（1∶350 万）》《三江平原地下水资源潜力与生态环境地质调查评价》《三江平原高标准农田区水文地质调查总体设计》

等报告、图幅，对研究区相关水文地质资料进行了整理。

4.3.1.7 平原区地下水数值模拟网格单元剖分

MODCYCLE 对平原区地下水动态模拟采用地下水数值方法，因此还需要对研究区的重点平原区进行网格离散。根据水文地质条件和参数处理的情况，地下水数值模拟只针对三江低平原和兴凯湖低平原两大平原区开展，其他山间河谷平原和山丘区地下水动态采用均衡方法模拟。本研究中，平原区网格单元以 2 km 为间距进行剖分，共剖分 206 行 206 列，分浅层和深层两层，单层计算单元数量为 42 436 个，其中两大平原区范围内的有效单层计算单元为 13 076 个。

4.3.2 主要水循环驱动因素

4.3.2.1 气象条件

气象条件是自然水循环的主动力之一，用来计算降水产流和潜在蒸发等，也是作物生长所必需的驱动因子。模型中用到的气象数据包括日降水量、日最高气温、日最低气温、日太阳辐射量（日照时数）、日风速、日相对湿度等。这些模型数据来自本次研究收集的 17 个雨量站和 11 个国家基本气象站 1956 ～ 2014 年逐日的观测数据。

各站年降水量及其多年平均降水量如图 4-15 所示。从图 4-15 中可以看出，三江平原各站的实测降水量趋势基本相仿，丰枯年份年降水量基本上保持同步升降。除了抚远站和饶河站两个研究区东北部的站外，降水偶有出现与其他站降水不同步的现象。例如，饶河站 1976 年、1979 年、1989 年等的降水量远高于同期其他站降水量，即全区基本处于平水

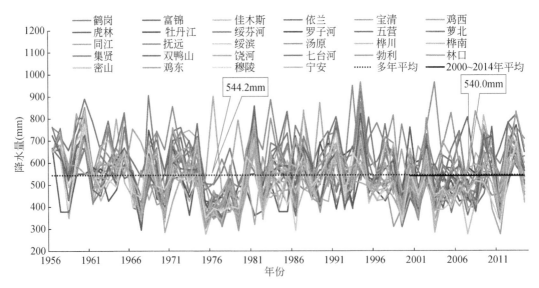

图 4-15 各站年降水量及其多年平均降水量

年甚至枯水年,饶河站附近区域却降水丰富;又如抚远站1993年、2003年等的降水量也出现上述现象。两个站均处于研究区东北部,可能与海洋丰富的水汽输送有关,即使全区处于干旱年份仍能保持较为丰富的降水。可见三江平原降水量时空分布的不均匀性和不同步性极为显著。

三江平原降水量系统监测最早始于1956年,尽管当时测站相对较少,但仍可作为统计多年平均降水量的有效资料。从各站的平均降水量来看,三江平原1956～2014年的平均降水量为544.2 mm,2000～2014年的平均降水量为540.0 mm,两者相差不大。

4.3.2.2 边界条件

三江平原水循环模拟需要考虑边界条件。从三江平原水循环整体系统的观点来看,水分来源除大气降水外,还有地表和地下水的输入,包括河道入境水量和上游含水层的侧向流入。水分出境除蒸发蒸腾和人工消耗外,还包括河道的出境水量以及下游含水层的侧向流出。

对于地表水边界,需要将主要入境河道的入境水量考虑到河道循环过程中。主要河道的出境水量一般用于和模型计算的出境水量进行对比,率定模型的地表水系统参数。各河流的年入境水量以入境点源的形式输入模型。

地下水的边界条件主要是平原区内的含水层与外界含水层之间的侧向水量交换关系,计算时需给出流量或水位边界条件。一般而言,地下水边界条件比较复杂,尤其是对于三江平原这样5万多平方千米的大尺度地下水含水层来说,由于含水层边界较长,精细的边界条件较难给出,只能进行粗略估算。三江低平原边界分为西部山区、南部山区、北部黑龙江和东部乌苏里江,其中北部和东部为常年性江河,可以设为水头边界;兴凯湖平原分为西北部山区、东部乌苏里江和南部兴凯湖,其中东部和南部分别为常年性河流和湖泊,也可以设为水头边界。如用单独的地下水数值模拟模型计算,一般需要处理平原区边界的山前侧渗量,但MODCYCLE作为内嵌地下水数值计算的水循环模型,山前侧渗(包括山区基流、洪水入渗)等已经在山前河道–地下水交互计算中考虑,因此模型不需要单独设置山前侧渗流量边界。

边界河流具有长序列水位资料的站点有3个,分别为黑龙江上的萝北站和勤得利站以及乌苏里江上的饶河站。以3个站点的月平均水位为基础,进行边界网格的线性插值,得到平原区水头边界各网格的月水位连续变化值。

4.3.2.3 水库调蓄参数

截至2014年底,三江平原共建成各类水库203座,总库容为32.86亿 m³。其中大型水库6座,总库容为19.61亿 m³,兴利库容为9.39亿 m³;中型水库23座,总库容为9.01亿 m³,兴利库容为6.44亿 m³;小型水库174座,总库容为4.24亿 m³,兴利库容为2.71亿 m³。主要大中型水库的调蓄参数及供水对象见表4-7。

表 4-7 主要大中型水库的调蓄参数及供水对象

水库名称	坝址多年平均径流量（万m³）	校核洪水位（m）	设计洪水位（m）	防洪高水位（m）	正常蓄水位（m）	防洪限制水位（m）	死水位（m）	总库容（万m³）	调洪库容（万m³）	防洪库容（万m³）	兴利库容（万m³）	死库容（万m³）	正常蓄水位相应水面面积（km²）	设计年供水量（万m³）	2011年供水量（万m³）	供水对象
团结水库	8 277	513	508	507	503	502	490	11 910	7 020	2 960	4 550	850	5	1 632	300	生活、灌溉
阎山子水库	8 178	232	231	231	229	229	220	5 900	1 888	929	3 592	420	5	2 400	2 358	生活、工矿企业、灌溉
八楞山水库	8 150	224	223	223	223	221	209	9 990	3 490	2 290	7 760	540	10	8 000	4 300	灌溉
半截河水库	1 378	178	177	177	177	177	171	1 427	297	100	1 315	100	3	1 200	1 187	灌溉
哈达水库	4 332	225	223	223	220	218	209	9 997	4 986	2 569	4 831	180	7	4 200	4 110	生活、灌溉
红星水库	2 106	150	148	148	147	146	145	1 940	1 520	795	362	210	3	840	764	灌溉
互助水库	2 524	178	176	174	174	174	170	2 360	1 258	126	1 052	50	4	1 080	1 050	灌溉
吉兴河水库	1 629	246	243	240	239	239	230	1 322	542	371	730	50	1	1 125	980	灌溉
种马场水库	2 294	197	196	196	196	195	187	5 133	1 310	609	4 214	310	7	1 349	550	生活
安兴水库	3 150	124	124	124	124	123	123	1 315	843	530	450	80	145	3 000	2 959	灌溉
青年水库	16 800	130	128	128	127	126	121	35 700	10 700	21 700	18 400	3 500	48	8 000	7 925	灌溉
共和水库	2 500	147	147	147	147	146	141	3 590	1 367	950	3 183	290	6	1 680	1 450	灌溉
向阳山水库	17 200	174	173	172	171	169	163	15 700	9 900	5 600	7 200	550	16	17 200	14 743	灌溉
桃山水库	28 600	185	182	182	179	178	172	51 800	35 000	16 900	18 700	2 100	38	8 300	6 636	生活、工矿企业、灌溉
四丰山水库	704	97	96	94	94	93	90	1 274	774	210	620	90	2		0	灌溉
五号水库	4 370	172	171	171	170	170	163	3 063	813	400	1 960	400	4	1 588	1 580	生活、工矿企业、灌溉

续表

水库名称	坝址多年平均径流量（万 m³）	校核洪水位（m）	设计洪水位（m）	防洪高水位（m）	正常蓄水位（m）	防洪限制水位（m）	死水位（m）	总库容（万 m³）	调洪库容（万 m³）	防洪库容（万 m³）	兴利库容（万 m³）	死库容（万 m³）	正常蓄水位相应水面面积（km²）	设计年供水量（万 m³）	2011 年供水量（万 m³）	供水对象
细鳞河水库	14 325	154	153	153	152	152	144	3 207	817	636	2 198	192	4	1 624	1 612	生活、工矿企业
蕨葱沟水库	4 025	217	215	215	213	212	185	9 446	2 397	1 237	7 587	80	5	3 000	400	灌溉
笔架山水库	2 700	129	129	129	128	127	120	3 080	1 900	1 500	2 600	180	4	2 700	1 590	灌溉
大索伦水库	1 181	103	102	101	100	100	97	1 650	850	273	630	170	3	350	342	灌溉
蛤蟆通水库	11 820	90	89	89	89	88	85	15 115	7 445	3 231	7 673	2 550	29	6 923	4 300	灌溉
清河水库	2 296	71	70	70	69	69	67	2 588	1 980	1 442	1 150	100	8	1 875	1 687	灌溉
石头河水库	1 976	118	117	117	116	116	111	1 795	643	370	1 049	103	3	1 450	1 102	灌溉
青山湖水库	0	82	82	82	82	82	80	4 362	238	164	3 040	1 248	16	5 000	4 500	灌溉
云山水库	5 885	98	97	97	96	96	94	5 196	2 026	1 002	3 442	980	11	2 980	3 471	灌溉
大西南岔水库	4 121	67	67	67	67	66	64	2 650	749	639	2 070	470	12	5 125	2 267	灌溉
龙头桥水库	27 100	131	128	125	125	125	114	61 470	31 900	17 660	32 480	2 550	47	21 300	12 516	灌溉

4.3.2.4 农作物生长参数

农田是研究区主要的土地利用类型，且农业种植和灌溉对区域用水、蒸发、地表径流和土壤入渗等水循环过程影响显著。由于不同作物种植时期，以及根系深度、叶面积指数、冠层高度等与作物水分利用有关的参数具有一定的差异性，农田上种植不同的作物，产生的水文效应也不一样。作为分布式物理模型，模型可对每种作物生长期的田间水循环过程进行模拟。模拟过程中主要作物种植时期和相关参数见表 4-8。

表 4-8　主要作物种植时期和相关参数

作物名称	播种日期	收获日期	潜在热单位（℃）	潜在叶面积指数	潜在冠层高度（m）	根系深度（m）	生长基温（℃）	最优生长温度（℃）	气孔导度（m²/s）
大豆	5月15日	8月25日	1096	3	0.8	1.2	10	25	0.007
玉米	5月3日	8月20日	1055	5	2.5	1.2	8	25	0.007
小麦	4月16日	8月10日	1072	4	0.9	1.5	0	18	0.006
水稻	5月15日	8月28日	1053	5	0.8	0.9	10	25	0.008
蔬菜	6月10日	10月2日	1024	3	0.5	1.2	15	26	0.006
油菜	5月11日	8月25日	1045	3	2.5	1.2	6	25	0.008

4.3.2.5 用水数据处理

按照用水频率和强度相对稳定性，模型将用水分为两大类：一类是农业灌溉用水；一类是其他用水，包括城镇/农村生活、工业/火电和生态环境用水等。作为分布式模型，需要对用水过程进行处理。

（1）农业灌溉用水过程

农业用水量与当年的降水气象条件密切相关。研究区位于半湿润地区，除水稻外，降水基本可满足一般旱作物的大部分生长需求，平常年份基本为补充灌溉，灌溉次数较少或无需灌溉。

对于范围较大的地区而言，作物种植结构组成的复杂性，同时各作物所在位置的降水气象条件、土质条件、灌溉条件等存在空间差异性，导致需灌次数和灌溉发生的时间具有很大的不确定性。以上因素造成水循环模型在应用时，农业灌溉用水量的时空分布成为一个普遍较难解决的问题。基于此，MODCYCLE 采用以土壤墒情追踪为判断条件的自动灌溉功能，在土壤墒情低于给定的阈值时，模型将自动取水对农田进行灌溉，从而自动完成对农业用水的时空分布。

（2）其他用水过程

其他用水在研究区人口、产业结构、城镇分布变化不大时年际差异较小。在其他用水量的分布处理上，需进一步细分为城镇用水和农村用水两个层次。一般工业用水、城镇公共用水、城镇居民生活用水、生态环境用水划分到城镇用水中；农村居民生活用水、林牧渔畜用水划分到农村用水中。城镇用水分布一般相对较为集中，且水源也比较固定。在分区其他用水确定的情况下，模型按照每个子流域的城镇用地的面积比例进行展布；农村用水也按照类似方式处理，但是按照子流域内农村居民点用地的面积比例进行空间展布。

　　模型将三江平原分为 48 个分区，包括 37 个灌区、4 个农垦分局和 7 个地级市。48 个分区的供用水数据均独立统计，即使农垦分局占据了地级市范围，但是地级市的统计数据并不包括农垦分局；灌区占据了地级市和农垦分局范围，但是地级市和农垦分局的统计数据也不包括灌区。之所以分出 37 个灌区作为独立的水循环模拟分区，是因为在水资源开发利用调控研究中将涉及关于灌区的大型调水工程及其对水循环的影响分析。三江平原各分区工业、生活、生态环境不同水源用水量见表 4-9。

表 4-9　三江平原各分区工业、生活、生态环境不同水源用水量　　　　（单位：万 m^3）

分区名称	工业			城镇生活			城镇生态环境			农村生活	合计
	浅层水	深层水	地表水	浅层水	深层水	地表水	浅层水	深层水	地表水	浅层水	
八五三灌区	37	0	0	18	0	0	1	0	0	129	185
宝泉岭	75	0	0	79	0	0	4	0	0	369	527
大兴灌区	0	0	0	0	0	0	0	0	0	17	17
东泄总灌区	0	0	0	0	0	0	0	0	0	127	127
二九一南部灌区	18	0	0	9	0	0	0	0	0	98	125
凤翔灌区	29	76	0	8	0	124	0	0	6	56	299
共青灌区	0	0	0	0	0	0	0	0	0	7	7
哈尔滨市	198	0	214	245	0	0	0	0	15	578	1 250
蛤蟆通灌区	0	0	0	0	0	0	0	0	0	111	111
鹤岗市	956	2 522	0	251	0	4 112	0	0	205	399	8 445
红旗灌区	0	0	0	0	0	0	0	0	0	42	42
红卫灌区	0	0	0	0	0	0	0	0	0	9	9
红兴隆	161	0	0	77	0	0	4	0	0	688	930
鸡西市	3 081	3 176	4 297	0	0	5 956	0	0	295	3 959	20 764
集安灌区	0	0	0	0	0	0	0	0	0	67	67
集笔灌区	0	0	0	0	0	0	0	0	0	96	96
佳木斯市	5 086	246	28 681	5 453	0	0	0	0	223	2 948	42 637
尖山子灌区	0	0	0	0	0	0	0	0	0	22	22
建三江	210	0	0	80	0	0	4	0	0	147	441

分区名称	工业			城镇生活			城镇生态环境			农村生活	合计
	浅层水	深层水	地表水	浅层水	深层水	地表水	浅层水	深层水	地表水	浅层水	
江川灌区	6	0	0	3	0	0	0	0	0	83	92
锦东灌区	176	9	990	188	0	0	0	0	8	333	1 704
锦江灌区	0	0	0	0	0	0	0	0	0	20	20
锦南灌区	55	3	311	59	0	0	0	0	2	138	568
锦西灌区	0	0	0	0	0	0	0	0	0	285	285
莲花河灌区	45	2	253	48	0	0	0	0	2	69	419
岭南灌区	0	0	0	0	0	0	0	0	0	7	7
龙头桥灌区	62	24	63	83	57	0	0	0	6	121	416
牡丹江	101	0	0	118	0	0	7	0	0	2 388	2 614
牡丹江市	857	15	1 553	0	0	361	0	0	20	2 414	5 220
普阳灌区	8	0	0	8	0	0	0	0	0	31	47
七里沁灌区	0	0	0	0	0	0	0	0	0	19	19
七台河市	446	1 933	2 302	0	0	2 562	0	0	95	1 964	9 302
群英灌区	0	0	0	0	0	0	0	0	0	55	55
三环泡灌区	0	0	0	0	0	0	0	0	0	24	24
双鸭山市	1 840	695	1 850	2 451	1 693	0	0	0	167	923	9 619
松江灌区	30	80	0	8	0	131	0	0	7	171	427
绥松灌区	0	0	0	0	0	0	0	0	0	37	37
梧桐河灌区	3	0	0	3	0	0	0	0	0	13	19
五九七灌区	0	0	0	0	0	0	0	0	0	93	93
小黄河灌区	127	48	128	169	117	0	0	0	12	213	814
新河宫灌区	124	6	700	133	0	0	0	0	5	184	1 152
新团结灌区	0	0	0	0	0	0	0	0	0	23	23
星火灌区	0	0	0	0	0	0	0	0	0	63	63
幸福灌区	333	16	1 879	357	0	0	0	0	15	227	2 827
延军灌区	0	0	0	0	0	0	0	0	0	6	6

续表

分区名称	工业			城镇生活			城镇生态环境			农村生活	合计
	浅层水	深层水	地表水	浅层水	深层水	地表水	浅层水	深层水	地表水	浅层水	
友谊西部灌区	53	0	0	26	0	0	1	0	0	221	301
悦来灌区	289	14	1 630	310	0	0	0	0	13	158	2 414
振兴灌区	0	0	0	0	0	0	0	0	0	57	57
合计	14 406	8 865	44 851	10 184	1 867	13 246	21	0	1 096	20 209	114 745

4.3.2.6 退水数据

农业灌溉用水在模型中参与土壤水循环过程，因此其消耗多余水分的深层渗漏、排水等由模拟过程自行确定。工业用水、城镇/农村生活用水等在使用过程中不一定被完全消耗，均有退水产生，这些退水将进入工矿企业、城镇、农村居民点附近的沟渠、排水管道并最终进入区域河道系统，成为地表水循环的一部分。退水需要在模型输入数据中作为点源给出。退水量的大小与两个因素有关：一是单位面积用水强度；二是退水率。由于研究区的用水有空间分布特征，退水也有相应的分布特征，通常用水量集中、耗水率低的区域，退水量大。三江平原各分区工业、生活、生态环境退水率及城镇、农村退水量见表 4-10。

表 4-10　三江平原各分区工业、生活、生态环境退水率及退水量

分区名称	工业退水率（%）	生活退水率（%）	生态环境退水率（%）	城镇退水量（万 m³）	农村退水量（万 m³）
八五三灌区	0.70	0.77	0.17	39.65	12.86
宝泉岭	0.44	0.74	0.20	92.28	36.94
大兴灌区	0.60	0.75	0.25	0.00	1.69
东泄总灌区	0.72	0.75	0.18	0.00	12.68
二九一南部灌区	0.71	0.76	0.17	19.11	9.78
凤翔灌区	0.60	0.77	0.25	165.84	5.55
共青灌区	0.46	0.74	0.21	0.00	0.72
哈尔滨市	0.62	0.72	0.20	434.84	57.78
蛤蟆通灌区	0.69	0.77	0.17	0.00	11.09
鹤岗市	0.61	0.77	0.25	5 532.93	39.87
红旗灌区	0.86	0.64	0.21	0.00	4.24

续表

分区名称	工业退水率（%）	生活退水率（%）	生态环境退水率（%）	城镇退水量（万 m³）	农村退水量（万 m³）
红卫灌区	0.79	0.69	0.19	0.00	0.86
红兴隆	0.70	0.77	0.17	172.54	68.81
鸡西市	0.53	0.66	0.24	9 595.38	395.92
集安灌区	0.69	0.67	0.23	0.00	6.74
集笔灌区	0.38	0.72	0.26	0.00	9.59
佳木斯市	0.86	0.64	0.21	32 788.05	294.83
尖山子灌区	0.43	0.73	0.25	0.00	2.22
建三江	0.60	0.75	0.25	187.00	14.66
江川灌区	0.72	0.75	0.18	6.00	8.30
锦东灌区	0.86	0.64	0.21	1 131.24	33.31
锦江灌区	0.70	0.77	0.17	0.00	2.04
锦南灌区	0.86	0.64	0.21	354.59	13.80
锦西灌区	0.86	0.64	0.21	0.00	28.49
莲花河灌区	0.86	0.64	0.21	289.37	6.93
岭南灌区	0.45	0.74	0.20	0.00	0.69
龙头桥灌区	0.48	0.74	0.23	176.81	12.10
牡丹江	0.62	0.75	0.29	153.15	238.76
牡丹江市	0.62	0.75	0.25	1 779.25	241.43
普阳灌区	0.44	0.74	0.20	9.71	3.09
七里沁灌区	0.70	0.77	0.17	0.00	1.91
七台河市	0.37	0.74	0.24	3 650.65	196.43
群英灌区	0.86	0.64	0.21	0.00	5.53
三环泡灌区	0.69	0.77	0.17	0.00	2.45
双鸭山市	0.38	0.72	0.26	4 692.88	92.31
松江灌区	0.61	0.77	0.25	176.19	17.11
绥松灌区	0.53	0.76	0.23	0.00	3.68
梧桐河灌区	0.44	0.74	0.20	3.30	1.32

分区名称	工业退水率（%）	生活退水率（%）	生态环境退水率（%）	城镇退水量（万 m³）	农村退水量（万 m³）
五九七灌区	0.62	0.76	0.19	0.00	9.25
小黄河灌区	0.39	0.72	0.26	327.52	21.25
新河宫灌区	0.86	0.64	0.21	800.36	18.38
新团结灌区	0.49	0.74	0.21	0.00	2.26
星火灌区	0.81	0.65	0.21	0.00	6.32
幸福灌区	0.86	0.64	0.21	2 148.48	22.74
延军灌区	0.44	0.74	0.20	0.00	0.61
友谊西部灌区	0.70	0.77	0.17	57.24	22.14
悦来灌区	0.84	0.65	0.21	1 836.41	15.76
振兴灌区	0.83	0.65	0.21	0.00	5.67
平均 / 合计	0.64	0.72	0.21	66 620.77	2 020.89

4.4 三江平原水循环模型校验

　　水循环模型在投入未来年份水循环模拟预测之前需要进行校验，以使模型在预测时有可靠的基础。三江平原水循环关系复杂，水循环模拟难度大，此前尚未见三江平原水循环转化与水资源调控的研究，因此需要对模型模拟效果的合理性进行检验，可通过与实测数据对比、水量平衡分析、经验判断等手段进行。根据实测数据资料的收集情况，模型拟从两个方面进行率定和验证：模拟河道流量过程与实测河道流量过程的对比；模拟地下水位变化过程与实测地下水位变化过程的对比。最后在宏观参数和水量平衡方面检验模型的合理性。

　　模型采用 2000 ～ 2014 年的实测数据进行校验，其中 2000 ～ 2001 年为模型的预热期，通过模型预热，可将有关土壤初始含水量、初始地下水位、河道流量等初值设置不完全合理带来的影响进行有效弱化；2002 ～ 2007 年为模型的率定期，通过模型率定调试模型的各项参数，使模型模拟结果能够与实际观测数据有较好的一致性；2008 ～ 2014 年为模型的验证期，验证期内保持与率定期一致的模型参数，通过在验证期内比较模拟结果与实测结果的拟合程度，可以对模型的模拟能力和精度进行合理判断。最后对模型 2000 ～ 2014 年的总体模拟效果进行检验，包括宏观参数和区域水量平衡的检验。通过校验后认为模型具有一定的可靠性，可以作为未来水循环预测的工具。

4.4.1 参数率定

模型输入的初始参数值往往不能让模型的模拟值较好地重现实测值，因此需要通过调节参数将模型输出值向实测值趋近，直到达到最优效果，即参数率定。目前参数率定的方法较多，但常用的方法分为三类：人工试错法、计算机自动调参法和人机联合调参法。上述方法各有特点，应根据模型和用户的实际情况进行选择。这里采用人工试错法。

4.4.1.1 地表径流率定

根据收集到的三江平原水文站监测资料的完整性、代表性和可靠性，选取松花江支流梧桐河宝泉岭站、阿凌达河鹤立站，以及挠力河红旗岭站、宝清站进行部分模型参数率定。通过参数调试，将模型模拟的年径流量与实测径流量最大限度地拟合，如图4-16～图4-19

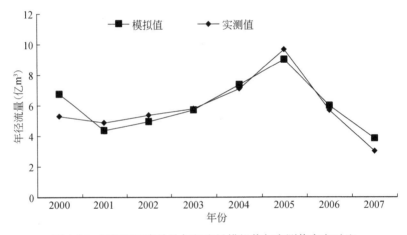

图 4-16　梧桐河宝泉岭站年径流量模拟值与实测值率定对比

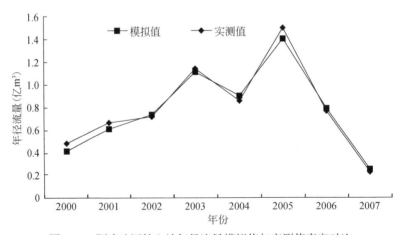

图 4-17　阿凌达河鹤立站年径流量模拟值与实测值率定对比

所示。图 4-16～图 4-19 显示，各站年径流量的模拟值变化基本上与实测值相符，说明模型在地表径流的模拟上达到了一定的效果。

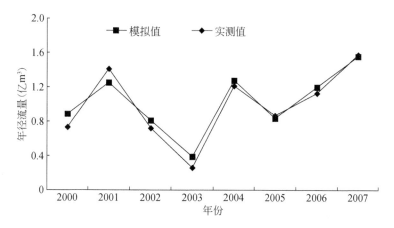

图 4-18　挠力河红旗岭站年径流量模拟值与实测值率定对比

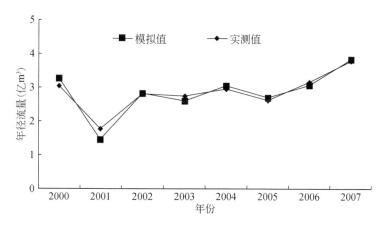

图 4-19　挠力河宝清站年径流量模拟值与实测值率定对比

4.4.1.2　地下水埋深率定

根据实测数据完整程度以及观测井的空间代表性，选取 859 农场 1 队、前进农场 4 队、七星农场 69 队、大兴农场 11 队、852 三分场 12 队、291 农场南站、红卫农场 1 队、创业农场 2 队和共青农场 26 队 9 个有代表性的地下水观测井。通过参数调试以实现对模型尤其是地下水数值模拟模块的率定。地下水埋深实测值与模拟值的对比情况如图 4-20～图 4-28 所示。

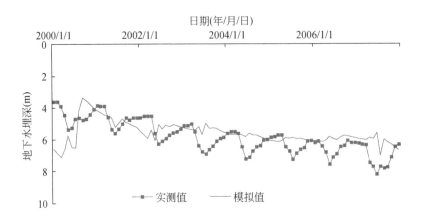

图 4-20　859 农场 1 队观测井实测值与模拟值率定对比

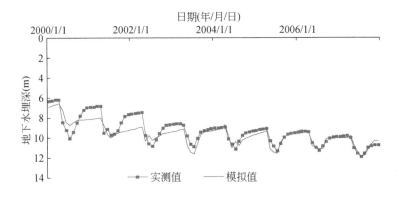

图 4-21　前进农场 4 队观测井实测值与模拟值率定对比

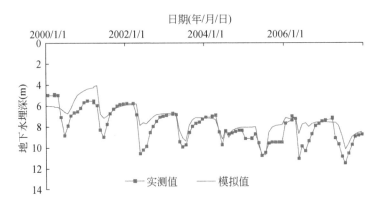

图 4-22　七星农场 69 队观测井实测值与模拟值率定对比

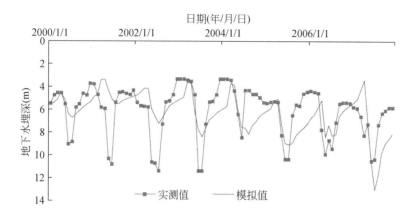

图 4-23　大兴农场 11 队观测井实测值与模拟值率定对比

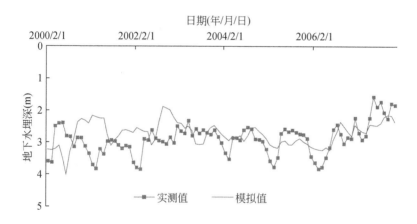

图 4-24　852 三分场 12 队观测井实测值与模拟值率定对比

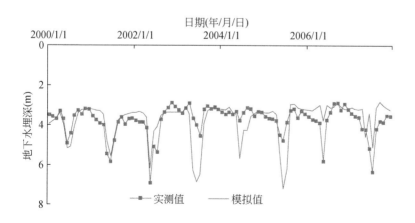

图 4-25　291 农场南站观测井实测值与模拟值率定对比

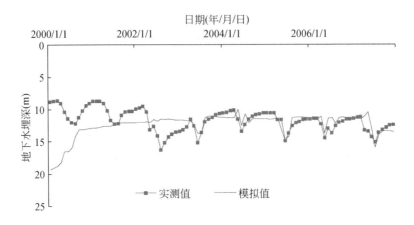

图 4-26 红卫农场 1 队观测井实测值与模拟值率定对比

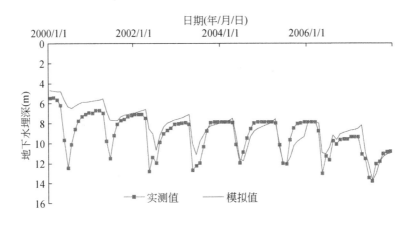

图 4-27 创业农场 2 队观测井实测值与模拟值率定对比

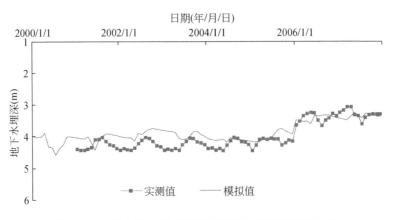

图 4-28 共青农场 26 队观测井实测值与模拟值率定对比

从各观测井的实测值与模拟值对比中可以看出，部分观测井的拟合效果较好，如前进农场 4 队、七星农场 69 队、291 农场南站、红卫农场 1 队和创业农场 2 队，尤其是前进农场 4 队，模拟的地下水埋深变化不但与实际地下水的波动周期相符合，而且与地下水的下降趋势相符合，很好地再现了该观测井及附近区域 2003 ～ 2008 年的地下水变化规律。其他观测井模拟效果相对较差，有的只体现出了地下水的波动周期，却未能体现地下水的整体变化趋势；有的则相反，缺乏地下水的周期性，但在整体的升降趋势上模拟得较好。

需要说明的是，水循环模型虽然是分布式模型，但在进行单井地下水位率定时，通常都难以获得精准的拟合结果，这主要是由模拟尺度决定的。单井地下水埋深变化受井周小尺度环境因素影响比较明显，理论上分布式模型可以将模型的模拟单元，如子流域、地下水网格等剖分得无限小，但限于基础数据的精度，如地表高程、土地利用、土壤分布、降水站点分布、用水等，以及数据处理工作量的限制，通常模拟时都进行一定程度的均化处理。在这个过程中单井周边的一些小尺度范围内的影响因素可能因此被掩盖。例如，降水通常在空间分布上变化比较大，尽管雨量站点较多，模型进行空间插值等处理后，可能观测井所在位置处的实际雨量与模型给出的雨量仍有一定量差，除非观测井就在雨量站点附近；土壤可能是同种类型，但不同地点的密实程度、土粒级配、渗透系数存在一定区别；此外模型本身计算原理的抽象化过程也有可能引入一定的误差。这些因素综合在一起，会给模型模拟结果的拟合带来一定的难度。

尽管如此，作为分布式模型，模拟过程中需要从单点变化的校验上大致判断模型模拟的合理性。从目前模型的地下水埋深率定方面来看，至少在地下水埋深周期变化规律和地下水埋深变化趋势上还是基本能反映实地情况的。

4.4.1.3 主要参数

模型利用 2000 ～ 2007 年实测地表径流和地下水埋深数据进行了率定，模拟结果与实测数据拟合较好，基本反映了三江平原水循环转化的实地情况，说明模型的各项参数及其组合均达到了最佳。模型为分布式水循环模型与地下水数值模型的耦合模型，模型参数主要分为两类：一是水循环模拟参数；二是地下水数值模拟参数，模型关键参数及其调试范围见表 4-11。模型参数存在空间上的差异，如土壤层的饱和水力传导度（SOL_K），因土壤类型的区域差异性，导致不同地区、不同土壤层的饱和水力传导度差异较大。例如，水稻田的犁底层，其土壤层的饱和水力传导度仅为 0.018 mm/h，远低于其他地区、其他土壤层的饱和水力传导度。

表 4-11　模型关键参数及其调试范围

模拟过程	关键参数	参数意义	调试范围
水循环模拟	SOL_AWC	土壤层的有效供水能力，为田间持水量与凋萎点含水量之间的差值（mm）	0.02 ～ 0.25
	SOL_K	土壤层的饱和水力传导度（mm/h）	12.0 ～ 25.0, 0.018
	ESCO	土壤蒸发补偿因子，ESCO 值越小，下层土层蒸发的水量越多	0.92 ～ 1.0

模拟过程	关键参数	参数意义	调试范围
水循环模拟	EPCO	植物根系吸水补偿因子，EPCO值越小，从下层土层吸收的水量越少	0.95 ~ 1.0
	SURLAG	地表径流延迟系数	3.0 ~ 7.0
	GWDMN	河道产生基流补给时的最小地下水埋深阈值（m）	1.0 ~ 6.0
	ALPHA_BF	基流 α 因子，即地下水基流衰退常数	0 ~ 1.0
地下水数值模拟	TRAN	导水系数（m²/s）	5 ~ 2400
	HY	渗透系数（m/s）	0.25 ~ 7.5
	SC1	第1类储水系数	0.008 ~ 0.175
	SC2	第2类储水系数	0.004 ~ 0.175

4.4.2　模型验证

从模型参数率定的效果来看，所建模型基本上实现了对实地水循环的表达，但能否做到对未来水循环的预测，还需要进一步验证。采用2000 ~ 2007年模型率定的参数和2008 ~ 2014年的水循环驱动数据构建水循环模型，然后利用2008 ~ 2014年的实测地表径流和地下水埋深数据对模型进行验证，检验模型在新的水循环驱动要素下能否实现实际水循环的再现。

4.4.2.1　地表径流验证

模型继续采用松花江支流梧桐河宝泉岭站、阿凌达河鹤立站以及挠力河红旗岭站、宝清站的实测径流数据进行验证，验证结果如图4-29 ~ 图4-32所示。从模拟效果来看，模型对地表径流模拟得较为精确，说明模型对水循环具备了一定的预测能力。

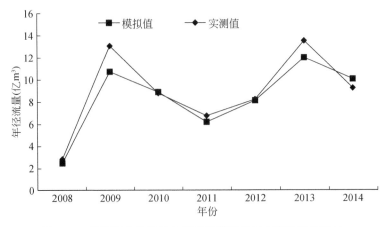

图 4-29　梧桐河宝泉岭站年径流量模拟值与实测值验证对比

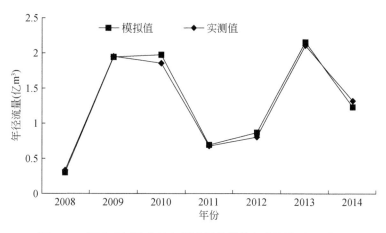

图 4-30 阿凌达河鹤立站年径流量模拟值与实测值验证对比

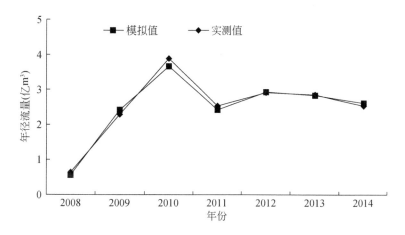

图 4-31 挠力河红旗岭站年径流量模拟值与实测值验证对比

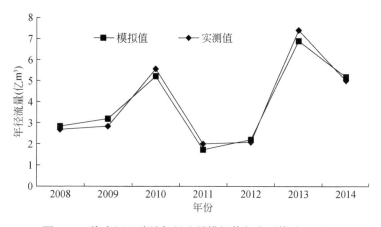

图 4-32 挠力河宝清站年径流量模拟值与实测值验证对比

4.4.2.2 地下水埋深验证

采用率定时所用观测井 2008～2014 年的实测数据验证模型的地下水模拟预测能力，如图 4-33～图 4-41 所示。模型对地下水埋深的预测产生了较好的效果，基本上符合实测地下水的周期波动和变化趋势，说明模型具备了预测地下水变化的能力。

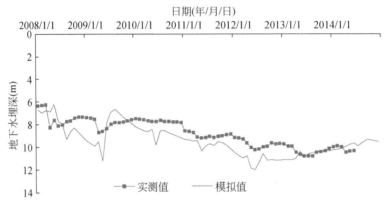

图 4-33　859 农场 1 队观测井实测值与模拟值验证对比

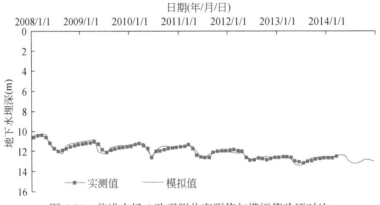

图 4-34　前进农场 4 队观测井实测值与模拟值验证对比

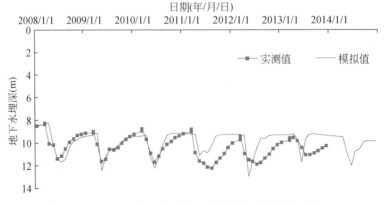

图 4-35　七星农场 69 队观测井实测值与模拟值验证对比

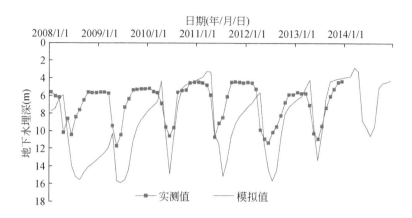

图 4-36 大兴农场 11 队观测井实测值与模拟值验证对比

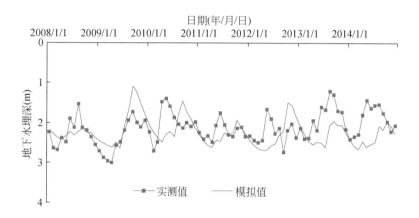

图 4-37 852 三分场 12 队观测井实测值与模拟值验证对比

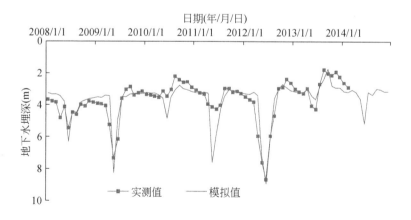

图 4-38 291 农场南站观测井实测值与模拟值验证对比

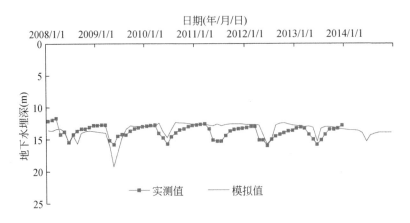

图 4-39 红卫农场 1 队观测井实测值与模拟值验证对比

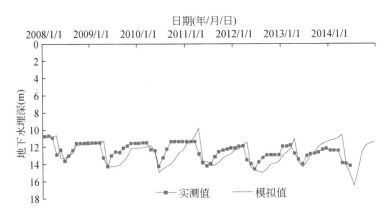

图 4-40 创业农场 2 队观测井实测值与模拟值验证对比

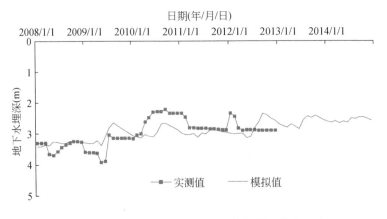

图 4-41 共青农场 26 队观测井实测值与模拟值验证对比

4.4.3　宏观参数及水量平衡检验

率定和验证后的模型需要与目标流域/区域的一些宏观参数相符合，这些参数可以来自相关研究的经验总结，如流域/区域产流系数、降水入渗补给系数等，也可以是实验、调查观测的参数，如农作物灌溉定额。同时，模型还要具备基本的水量平衡原理。这里将率定期和验证期（2002～2014年）一同构建模型，开展宏观参数检验和水量平衡检验。

（1）宏观参数检验

能体现三江平原水循环二元特性的宏观参数较多，但可以用来检验模型可靠性的参数只有产流系数和水稻灌溉定额，其他宏观参数难以获得。

根据《三江平原水利综合规划》，三江平原多年平均径流系数（1956～2010年）为0.22。模型模拟2002～2014年的多年平均径流系数为0.21，略小于规划报告中的产流系数，出现这种差异的原因在于三江平原近几年农田面积扩展迅速，农田对降水的利用能力增加，田面储水量增加，产流量相应减少，因此模型模拟的径流系数基本合理，说明模型在降水产流的宏观模拟上具备了较高的能力。

根据三江平原水稻灌溉实验站对于水稻灌溉定额的监测数据，判断模型对水稻灌溉定额的模拟能力，见表4-12。表4-12中显示，各站灌溉净定额在510mm左右，地表水灌溉水利用系数低于地下水灌溉水利用系数，使地表水和地下水的灌溉毛定额相差较大。根据地表水和地下水的灌溉总量计算水稻综合毛定额，为750～800mm。模型根据气象条件、水稻蒸散发需求、田面积水阈值等数据或参数计算的综合毛定额也处于750～800mm，说明模型对于水稻灌溉需求的模拟达到了一定精度，这对于受水稻灌溉影响强烈的三江平原水循环模拟具有重要作用。

表 4-12　三江平原水稻灌溉定额对比　　　　　　　（单位：mm）

定额	梧桐河站	桦川站	富廷岗	本德北站	富锦站	萝北站	七星农场	绥滨站
灌溉净定额	496	527	505	515	516	496	528	503
地表水灌溉毛定额	935	994	952	972	973	937	996	949
地下水灌溉毛定额	635	675	647	660	661	636	677	645
综合毛定额	750	797	764	780	781	752	799	762
模拟毛定额	776	789	757	759	802	785	776	761

（2）水量平衡检验

根据前述模拟效果，模拟期的前两年一般模拟效果较差，主要是因为模型模拟初始阶段部分参数的初始值设置不合理，模型需要1～2个周期的预热，使模拟值逐渐趋于稳定。因此，水量平衡只针对2002～2014年的水循环通量和变量进行检验。研究区从大气水（降水）、土壤水、地表水、地下水（"四水"）到全区的年均水循环平衡分项统计见表4-13。

表 4-13 2002～2014 年三江平原年均"四水"转化平衡关系表 （单位：亿 m³）

水循环系统	补给		排泄		蓄变	
土壤水	降水	563.07	冠层截留蒸发	27.09	土壤水蓄变	9.81
	本地地表引水灌溉	27.60	积雪升华	1.75	植被截留蓄变	0.00
	地下水开采灌溉	61.64	地表积水蒸发	73.39	地表积雪蓄变	3.18
	区外引水灌溉	7.45	土表蒸发	232.82	地表积水蓄变	0.08
	潜水蒸发	8.40	植被蒸腾	114.88		
			地表超渗产流	30.69		
			壤中流	75.89		
			土壤深层渗漏	78.39		
			灌溉系统渗漏补给地下水	6.06		
			灌溉系统蒸发损失	14.13		
	小计	668.16	小计	655.09	小计	13.07
地表水	降水	1.13	湿地/水库水面蒸发	1.79	河道总蓄变	-1.34
	产流汇入	119.53	河道水面蒸发	15.83	湿地/水库总蓄变	0.30
	工业生活退水	6.87	灌溉引水	27.60		
	地下水补给水库	0.00	工业/生活/生态引水	5.92		
	外界入境地表水量	2351.31	河道出境	2428.74		
			河道渗漏	0.00		
			湿地/水库渗漏	0.00		
	小计	2478.84	小计	2479.88	小计	-1.04
地下水	地表漫流损失入渗	3.76	基流排泄	16.73	浅层蓄变	-3.88
	土壤深层渗漏	78.39	潜水蒸发	8.40	深层蓄变	-0.23
	河道渗漏量	0.00	浅层边界流出	0.00		
	灌溉系统渗漏	6.06	深层边界流出	0.00		
	湿地/水库渗漏	0.00	浅层农业灌溉开采	61.64		
	浅层边界流入	0.00	浅层工业/生活/生态开采	4.48		
	深层边界流入	0.00	深层农业灌溉开采	0.00		
			深层工业/生活/生态开采	1.07		
			地下水补给湿地/水库	0.00		
	小计	88.21	小计	92.32	小计	-4.11

续表

水循环系统	补给		排泄		蓄变	
	降水量（土壤）	563.07	冠层截留蒸发	27.09	土壤水总蓄变	13.07
	降水量（地表水体）	1.13	积雪升华	1.75	地表水总蓄变	-1.04
	浅层边界流入	0.00	地表积水蒸发	73.39	地下水总蓄变	-4.11
	深层边界流入	0.00	土表蒸发	232.82		
	区外引水灌溉	7.45	植被蒸腾	114.88		
全区	区外引水供工业等	7.50	地表水体水面蒸发	17.62		
	外界入境地表水量	2351.31	工业 / 生活 / 生态消耗	12.12		
			灌溉系统蒸发损失	14.13		
			地下水边界流出	0.00		
			河道出境量	2428.74		
	合计	2930.46	合计	2922.54	合计	7.92

研究区土壤水、地表水、地下水水量收支情况如下：土壤水年均总补给为 668.16 亿 m^3，年均总排泄为 655.09 亿 m^3，年均总蓄变为 13.07 亿 m^3；地表水年均总补给为 2478.84 亿 m^3，年均总排泄为 2479.88 亿 m^3，年均总蓄变为 -1.04 亿 m^3；地下水年均总补给为 88.21 亿 m^3，总排泄为 92.32 亿 m^3，年均总蓄变为 -4.11 亿 m^3。

从研究区整体来看，包括降水、区外引水、境外流入等年均水分总补给为 2930.46 亿 m^3，自然蒸发、人工消耗、河道出境等年均水分总排泄为 2922.54 亿 m^3，全区年均总蓄变为 7.92 亿 m^3。从不同系统的水量收支来看，土壤水、地表水、地下水、全区水循环系统等的年均总水分补给量等于其年均总排泄量与年均蓄变量之和，符合水循环模拟水量收支平衡的基本要求。

通过径流过程校验、地下水校验、宏观参数及水量平衡检验可以看出，三江平原水循环模型基本实现了对研究区 2000 ～ 2014 年水循环的模拟，为"四水"转化分析和地下水变化分析奠定了基础。

4.5 小 结

三江平原水循环模型构建及其校验是本研究的重要内容之一。本章在三江平原水循环机理识别和特征分析的基础上，对分布式水循环模型 MODCYCLE 进行了符合三江平原特征的改进，随后构建了三江平原水循环模型，并对模型进行了校验。

1）三江平原水循环模型的构建需要建立在对该地区水循环机理及其特征识别的基础上。三江平原处于我国东北寒区，土壤水循环有其自身特点；三江平原湿地和农田互为竞争关系，水循环二元特性显著；三江平原土地利用变化剧烈，水循环通量随之发生变化。三江平原水循环机理的识别对于构建符合三江平原特点的水循环模型意义重大。

2）针对三江平原特征的模型改进。三江平原地处高纬度寒区，其区域独特性在于土壤水封冻期长达半年，水分在土壤中的动态对水循环产生显著影响；土地利用变化剧烈，湿地、林地、草地等自然景观被农田、居工地等人为景观严重侵占；农田种植结构变化很大，尤其是水稻种植面积，近10年翻了一番。针对上述特征对模型进行了改进，包括变土地利用数据处理、冻土过程和水稻田灌溉需求动态识别功能。

3）三江平原水循环模型数据库是模型构建的主要内容。模型数据库所需数据庞杂，主要分为两大类，空间数据和水循环驱动因素。空间数据的处理包括子流域及主河道的生成、平原区地下水数值模拟网格单元的划分、基础模拟单元划分、水文地质参数展布等；水循环驱动因素包括气象因素、边界条件、植物生长、人工引水等。

4）模型构建完成后需要对模型进行校验，以保证模型达到再现水循环实际情况的能力。模型从河道径流、地下水位、宏观参数和水量平衡四方面进行了校验，校验效果良好，说明三江平原水循环模型基本达到了本研究的要求，可以作为后续研究的工具。

第 5 章 | 三江平原水循环规律分析

利用 2000～2014 年数据进行三江平原水循环模型构建和校验后，认为模型模拟结果基本能反映近年来三江平原水循环转化的客观情况。本章将利用水循环模型，结合实测数据，进一步研究分析 2000～2014 年三江平原水循环整体及局部重要环节的水循环转化机制，评价分析三江平原产汇流、耗水及地下水动态，揭示三江平原寒区水循环的演变规律。

5.1 三江平原水循环转化规律

5.1.1 全区水循环转化过程

流域/区域的水循环过程受众多自然因素和人为因素影响，决定了水循环系统的变化性和复杂性，传统水文方法可观测到水循环某些局部要素的变化过程，但在流域/区域整体上研究不同循环子系统、不同水循环要素之间转化和制约关系，目前只能通过模型模拟研究的方式进行。研究流域/区域水资源形成转化过程，即大气水、土壤水、地表水和地下水之间的"四水"转化关系，对整体认知三江平原水分通量状况及其循环结构很有帮助，对三江平原水资源评估、水资源开发利用和节水规划也有十分重要的参考意义。MODCYCLE 对水循环进行模拟，其实质就是用数学语言刻画大气水、地表水、土壤水和地下水四者之间的转化过程及其蓄量变化。

对于大气水而言，空气中的水汽凝结后形成降水降落到地面，地面水分通过冠层截留蒸发、土壤水分蒸发、植被蒸腾、潜水蒸发、积雪升华、水面蒸发等以气体的形式进入大气层，形成大气水，为大气降水积蓄水分。

对于地表水而言，产流汇入占水量补给的主要部分，除此之外还有水面直接降水、人类生产生活退水、地下水向地表水的渗出补给、流域/区域外调水等；地表水通过水面蒸发向大气输出水汽，同时通过渗漏向地下水转移，人工引水和水流出境是地表水输出的主要部分，这些过程都存在着地表水的蒸发和渗漏损失。

土壤水在地表地下水转化中起承上启下的过渡作用，是陆生植被的直接水源，对地表生态系统的稳定性至关重要。大气降水、地表水、农田灌溉水等向土壤层下渗，补充土壤水亏缺，同时向地下含水层渗漏；地下水通过毛管作用向土壤层输送水分，供地表植被生长，使土壤水通过蒸发、蒸腾作用被消耗。土壤含水量对地表降水产流、地下水渗漏补给等具有重要影响，在大气水、地表水和地下水的相互转化过程中起调节和纽带作用。

地下水根据赋存形式分为浅层地下水和深层地下水，两者之间根据隔水层的透水性进行水量交换。地下水可由降水入渗、地表水深层渗漏、农田灌溉渗漏、边界侧向流入等方式获得补给，通过潜水蒸发、地下水开采、基流、边界侧向流出等方式排泄，地下水与大气水、土壤水和地表水产生水分交换。

图 5-1 给出了基于水循环模拟的 2002～2014 年三江平原年均的水循环转化定量关系。从图 5-1 可以看出，三江平原年均降水量为 564.2 亿 m³，其中绝大部分渗入土壤层补充土壤缺水，然后逐渐向深层渗漏，补给地下水。通过蒸发和入渗，仅形成 30.7 亿 m³ 的地表径流（超渗/超蓄产流），其中包括水田排水进入河渠的部分径流；由于三江平原有将近 50% 的山丘区，降水形成的壤中流较多，高达 75.9 亿 m³；三江平原基流量为 16.7 亿 m³，其中除了有降水补给地下水形成的基流外，还包括一部分农田灌溉渗漏补给地下水形成的基流。由此可见，三江平原汇入河道的径流量来源包括降水和灌溉两个部分，其中灌溉以水田排水和渗漏为主。

通过模型模拟的三江平原农田引水灌溉量为 35.1 亿 m³，由于输水渠道的蒸发和渗漏，到达田间灌溉的水量为 21.0 亿 m³；地下水开采灌溉量为 61.6 亿 m³，到达田间灌溉的水量为 55.5 亿 m³。农田灌溉输水中蒸发损失量为 14.1 亿 m³，灌溉渗漏补给地下水为 6.1 亿 m³。

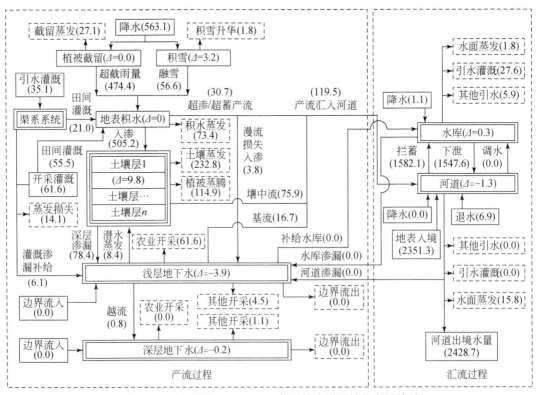

图 5-1　三江平原 2002～2014 年平均水循环转化定量关系

图中单位为亿 m³

研究区的地表径流、壤中流和基流进入河网中的总径流量为 119.5 亿 m³，进入河道的生活、工业年均退水量为 6.9 亿 m³，与天然径流一块参与河道汇流过程。河网中的水量也供应工业用水、农业灌溉等，年均引水量约为 33.5 亿 m³。另外，通过水面蒸发年均消耗水量为 17.6 亿 m³。通过上述一系列自然和人工的水循环过程，水流最终从流域出口流出研究区。除了研究区内部产流汇入河道的水量外，还有三条大江流经研究区，即黑龙江、松花江和乌苏里江的过境水量。三条大江的入境水量为 2351.3 亿 m³，与研究区内部径流一同在流域出口排出研究区，出境水量为 2428.7 亿 m³。

从全区的水分补给和排泄来看，三江平原水分主要来源于降水和三大江上游入境水量，分别为 564.2 亿 m³ 和 2351.3 亿 m³，还包括 14.9 亿 m³ 的外调水用水，区域总补给量为 2930.5 亿 m³。三江平原在水分排泄构成方面，总排泄量为 2922.5 亿 m³，主要是不同类型的自然蒸散发，工业、生活等人工用水消耗，河道出境水量等。其中总自然蒸散量（包括冠层截留蒸发、积雪升华、积水蒸发、土壤蒸发、植被蒸腾、各种水表蒸发）为 481.7 亿 m³，占区域总排泄量的 16.5%；其他人工用水消耗量（工业、生活）为 12.1 亿 m³，占区域总排泄量的 0.4%；河道出境水量为 2428.7 亿 m³，占区域总排泄量的 83.1%。

5.1.2 平原区水量平衡特征分析

平原区是三江平原社会经济活动的核心区域，大部分的人工用水，包括农业灌溉、农村生活、城镇工业生活取水等都集中在平原区，是受人类活动干扰最为明显的区域。同时平原区又是寒区特征对水循环影响显著的地区，冻土的存在为地表水与地下水相互转化产生重要影响。分析平原区水量平衡状况有助于认识平原区的水分通量结构和系统蓄变状态。表 5-1 和表 5-2 给出了平原区 2002～2014 年均水量平衡成果。三江平原区分为三江低平原和兴凯湖平原两个相对独立的部分，两部分平原的自然条件不尽相同，因此分开讨论。

表 5-1　三江低平原水量平衡成果　　　　　　（单位：亿 m³）

补给量		排泄量		蓄变量	
降水	229.27	植被截留蒸发	8.89	土壤水蓄变量	5.44
上游山丘区入流	52.45	积雪升华	0.77	河道蓄变量	−1.04
入境水量	2384.13	土壤蒸发	108.30	水库蓄变量	0.02
境外引水灌溉	1.66	植被蒸腾	56.47	地下水蓄变量	−4.13
工业境外引水	1.03	积水蒸发	44.54		
		河道蒸发	9.74		
		水库蒸发	0.06		
		人类活动消耗	7.27		
		河道出境水量	2432.21		
合计	2668.54	合计	2668.25	合计	0.29

表 5-2　兴凯湖平原水量平衡成果　　　　　　　　（单位：亿 m³）

补给量		排泄量		蓄变量	
降水	55.11	植被截留蒸发	1.68	土壤水蓄变量	0.40
上游山丘区入流	29.83	积雪升华	0.13	河道蓄变量	−0.28
入境水量	462.29	土壤蒸发	21.40	水库蓄变量	0.02
境外引水灌溉	4.72	植被蒸腾	12.18	地下水蓄变量	0.09
		积水蒸发	12.42		
		河道蒸发	3.29		
		水库蒸发	0.08		
		人类活动消耗	2.67		
		河道出境水量	497.87		
合计	551.95	合计	551.73	合计	0.22

　　三江低平原地势低平，水土资源丰富，是三江平原重要的农业生产基地，因此弄清该地区的水分形成转化及其平衡关系，是合理评价当地水资源量的关键。表 5-1 中显示，三江低平原 2002～2014 年年均降水量为 229.27 亿 m³，占三江平原年均降水量的 40.7%，是当地地表水资源的重要来源。然而，三江低平原最大的水资源来自于三大江的入境水量，该部分补给量高达 2384.13 亿 m³，其中黑龙江干流入境水量为 1423.59 亿 m³，松花江干流及其支流汤旺河入境水量为 466.12 亿 m³，乌苏里江干流进入三江低平原的入境水量为 494.41 亿 m³。三江低平原还接收来自上游山丘区入流的补给量，为 52.45 亿 m³，主要为河道径流和地下水侧向补给。除此以外，三江低平原人工调入境外水资源供给农业灌溉和工业生产，总量为 2.69 亿 m³。

　　三江低平原的水分排泄主要分为两大类，即水分的蒸散发和径流出境。其中水分的蒸散发又分为植被截留蒸发、积雪升华、土壤蒸发、植被蒸腾、积水蒸发、河道蒸发、水库蒸发以及人类活动消耗，其中耗散最多的为土壤蒸发，高达 108.30 亿 m³，植被蒸腾次之，为 56.47 亿 m³，人类活动消耗量为 7.27 亿 m³。河道出境水量为 2432.21 亿 m³，为境外入流水量流经低平原时经蒸发、渗漏和引提水的剩余流量以及三江低平原当地的产流量之和。

　　三江低平原经过水分的循环转化，土壤水蓄变量为 5.44 亿 m³，土壤蓄水量的增加与降水量增加的趋势有关（图 5-2）。河网系统（包括河道和水库）年均减少蓄水量为 1.20 亿 m³，地下水年均减少蓄水量为 4.13 亿 m³。总体来看，三江低平原总补给量为 2668.54 亿 m³，总排泄量为 2668.25 亿 m³，年均蓄变量为 0.29 亿 m³，可见 2002～2014 年三江低平原总蓄水量保持稳定，补给和排泄基本维持动态平衡。

　　兴凯湖平原也是三江平原重要的组成部分，良好的水土资源条件为该地区发展现代化农业提供了基本的保障，但是水资源的合理利用仍是当地农业发展的制约因素，因此摸清当地水循环规律至关重要。兴凯湖平原水量平衡成果见表 5-2。

　　兴凯湖平原相对三江低平原面积较小，年均降水量仅为 55.11 亿 m³，占三江平原年均

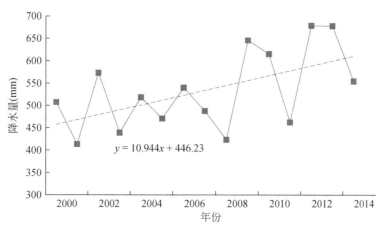

图 5-2　三江低平原年降水量变化趋势

降水量的 9.8%，但对于雨养旱地而言，资源意义重大。兴凯湖平原上游山丘区入流的补给量为 29.83 亿 m³，主要为地下侧向补给。入境水量为 462.29 亿 m³，包括乌苏里江和兴凯湖的境外水量。另外该地区农业还从境外引水灌溉（4.72 亿 m³）。排泄方面，兴凯湖平原仍是以土壤蒸发为主，为 21.40 亿 m³，积水蒸发与植被蒸腾相差不大，人类活动耗水为 2.67 亿 m³。兴凯湖平原的水量大部分以径流的形式进入乌苏里江，然后进入三江低平原，河道出境水量为 497.87 亿 m³。兴凯湖平原模拟期的降水量也呈现增加趋势（图 5-3），使该地区的土壤水含量增加，地下水也呈现正蓄变。

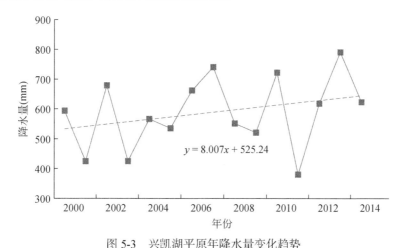

图 5-3　兴凯湖平原年降水量变化趋势

5.2　三江平原产流规律分析

产流量是流域水文过程的重要环节，受自然条件和人为因素影响变化最为剧烈，是分析人类活动对水循环影响的重要内容。三江平原土地利用变化和种植结构变化剧烈，影响下垫面的形势和土壤含水量,对于降水产流的影响显著。本节将分析模拟期内不同土地利用类型的产流量变化,以及产流的时空分布,明确三江平原大面积水稻扩张对产流的影响。

5.2.1　不同土地利用 / 覆被类型的产流对比

模型模拟的 2002～2014 年不同 LUC 类型的年产流量,见表 5-3。居工地(城镇用地、农村居民点用地和其他建设用地)和林地(有林地、疏林地、灌木林地和其他林地)的产流量最多。有林地的产流量比城镇用地的产流量还高,与一般的情形不同,原因在于有林地位于山丘区,山丘区产流量大,符合实际。疏林地、灌木林地和其他林地也有较大面积位于山丘区,抬高了林地总体的产流量。草地(高覆盖度草地和中覆盖度草地)和水域(水库坑塘、河渠、沼泽地等)的产流量次之,对降水有较高的存蓄能力。产流量最低的是农田,包括油料、蔬菜、水稻、大豆、玉米、小麦和其他作物。农田大多处于平原区,加之农田种植管理中设置田埂,有意识地利用降水,很大程度上减少了产流量。在不同农作物类型中,水稻的产流量相对较多,灌溉使水稻的土壤含水量增加,提高了前期影响雨量,另外降水过多还会有意识地排水,导致产流量比其他雨养农作物产流量稍多一些。表 5-3 中没有数据的 LUC 类型表示当年面积太小,对水循环影响微小,被模型忽略。

表 5-3　不同 LUC 类型的年产流量　　　　　　（单位：mm）

LUC 类型	2002年	2003年	2004年	2005年	2006年	2007年	2008年	2009年	2010年	2011年	2012年	2013年	2014年	平均
其他建设用地	369	210	214	237	269	270	256	346	354	184	293	312	270	270
有林地	295	178	231	195	238	230	177	322	299	205	267	340	274	243
城镇用地	209	161	195	193	216	178	135	229	251	141	208	239	219	193
疏林地	97	81	95	181	283	229	156	187	209	134	188	267	238	168
裸岩石砾地	46	104	165	271	168	94	23	164	181	62	118	290	275	138
其他林地	218	83	73	31	84	187	178	—	—	—	60	210	117	125
灌木林地	72	80	96	95	130	134	108	168	168	105	134	204	147	118
农村居民点用地	105	90	99	78	143	127	74	121	183	85	130	165	134	114
中覆盖度草地	90	101	95	51	72	102	61	85	148	64	120	140	100	92
高覆盖度草地	68	60	67	44	59	81	33	91	135	107	73	115	91	77
水库坑塘	59	66	61	57	50	96	38	71	114	53	64	94	85	70
无作物	39	43	50	33	48	72	30	69	98	47	63	101	84	58
河渠	21	42	60	29	59	79	26	71	109	62	50	84	77	57
油料	53	43	21	15	21	26	22	77	90	36	101	183	80	55
沼泽地	24	46	55	34	49	81	20	59	95	70	43	85	72	54

续表

LUC 类型	2002年	2003年	2004年	2005年	2006年	2007年	2008年	2009年	2010年	2011年	2012年	2013年	2014年	平均
裸土地	6	42	32	21	33	68	17	82	132	56	45	90	98	52
滩地	32	58	55	35	43	77	19	49	88	55	37	66	62	51
湖泊	31	45	49	42	33	99	21	47	102	45	20	66	53	51
蔬菜	69	47	27	—	—	—	—	—	—	—	—	—	—	42
其他作物	42	35	25	18	31	33	23	47	71	45	54	75	50	40
水稻	41	40	29	40	90	46	22	44	25	17	33	41	23	40
大豆	34	33	23	19	30	29	19	42	63	36	42	75	63	37
玉米	39	38	25	18	39	32	16	37	57	34	35	64	53	36
小麦	14	16	10	—	—	—	—	—	—	—	—	—	—	12

注：无作物即田埂、田间土路、垄沟等无作物种植的部分，在土地利用图中难以将其从农田中区分出来，但占有相当一部分面积

5.2.2 产流量的时空分布

（1）产流量的时间变化

产流量与降水量关系密切，但是受到前期影响雨量、土地利用变化等的影响，在时间序列上并不呈现严格的线性关系。在总体趋势上，三江平原 2000 ～ 2014 年降水量呈现增加趋势，径流量也随之增加，降水量大的年份产流量也大，如图 5-4 所示。图 5-4 显示，大体上降水量增加的年份产流量也增加，但是有些年份之间相比却比较反常，如 2012 年的降水量比 2010 年的降水量大 83mm，但是产流量却小 25mm。2011 年较少的降水量使2011 年和 2012 年的土壤蓄水量亏缺较多，2012 年的大部分降水补充了土壤的缺水量，导致径流量减少。由此可见降水量并非是影响径流量的唯一因素。

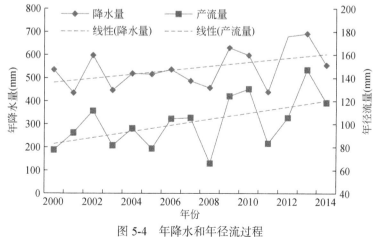

图 5-4　年降水和年径流过程

（2）产流量的空间分布

一般而言，山丘区的产流量大于平原区的产流量，三江平原也具有这种特征。全区产流量最大可达 358.5mm，最小仅为 0.1mm。平原区地势平坦且农田田埂限制了径流的形成，大部分降水补给土壤水和渗漏补给地下水，这也印证了在地下水开采量居高不下的情况下，三江低平原仍然存在大面积的采补平衡区。

5.3 三江平原耗水规律分析

天然植被开垦为农田后，下垫面发生剧烈变化，水分耗散结构和耗散量也必然随之发生变化。在三江平原来水量变化不大的情况下，耗水量是决定当地水资源条件的关键。三江平原天然植被转化为农田后耗水量的变化，以及不同农作物类型之间的转化对耗水组成的影响是本节研究的重点。

5.3.1 不同土地利用/覆被类型耗水分析

三江平原不同 LUC 类型植被覆盖面积不同，地表不透水性各异，水面面积比例大小不一，导致不同 LUC 类型的植被冠层截留蒸发、积雪升华、土壤蒸发、植被蒸腾和积水蒸发均存在较大差异。表 5-4 为基础模拟单元某种耗水方式耗水量在该单元上平铺的深度，即基础模拟单元体积耗水量除以面积得到。五种耗水方式的总量，即总耗水量，按由大到小排列，水稻的总耗水量最大，疏林地的总耗水量最小。总耗水量排在前十位的 LUC 类型中，农作物就占据了七种（其他作物按单种农作物计算），即除沼泽地外，农作物的总耗水量最多，可见农作物种植是耗水大户，需要单独分析。从耗水结构上看，绝大部分 LUC 类型耗水以土壤蒸发和植被蒸腾为主，但水稻积水蒸发最多，应与作物的生长环境有关，即稻田需要保持较长时间的水面，从而促进了积水蒸发。

表 5-4 不同 LUC 类型的耗水结构 （单位：mm/a）

LUC 类型	冠层截留蒸发	积雪升华	土壤蒸发	植被蒸腾	积水蒸发	总耗水量
水稻	16.91	1.72	160.73	143.95	412.39	735.70
小麦	19.27	1.71	253.74	200.91	20.14	495.77
沼泽地	18.25	1.73	267.58	181.30	16.09	484.95
玉米	30.92	1.72	202.78	225.20	22.40	483.02
大豆	22.39	1.71	256.90	167.61	22.73	471.34
蔬菜	35.08	1.47	235.87	171.39	17.78	461.59
其他作物	27.14	1.70	254.04	154.61	22.52	460.01
油料	16.21	1.71	269.94	144.11	22.01	453.98

续表

LUC 类型	冠层截留蒸发	积雪升华	土壤蒸发	植被蒸腾	积水蒸发	总耗水量
高覆盖度草地	17.02	1.73	297.39	113.10	15.72	444.96
滩地	11.92	1.65	337.15	77.65	15.63	444.00
农村居民点用地	2.28	1.71	298.38	123.30	3.43	429.10
裸土地	5.45	1.75	369.99	30.11	15.57	422.87
中覆盖度草地	11.83	1.57	304.42	84.77	15.59	418.18
无作物	17.66	1.61	280.88	90.36	15.91	406.42
沙地	21.26	1.53	322.06	33.25	16.17	394.27
城镇用地	2.29	1.75	263.21	113.33	3.42	384.00
裸岩石砾地	5.69	1.99	322.01	31.92	15.33	376.94
灌木林地	40.95	1.67	230.22	76.45	15.46	364.75
其他林地	30.00	1.82	192.85	80.41	14.27	319.35
其他建设用地	2.15	1.75	207.13	91.49	3.46	305.98
有林地	40.12	1.74	199.82	44.08	15.99	301.75
疏林地	29.47	1.71	197.42	28.03	16.40	273.03

注：未列入水体耗水，因其不分耗水结构

从表 5-4 可以看出，随着农作物面积的增加以及农作物中水稻面积比例的增大，三江平原的耗水量必然逐渐增加。将土地利用 25 小类合并为七大类：水稻、大豆、玉米、油料、小麦、蔬菜和其他作物合并为农田，中覆盖度草地和高覆盖度草地合并为草地，有林地、疏林地、灌木林地和其他林地合并为林地，河渠、湖泊和沼泽地合并为湿地，水库作为人工水面单独计算，农村居民点用地、城镇用地和其他建设用地合并为居工地，裸土地、裸岩石砾地、沙地、滩地和无作物合并为其他类型。2000 年、2005 年、2010 年和 2014 年七大类 LUC 类型年耗水量如图 5-5 所示。图 5-5 显示，农田的耗水量最大且呈增加趋势。

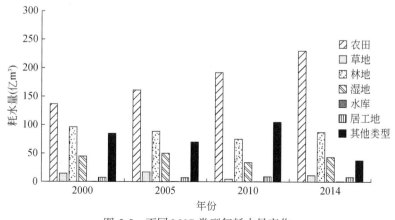

图 5-5 不同 LUC 类型年耗水量变化

林地耗水量次之，但年际基本保持稳定。其他类型的耗水量也较多，随着这些荒地开发面积的减小，耗水量有减少的趋势。总之，农田是三江平原最大的耗水类型，其面积的扩大导致三江平原水分的绝对消耗增加。

为了保证三江平原粮食生产稳步增加和生态环境健康，合理开发利用当地水资源，适当调入区域外水资源，通过合理调配，弥补三江平原因土地利用剧烈变化引起的水分过度消耗，具有重要意义。

5.3.2 农作物耗水分析

农作物是三江平原主要的地表植被之一，其水分消耗是全区总耗水量的重要组成部分。三江平原总面积为 10.57 万 km^2，其中主要农作物面积，2000 年为 26 538.76km^2，占总面积的 25.1%，2005 年为 30 149.83km^2，2010 年为 34 702.88km^2，到 2014 年达到了 44 323.44km^2，占总面积的比例高达 41.9%，几乎所有可以耕作的土地全部开垦为了农田，使农作物成为该地区的主要 LUC 类型。三江平原主要农作物种植面积见表 5-5。

表 5-5　三江平原主要农作物种植面积　　　　　　　　（单位：km^2）

作物类型	2000 年	2005 年	2010 年	2014 年
水稻	6 731.89	9 337.99	18 226.06	18 294.61
玉米	3 474.44	5 459.03	6 949.16	21 111.70
大豆	12 045.45	14 691.13	9 454.85	4 828.60
油料	962.64	661.68	72.81	88.53
蔬菜	796.71	—	—	—
小麦	2 527.63	—	—	—
合计	26 538.76	30 149.83	34 702.88	44 323.44

注：— 表示种植面积小且分布过于分散，在基础模拟单元处理中被合并到了其他作物中

三江平原农作物种植面积逐年增加，农作物类型逐渐向水稻和玉米两种农作物转移，其他农作物类型种植面积逐年减少。其中水稻种植面积从 2000 年的 6731.89km^2 增加到 2014 年的 18 294.61km^2，增加了 1.7 倍多；玉米从 2000 年的 3474.44km^2 增加到 2014 年的 21 111.70km^2，增加了 5 倍多。农作物种植面积变化如图 5-6 和图 5-7 所示。

农田耗水是三江平原最主要的耗水途径，但在农田中，水田比旱田的耗水强度更大。三江平原六种主要农作物的年耗水量变化如图 5-8 所示。图 5-8 显示，水稻的耗水量比其他农作物的耗水量要大得多，如果实施"旱改稻"的种植结构调整方式，必然会增加整个区域的耗水量，不利于三江平原水分的收支平衡。从变化趋势上看，水稻的耗水量呈逐年下降的趋势，且波动也有所缓和；旱地农作物耗水量波动较小，除油料的耗水量略呈下降趋势外，其他农作物的耗水量基本保持稳定。

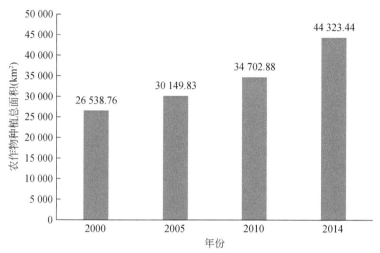

图 5-6 三江平原农作物种植总面积变化趋势

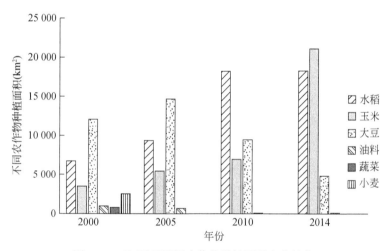

图 5-7 三江平原不同农作物种植面积变化趋势

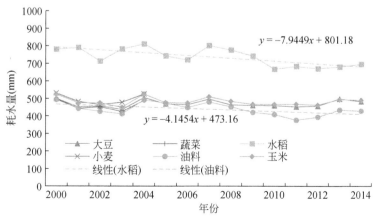

图 5-8 三江平原六种主要农作物的年耗水量变化

水稻、玉米和大豆三种主要作物播种面积占三江平原农作物总播种面积的80%以上，其耗水量在农作物总耗水量中占据绝对比例。图5-9显示，水稻的耗水量逐年增加，其中，2000～2009年增加较快，2010～2014年趋于平稳，与水稻的种植面积增长趋势类似；玉米的耗水量过程与水稻相反，2000～2009年增加缓慢，2010～2014年增加剧烈，反映了三江平原玉米种植面积的增长态势。2000～2014年大豆耗水量呈先增加后减少的趋势，2004年和2005年是大豆耗水量增长的极值。总体来看，三江平原农作物耗水量增加幅度较大，农作物种植面积增加、种植结构调整（旱改稻）是耗水量增加的驱动因素。

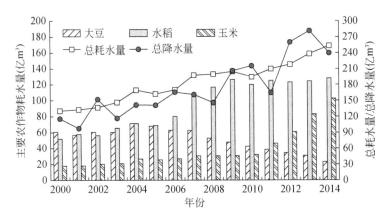

图 5-9　主要农作物耗水量及总耗水量/总降水量变化

值得注意的是，三江平原三种主要农作物的总耗水量2000～2014年增加了近一倍，从2000年的130亿 m³ 增加到2014年的253亿 m³，但是由于只有水稻需要灌溉，其他作物通过雨养即能满足生长需求，因此其中的大部分耗水来自降水。从图5-9可以看出，三种农作物接受的总降水量与总耗水量基本上呈现相同的增长趋势，降水一定程度上能够满足农作物耗水的大幅度增加，因此，这三种主要农作物耗水量的急剧增加并不会加剧地下水的大幅度超采。

5.4　河道径流变化分析

河道径流是流域水循环的重要通量，也是水循环研究的重要内容之一。降水到达地表后扣除蒸发、土壤缺水量、地表填洼等损失后形成产流，在坡面漫流后汇入河道，形成河道径流。人类活动引起下垫面变化，导致产流量和汇流速度发生变化；水库调蓄和人工引提水工程直接改变河道径流过程。三江平原河道型湿地对河道径流的变化极为敏感，径流量的减少会导致湿地面积萎缩，湿生植被退化；水文节律的变化对湿地生物的繁殖和发育产生影响。因此，河道径流分析是三江平原水循环转化研究的必要内容。

三江平原水文站主要分布在河流水系的上游，上游以山丘区为主，人类活动影响较小，其实测径流变化往往难以体现下游人类活动对径流的影响，因此，河道径流变化分析以三江平原代表性河流河口处的模拟径流量为分析对象，进行径流量和水文节律变化的分析。

5.4.1 河道径流量变化

本节选取穆棱河、挠力河、倭肯河、梧桐河、浓江鸭绿河和七虎林河 6 条在三江平原不同流域具有代表性的主要河流进行径流分析，各主要河流出口的径流量可以一定程度上反映该流域对人类活动的响应。模拟 2000 ～ 2014 年三江平原主要河流出口处径流量见表 5-6。

表 5-6　2000 ～ 2014 年三江平原主要河流出口处径流量模拟数据　　（单位：亿 m³）

年份	穆棱河	挠力河	倭肯河	梧桐河	浓江鸭绿河	七虎林河
2000	37.16	16.29	16.13	7.19	0.79	5.20
2001	25.54	14.38	9.38	6.22	2.03	6.21
2002	36.93	22.09	23.08	7.38	1.33	7.90
2003	20.40	17.81	14.58	8.78	2.38	5.24
2004	21.28	20.50	11.55	11.74	2.91	5.87
2005	20.66	14.21	12.96	15.50	1.48	7.04
2006	24.18	21.78	14.46	12.14	3.26	9.39
2007	25.09	24.43	12.12	6.48	2.32	11.77
2008	26.59	13.65	8.22	4.39	0.31	7.62
2009	26.07	22.77	19.36	16.64	1.25	5.45
2010	27.06	26.37	22.43	12.49	2.39	9.66
2011	13.84	17.98	12.96	9.26	2.85	5.66
2012	22.61	27.55	21.49	12.21	3.50	5.54
2013	36.26	43.98	22.67	17.43	3.83	12.36
2014	28.06	34.17	17.47	16.32	2.71	9.27

各主要河流的年径流量变化趋势如图 5-10 ～ 图 5-15。从图 5-10 ～ 图 5-15 可以看出，除穆棱河年径流量略呈减少的趋势外，大部分河流的年径流量均呈增加的趋势，与 2000 ～ 2014 年三江平原降水量逐渐增加的趋势相符合。

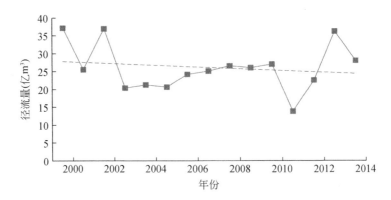

图 5-10 穆棱河口处年径流量变化趋势

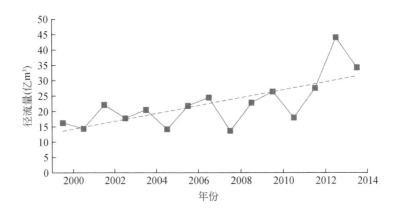

图 5-11 挠力河口处年径流量变化趋势

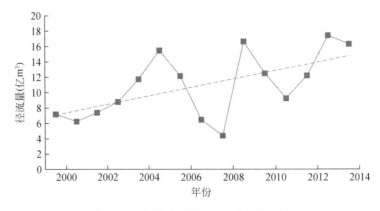

图 5-12 梧桐河口处年径流量变化趋势

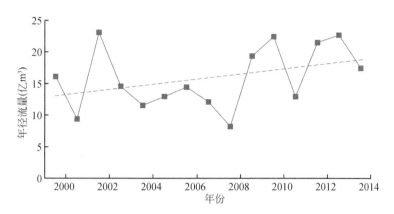

图 5-13 倭肯河口处年径流量变化趋势

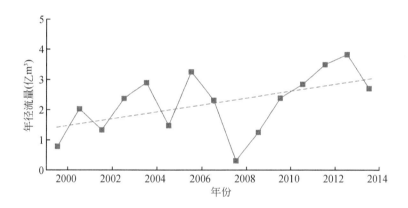

图 5-14 浓江鸭绿河口处年径流量变化趋势

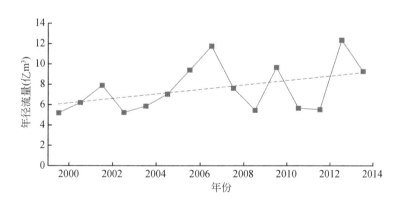

图 5-15 七虎林河口处年径流量变化趋势

5.4.2　河道水文节律变化

河道水文节律指河道某种水文要素（如水位、流速、流量、含沙量等）周期性波动的过程。例如，河道水位一般以年为周期，枯水位—丰水位—枯水位有节律地波动，形成一种河道水文节律，尽管这种节律并非每年完全一致，但对于沿河湿地生态的影响不可忽略。河道水文节律控制河道水位的枯—涨—丰—退，导致周期性洲滩淹没和出露，进而形成显著的植被垂向分布带、多样化的湿地类型和丰富的生物多样性，并影响生态系统各组分的水资源利用。水文节律的长期趋势性变化必然引起植被分布、湿地健康和生物多样性的变化，因此分析三江平原河流的水文节律变化对于掌握沿河湿地的生态形势具有重要意义。

水文节律变化分析仍以 5.4.1 节 6 条主要河流的出口处流量模拟数据为典型代表，分析河道径流的年内节律变化，作为三江平原沿河湿地受人类活动影响发生变化的表征。

统计模拟期内的月径流量，对比分析 2000～2014 年相同月份年际月径流的变化，从而总结河流径流年内变化的长期趋势。但在对比分析之前，需要把各年的总径流量统一到同一水平上，才有可对比性。这里把各年的总径流量全部统一到 2000～2014 年的多年平均年径流量上。图 5-16 为穆棱河口处 1～12 月径流量在 2000～2014 年的变化趋势。2000～2014 年 1 月和 2 月的径流量逐年减少的趋势较为显著；3 月和 4 月的径流量略有增加的趋势，但不够显著，可以认为该时段的径流变化较为平稳；5～7 月的径流量具有显著的增加趋势；8 月和 9 月的径流量出现了下降的趋势，尤其是 8 月，下降趋势显著；10～12 月的径流量有所增加。

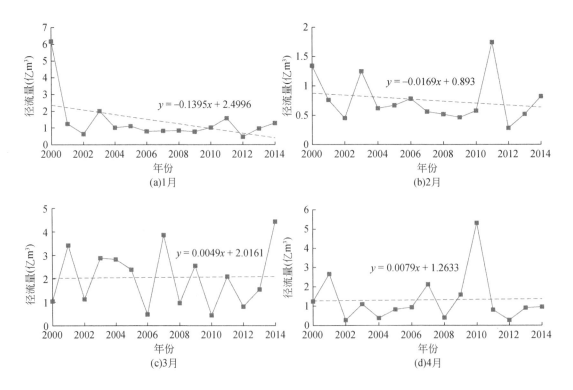

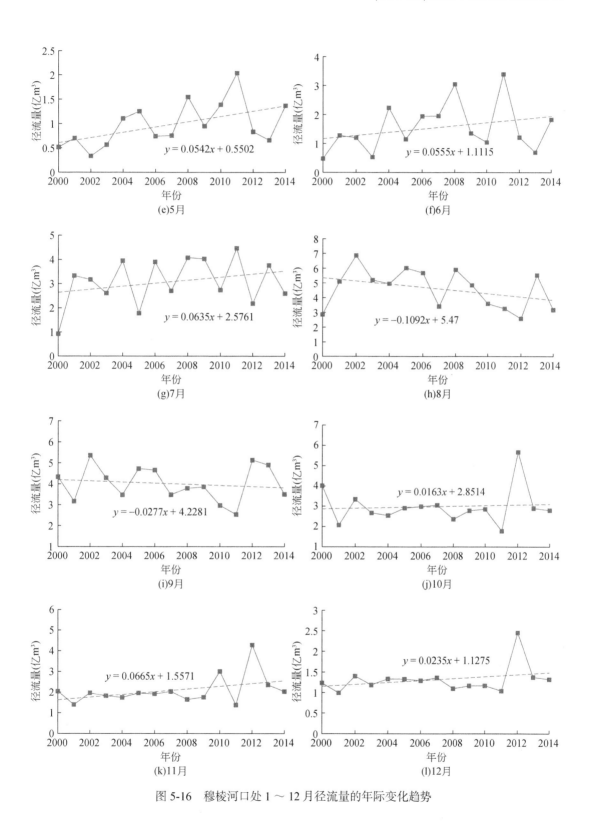

图 5-16　穆棱河口处 1 ～ 12 月径流量的年际变化趋势

单独分析上述各月径流量年际变化的趋势线斜率，如图 5-17 所示。大于 0 的斜率说明当月的径流年际变化是呈增加的趋势，反之，小于 0 的斜率说明当月的径流年际变化是呈减少的趋势，接近 0 的斜率说明当月的径流年际变化相对稳定，变化不大。从图 5-17 可以看出，春汛（4～5 月）下半时段径流有增加趋势，夏汛（6～9 月）上半时段径流增加趋势和下半时段径流减少趋势均较显著，可见穆棱河的水文节律出现了明显的长期变化趋势，从而对沿河湿地生态产生影响。

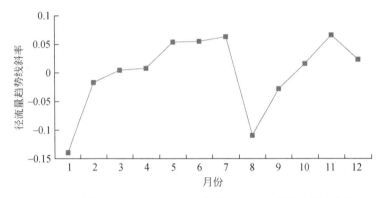

图 5-17　穆棱河口处 2000～2014 年各月径流量趋势线斜率变化

采用上述方法分析其他河流出口处径流年内变化趋势，形成对各流域水文节律的基本判断，有助于掌握径流依赖性湿地生态的动态变化，为湿地保护和修复提供一定的信息。图 5-18～图 5-22 为挠力河、倭肯河、梧桐河、浓江鸭绿河和七虎林河 5 个河口处 2000～2014 年各月径流量趋势线斜率变化。

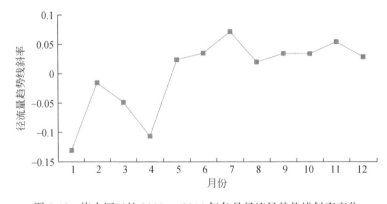

图 5-18　挠力河口处 2000～2014 年各月径流量趋势线斜率变化

各月径流量变化的趋势大小不一，增减亦不同，趋势线斜率体现了这种变化的大小和趋势。挠力河春汛前期径流减少较多，可能不利于湿地生物的返青和繁殖；后半年径流量普遍增加，有助于湿地的恢复。

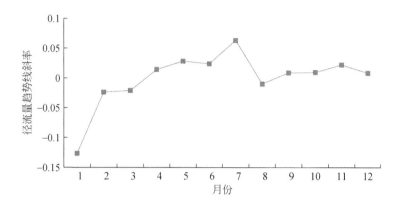

图 5-19 倭肯河口处 2000 ~ 2014 年各月径流量趋势线斜率变化

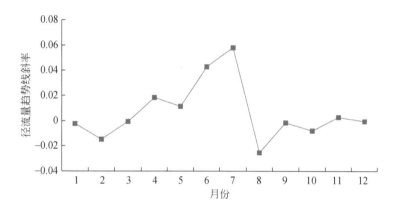

图 5-20 梧桐河口处 2000 ~ 2014 年各月径流量趋势线斜率变化

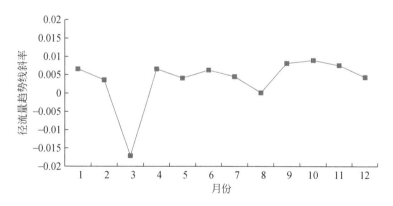

图 5-21 浓江鸭绿河口处 2000 ~ 2014 年各月径流量趋势线斜率变化

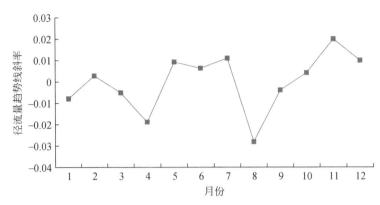

图 5-22　七虎林河口处 2000～2014 年各月径流量趋势线斜率变化

倭肯河各月径流量年际变化较大，但仍能发现一定的变化趋势：1～3 月趋于减少，4～12 月以增加为主，春汛后期和夏汛前期径流量增加明显，此时正是湿地和农作物需水高峰期，为湿地生态稳定和粮食生产安全提供了更好的水资源条件。

梧桐河各月径流量年际变化较大，多数月份径流量变化较为剧烈，但是长期趋势上却比较稳定。汛期月径流量变化趋势比较明显，在人类干扰相对较小的梧桐河流域，降水量的年内分布对这种趋势影响最大。非汛期梧桐河径流量比较稳定，汛期则出现了较大的趋势变化，尤其是 6 月、7 月，出现了显著的增加趋势，但 8 月径流量有所减少，可能对沿河湿地的稳定性产生影响。

浓江鸭绿河口处 2000～2014 年各月径流量趋势线斜率变化显示，该河流径流过程较为稳定，从长期趋势上看，径流量变化不大，除了 3 月径流量。3 月径流量减少可能对沿河湿地生物的萌发和恢复产生一定影响，但其他月份稳定的径流过程可以保证湿地生态的健康发展。

七虎林河为挠力河和穆棱河之间的乌苏里江支流，面积较小，非汛期径流量相对稳定，汛期尤其是 7 月、8 月径流量有显著变化趋势。春汛初期（4 月）径流量有一定的下降趋势，可能对沿河湿地生物的复苏和繁殖有一定影响。主汛期 8 月径流量下降趋势明显，如果长期出现下降趋势，将对沿河湿地生态系统的稳定性产生影响。

本节分析了三江平原 6 个代表性流域的干流河口处径流量过程年际变化趋势。分析发现，穆棱河径流量变化最为剧烈，12 个月份中半数月份的径流量在 2000～2014 年发生了明显的趋势变化，尤其是 8 月径流逐年减少的趋势对沿河湿地生态系统的影响值得关注。挠力河径流量趋势线变化也比较显著，4 月径流量趋势线下降可能会给沿河湿地生物的复苏和繁殖产生重要影响。倭肯河和梧桐河的径流量相对稳定，径流量变化比较大且对湿地生态有一定影响的是 7 月，径流量呈显著增加趋势，径流量增加对沿河湿地的恢复起到重要作用。浓江鸭绿河和七虎林河径流过程最为稳定，对于沿河湿地生态功能的维持最为有利。

总之，各月径流趋势的增加或减少都不同程度地改变了河流的水文节律，导致与河道径流关系密切的沿河湿地生态系统随之发生变化，不管增强或削弱，沿河湿地的生态功能都会对湿地的稳定性产生不利影响，需要引起重视。

5.5 三江平原地下水动态变化分析

5.5.1 平原区地下水动态平衡分析

（1）地下水补给量、排泄量及其变化趋势

三江平原平原区地下水过程模拟给出了地下水的补给量、排泄量和蓄变量过程水量动态平衡成果（表 5-7）。三江平原地下水补给包括降水入渗、灌溉（井灌和渠灌）、河渠、水库、湿地、湖泊、池塘、山前侧渗等多项补给，其中降水和灌溉入渗补给是三江平原的主要补给项，其他补给比例较小。2002～2014 年平均总补给量为 68.44 亿 m³。地下水排泄包括地下水开采、潜水蒸发、基流排泄、侧向流出等，其中地下水开采量高达 58.20 亿 m³，占总排泄量的 80.3%，农业开采灌溉占比最大，对地下水的补径排影响最大。其次是基流排泄量，为 11.37 亿 m³，占总排泄量的 15.7%；潜水蒸发量为 2.90 亿 m³，仅占 4.0%。可见 2002～2014 年三江平原平原区地下水排泄主要以人为开采为主，基流排泄成为河道径流的重要组成部分。2002～2014 年平均总排泄量为 72.48 亿 m³。地下水开采剧烈，部分地区出现超采现象，导致平原区许多年份的地下水蓄变量出现负值，2002～2014 年平均总蓄变量为 -4.03 亿 m³。

表 5-7 三江平原 2002～2014 年平原区地下水动态平衡　　　　（单位：亿 m³）

年份	补给量	排泄量			蓄变量
		地下水开采量	潜水蒸发量	基流排泄量	
2002	43.43	32.39	2.30	9.22	-0.48
2003	43.41	39.64	2.69	5.71	-4.63
2004	44.17	39.86	2.79	5.29	-3.77
2005	40.93	39.99	2.64	5.73	-7.43
2006	74.56	40.45	3.42	15.68	15.01
2007	68.00	65.95	3.59	16.66	-18.20
2008	59.84	81.51	2.90	7.96	-32.52
2009	77.00	73.79	2.44	8.01	-7.24
2010	80.76	59.10	2.86	15.63	3.17
2011	80.90	80.54	2.68	7.00	-9.32
2012	99.96	80.56	2.04	9.05	8.31
2013	96.10	49.98	3.47	26.15	16.50
2014	80.63	72.87	3.90	15.75	-11.89
平均	68.44	58.20	2.90	11.37	-4.03
合计	68.44	72.47			-4.03

从地下水的补给量、排泄量、蓄变量过程上看，地下水补给量呈逐年增加趋势，降水量和地下水开采量的增加是导致这种变化趋势的主要因素。地下水开采量前半段逐年增加趋势明显，后半段没有大的增加或呈减少趋势，但是与降水量的变化有一定关系，呈现较大的波动。由此可见，受降水量影响较大的农业灌溉是地下水开采量的重要组成部分，尤其是水稻种植面积，但前半段种植面积增加较快，后半段种植面积增加放缓，与地下水开采量的趋势相似。潜水蒸发量变化不大，与地下水位的变化关系密切。基流排泄量也与降水量、灌溉量有着较密切的关系，呈增加趋势（图 5-23）。

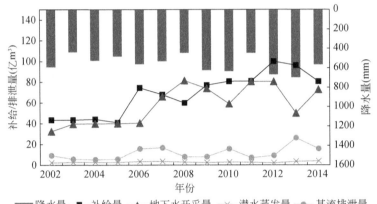

图 5-23　2002～2014 年平原区地下水补给量、排泄量和降水量过程

（2）地下水开采量与降水量的关系

地下水开采量的变化与降水量的变化关系密切。三江平原地下水开采主要用于农田灌溉，占地下水总开采量的 90% 以上。图 5-24 展示了三江平原 2002～2014 年平原区地下水开采量与降水量的关系。从图 5-24 中显示的规律来看，模型模拟地下水开采量与降水量呈现典型的负相关性，基本的规律性是：降水较多的年份，作物对降水利用量增加，将有效减少地下水开采需求，地下水开采量下降；降水较少的年份，需要较多的灌溉水量弥补降水量的不足，地下水开采量上升。

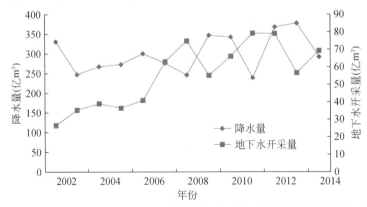

图 5-24　三江平原 2002～2014 年平原区地下水开采量与降水量的关系

需要指出的是，农业灌溉开采量除与年降水总量有关外，降水的年内时间分布和空间也是影响农业灌溉开采的重要因素。当降水在作物主要生长期分布比较均匀时将有效减少农业灌溉开采，因此造成地下水开采量与降水量并不呈现严格的线性相关关系。

（3）地下水蓄量变化

三江平原 2002 ~ 2014 年平原区地下水蓄变量变化如图 5-25 所示。模拟期间地下水以负蓄变为主要演变方向，2002 ~ 2014 年的 13 年间，有 9 年为地下水负蓄变，仅 4 年为地下水补给量大于排泄量。从 2002 年开始地下水系统即呈现持续负蓄变，但绝对值较小，2002 ~ 2005 年负蓄变为 0 ~ 8 亿 m^3；2006 年出现较大的正蓄变，可以很大程度上补偿 2002 ~ 2005 年地下水的持续亏缺；2007 年开始出现了 3 年持续性地下水亏缺，年均亏缺量近 20 亿 m^3，尤其是 2008 年地下水蓄量，在 2007 年地下水蓄量减少的基础上又减少了 32 亿 m^3，地下水亏缺严重；在此之后，地下水正负蓄变交替出现，随着地下水开采量的增加，即使降水并不偏枯，往往也会出现地下水负蓄变的情况，如 2014 年。总体来看，地下水开采量的增加导致地下水补给量不能平衡地下水排泄量，即使降水量呈增加趋势，仍不能改变地下水蓄量减少的形势。

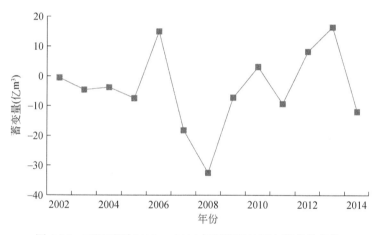

图 5-25　三江平原 2002 ~ 2014 年平原区地下水蓄变量变化

5.5.2　平原区地下水位变化分析

在 2002 ~ 2014 年水文气象条件和人类开发利用的驱动下，三江平原平原区地下水位发生了较大变化。平原区的地下水埋深不同区域的变化不尽相同，以三江低平原东北部地下水埋深增大最为剧烈，增大了 1 ~ 7m。根据三江低平原的水文地质资料，该地区覆盖厚达 5 ~ 20m 的亚黏土，其储水系数低，地下水开采对水位变化影响很大，同时降水不易通过黏土层补给地下水，水位一旦下降不易恢复，加之该地区地下水灌溉量较大，导致地下水埋深逐年增大，形成大面积地下水漏斗区。

三江低平原的西部和南部山前平原地区地下水埋深也发生了一定程度的增大，但范围较小，应与该地区地下水赋存条件和农业地下水开采量较大有关。

兴凯湖平原地下水埋深变化最小，除西部山前平原存在小幅度（1～2m）地下水埋深增大外，其他部分地下水埋深基本变化不大。

5.5.3 平原区地下水超采机理分析

三江平原部分地区出现超采现象，以三江低平原东北部地区超采最为严重，超采范围广，地下水位下降幅度大。该超采区完全位于地下水承压区，说明上覆黏土层对地下水的超采存在影响，但是承压区东南部仍有部分区域地下水没有超采。可见除了黏土层的影响外，还有其他因素影响地下水补排平衡。三江平原地下水的另一个特点是，非超采区地下水开采量不比超采区地下水开采量小，但是并未出现趋势性的地下水位下降，有些地区近15年来地下水位还有所升高，地下水补给来源不明。为了揭示三江平原地下水的超采机理，从地下水承压区选取一部分超采区和一部分平衡区，从非承压区选取一部分平衡区，作为地下水典型区，进行地下水补给量、排泄量和蓄变量的对比分析，以明确三江平原地下水的上述特征。

承压超采区、承压平衡区和非承压平衡区3个典型区2002～2014年的地下水补给量、排泄量和蓄变量过程，分别见表5-8～表5-10。各典型区地下水的主要补给来源均为土壤水深层渗漏，而土壤水来源于降水和灌溉；以地下水开采为主要排泄途径。蓄变量方面，承压超采区年平均超采量为37 255.3万 m^3，平衡区地下水偶有超采发生，但是总体上呈动态平衡。表5-8中补给量中的灌溉补给量是指灌溉过程中从水源到田间之间的输水渗漏量，包括渠系输水损失量和井灌输水损失量。田间灌溉渗漏补给量已经包括在土壤水深层渗漏量中。

表 5-8 承压超采区地下水动态过程 （单位：万 m^3）

年份	补给量				排泄量				蓄变量
	土壤水深层渗漏量	灌溉补给量	河道渗漏补给量	侧向流入量	开采量	基流量	潜水蒸发量	侧向流出量	
2002	77 189.2	3 060.9	4 279.5	519.1	86 156.9	6 334.5	3 365.4	1 215.4	−12 023.5
2003	92 515.2	3 999.7	7 276.2	542.1	109 607.9	6 562.7	3 760.5	1 126.4	−16 724.3
2004	101 317.3	4 809.6	11 826.6	608.3	129 414.2	9 904.3	4 675.8	1 087.2	−26 519.7
2005	87 590.2	5 761.1	4 294.8	752.4	150 266.2	4 678.2	3 611.6	1 074.0	−61 231.5
2006	253 499.2	5 892.3	12 977.2	696.6	147 781.3	21 022.1	7 479.6	1 511.8	95 270.5
2007	148 390.9	11 321.4	10 004.2	902.8	285 540.3	9 282.1	4 740.9	1 128.4	−130 072.4
2008	146 993.7	14 617.6	1 895.7	1 138.5	368 400.5	3 160.2	2 260.5	724.2	−209 899.9
2009	213 396.3	12 471.6	11 254.8	1 078.8	316 576.4	5 697.8	2 303.9	533.1	−86 909.7

续表

年份	补给量				排泄量				蓄变量
	土壤水深层渗漏量	灌溉补给量	河道渗漏补给量	侧向流入量	开采量	基流量	潜水蒸发量	侧向流出量	
2010	235 088.4	10 747.7	12 832.9	1 141.5	273 542.3	8 096.9	2 001.6	452.7	−24 283.0
2011	287 970.5	12 793.6	9 982.9	1 126.0	323 315.6	6 373.7	2 241.3	538.9	−20 596.5
2012	345 788.4	13 153.7	8 597.9	1 111.1	327 012.1	10 227.5	1 627.2	712.1	29 072.2
2013	276 239.7	8 102.3	10 692.0	1 415.1	198 818.2	18 978.9	3 718.5	1 188.5	73 745.0
2014	203 407.0	12 424.6	7 176.4	1 522.5	304 297.4	9 937.7	3 395.5	1 046.8	−94 146.9
平均	189 952.8	9 165.9	8 699.3	965.8	232 363.8	9 250.5	3 475.6	949.2	−37 255.3

表 5-9　承压平衡区地下水动态过程　　　　　　　（单位：万 m³）

年份	补给量				排泄量				蓄变量
	土壤水深层渗漏量	灌溉补给量	河道渗漏补给量	侧向流入量	开采量	基流量	潜水蒸发量	侧向流出量	
2002	18 237.6	1 543.8	1 219.9	686.1	13 142.1	3 129.5	707.5	395.8	4 312.5
2003	14 782.4	1 738.1	2 296.2	646.2	14 552.9	4 193.0	1 148.5	468.7	−900.2
2004	8 460.2	1 200.1	2 549.0	618.3	9 785.3	982.3	848.5	563.0	648.5
2005	4 414.5	642.5	1 041.5	609.3	5 924.7	57.2	713.7	614.8	−602.6
2006	9 931.2	807.4	1 297.3	454.6	6 928.2	916.1	1 340.4	744.3	2 561.5
2007	10 917.8	1 397.8	2 570.8	538.8	12 439.2	1 267.7	1 250.8	575.9	−108.2
2008	11 715.2	1 692.3	1 122.8	799.2	15 235.9	1 268.9	1 062.0	609.2	−2 846.5
2009	14 131.3	1 786.8	1 568.5	838.3	16 555.7	1 488.3	860.8	738.2	−1 318.1
2010	15 257.9	1 427.4	2 386.1	709.7	12 486.9	2 226.4	1 104.1	895.4	3 068.3
2011	12 858.7	1 981.5	1 280.7	625.7	18 391.5	180.0	797.7	836.5	−3 459.1
2012	20 684.1	1 839.5	1 797.8	592.2	17 809.9	1 049.6	550.3	889.5	4 614.3
2013	19 624.3	1 318.5	2 208.3	426.7	13 110.8	2 873.7	1 456.4	961.3	5 175.6
2014	19 382.9	1 718.8	1 640.8	428.5	17 427.5	2 422.4	2 365.5	889.9	65.7
平均	13 876.8	1 468.8	1 767.7	613.4	13 368.5	1 696.5	1 092.8	706.3	862.5

表 5-10 非承压平衡区地下水动态过程　　　　　　（单位：万 m³）

年份	补给量				排泄量				蓄变量
	土壤水深层渗漏量	灌溉补给量	河道渗漏补给量	侧向流入量	开采量	基流量	潜水蒸发量	侧向流出量	
2002	71 177.7	9 664.6	2 574.6	1 488.6	82 937.3	1 439.1	1 404.9	1 049.4	−1 925.3
2003	86 470.0	9 962.3	4 615.3	1 275.5	80 824.6	3 350.5	2 127.4	1 089.0	14 931.6
2004	76 287.8	10 358.8	6 246.2	1 129.3	78 945.2	3 904.3	2 742.8	1 098.3	7 331.5
2005	85 370.3	9 642.1	4 266.3	976.7	72 081.2	7 530.6	3 032.5	1 144.9	22 272.3
2006	107 424.9	10 064.0	5 724.0	823.4	85 276.2	11 124.6	4 092.5	1 270.7	22 272.3
2007	102 148.5	13 891.7	5 421.6	891.8	125 693.0	10 037.7	4 975.1	1 210.5	−19 562.7
2008	99 481.8	13 856.0	3 012.3	793.2	132 372.8	4 429.0	3 394.2	1 293.5	−24 346.3
2009	146 891.8	9 626.2	8 985.8	694.9	99 914.7	20 547.0	3 926.3	1 416.5	40 394.2
2010	140 727.0	8 479.2	9 045.0	608.9	92 986.8	30 760.3	5 975.6	1 550.2	27 587.2
2011	114 344.5	14 220.0	3 891.0	599.9	147 043.4	9 240.4	5 107.1	1 412.7	−29 748.2
2012	156 574.0	12 860.3	4 953.9	493.5	136 191.7	12 398.3	3 248.7	1 402.5	21 640.5
2013	153 549.1	8 477.1	7 745.1	420.3	92 878.2	38 370.4	6 792.5	1 483.8	30 666.7
2014	148 139.3	11 870.8	6 266.4	396.5	130 055.2	29 228.8	7 947.6	1 426.7	−1 985.3
平均	114 506.7	10 997.9	5 596.0	814.8	104 400.0	14 027.8	4 212.9	1 296.1	7 978.6

尽管土壤水深层渗漏量和开采量分别是地下水补给量和排泄量的主要通量，但是不同区域这两个通量占总补给量和总排泄量的比例并不相同。同样是承压区，超采区土壤水深层渗漏量占总补给量的比例高达 91%，平衡区仅为 78%；开采量与总排泄的比例也出现类似的差异。承压平衡区地下水有更多比例的补给来自河道渗漏，也有更多比例的基流排泄。也就是说，承压平衡区的补给来源除了土壤水深层渗漏外，其他补给也是地下水的重要来源，地下水来源多样化可以使其最大限度地保持采补平衡。超采区地下水位下降严重，但是地下水的侧向流入量并不大，能保持地下水位不至于更快速度地下降的唯一途径就是土壤水深层渗漏。

承压平衡区与非承压平衡区的差异在于土壤水深层渗漏补给。由于土壤入渗条件良好，非承压区降水和灌溉补给更加丰富，能够更快地补给因地下水开采造成的地下水位下降。而承压区土壤水深层渗漏补给条件相对较差，可以通过其他补给源实现地下水的采补平衡。不同典型区地下水补给量、排泄量结构对比分析见表 5-11。

表 5-11　不同典型区地下水补给量、排泄量结构对比分析

典型区	指标	补给量					排泄量				
		土壤水深层渗漏量	灌溉补给量	河道渗漏补给量	侧向流入量	合计	开采量	基流量	潜水蒸发量	侧向流出量	合计
承压超采区	水量（亿 m³）	19.00	0.92	0.87	0.10	20.89	23.24	0.93	0.35	0.09	24.61
	比例（%）	91	4	4	1	100	94	4	1	1	100
承压平衡区	水量（亿 m³）	1.39	0.15	0.18	0.06	1.78	1.34	0.17	0.11	0.07	1.69
	比例（%）	78	8	10	4	100	79	10	7	4	100
非承压平衡区	水量（亿 m³）	11.45	1.10	0.56	0.08	13.19	10.44	1.40	0.42	0.13	12.39
	比例（%）	87	8	4	1	100	85	11	3	1	100

引起上述地下水补给、排泄结构差异的原因有两方面，人为因素和自然因素。人为因素以地下水开采为主，自然因素包括降水时空分布、水文地质特性、河流分布等。承压超采区超采的主要原因在于：

1）开采量过大，远超过地下水的各项补给，尤其是地下水主要补给项土壤水深层渗漏量。开采量高达 23.24 亿 m³，所有补给项之和也只有 20.89 亿 m³，难以完全填补开采量，从而造成超采。

2）水文地质特性也是导致地下水超采的重要因素。该地区地表覆盖有 5～20m 的亚黏土层，其特点在于储水系数较低，地下水位对地下水开采的响应极为敏感，同时渗透性较差，降水、灌溉渗漏缓慢，造成地下水入不敷出。

3）侧向流入量有限。由于超采区地势平坦，地下水侧向流动缓慢，即使出现地下水沉降漏斗，漏斗区周边的地下水侧向补给仍然十分有限，对于地下水超采基本没有缓解作用。

承压区还有一部分区域为地下水平衡区，尽管开采量也达到了总排泄量的 79%，但是比土壤水深层渗漏量略低，基本上能够达到采补平衡。

5.6　三江平原寒区水循环演变规律

受寒区气候特征的影响，三江平原水循环呈现出显著的寒区特点；同时受人类活动和气候变化的影响，三江平原的寒区水循环又出现了一定的演变趋势。本节将以模型模拟和实测统计相结合的方式，开展水循环关键环节演变规律的分析。

5.6.1　降雪变化规律

积雪是最能体现气候变化的要素之一，因此降雪变化分析是开展寒区水循环演变规律

研究的基本内容之一。由于缺乏降雪的长序列观测资料,这里利用水循环模型中关于降雪的模拟原理,以降水和气温数据为依据,提取日降雪过程。降水数据为日降水过程,但是没有区分降雪和降雨;气温数据为日最高气温和日最低气温。模型计算原理设定:以日最高气温和日最低气温的平均值为当日气温,以 0℃ 作为判断降水是否为降雪的阈值,当日气温低于 0℃ 时,认为当日降水量为降雪量,反之为降雨量。这一模型计算原理在冷季开始和结束的两段时期内可能存在一定误差,如在 0℃ 以上气温情景下,短时寒流与暖湿气流交锋形成的大型阵雪,在模型中并没有计入降雪量中。尽管如此,这种极端特殊情景并不能反映气候变化的长期趋势,因此在降雪变化规律中可以暂不考虑。

三江平原一个降雪周期一般从当年的 10 月持续到次年的 4 月,跨越了一个日历年,年降雪量统计应以完整的降雪周期为准,因此统计日期以当年的 7 月 1 日到次年的 6 月 30 日为一个统计周期,进行年降雪量计算。如图 5-26 所示统计三江平原 1956 ~ 2013 年 10 个气象站多年平均降雪量。从趋势上看,三江平原降雪量有增加的趋势,年际变化也更加剧烈。

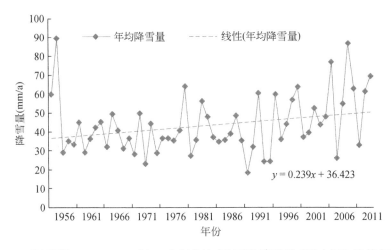

图 5-26 三江平原 1956 ~ 2013 年 10 个气象站多年平均降雪量(融水深)及其变化趋势

初雪与终雪的日期每年都会随着降水和气温的变化而变化,最早 10 月上旬就会有降雪发生,最晚初雪可推迟到 12 月上旬;终雪最早可出现在次年 2 月上旬,最晚发生在 4 月下旬。不同地区初雪与终雪的时间存在较大差异,三江平原代表性气象站初雪与终雪日期分布及其变化趋势如图 5-27 所示。鹤岗站、富锦站、宝清站、鸡西站和虎林站分别代表的是小兴安岭东麓、三江低平原、那丹哈达岭山北麓、南部山区和兴凯湖低平原的初雪与终雪日期分布及其变化趋势。

从变化趋势上看,三江平原大部分区域初雪有延后的趋势,终雪有提前的趋势,后者比前者更加显著,但不同地区存在一定的差异。位于三江低平原中部的富锦站是初雪延后趋势最为明显的气象站,而位于那丹哈达岭山北麓的鸡西站和兴凯湖低平原的虎林站初雪

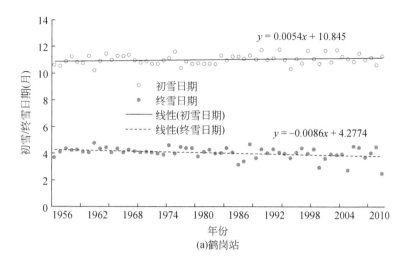

(a)鹤岗站

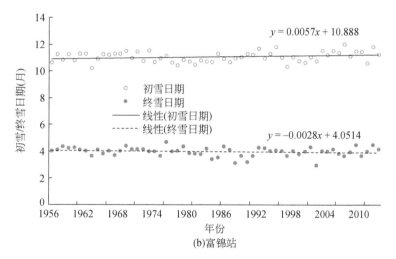

(b)富锦站

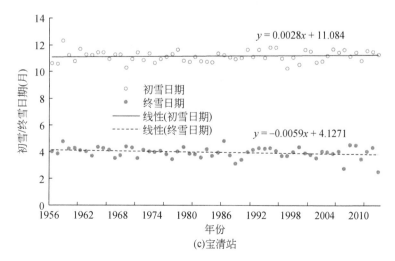

(c)宝清站

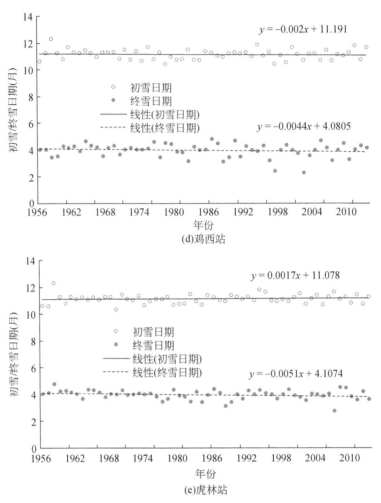

图 5-27 三江平原代表性气象站初雪与终雪日期分布及其变化趋势

变化趋势基本上趋于平缓；小兴安岭东麓的鹤岗站终雪日期提前趋势最为明显。综合来看，三江平原的降雪期在缩短，其中以鹤岗站为代表的小兴安岭—三江低平原过渡区降雪期缩短幅度最大，以鸡西站为代表的南部山区河谷地带降雪期缩短幅度最小。

5.6.2 春汛径流演变规律

春汛是三江平原寒区水循环的重要特征之一，是融雪径流、降水径流和冻土过程共同作用的结果。由于春季降水径流与融雪径流在模型中并没有明确区分，这里只针对春汛的径流量进行规律性分析，揭示气候变化和人类活动影响下寒区径流的演变趋势。

三江平原春汛主要发生在 4～5 月，但是随着地势的变化会有所差异。为了便于分析对比，将 4～5 月的径流量提取出来，作为表征融雪径流的关键因子。图 5-28 展示了挠力河干流菜咀子站、安邦河福利屯站、阿凌达河鹤立站历年春汛（4～5月）径流量和年径流量变化。

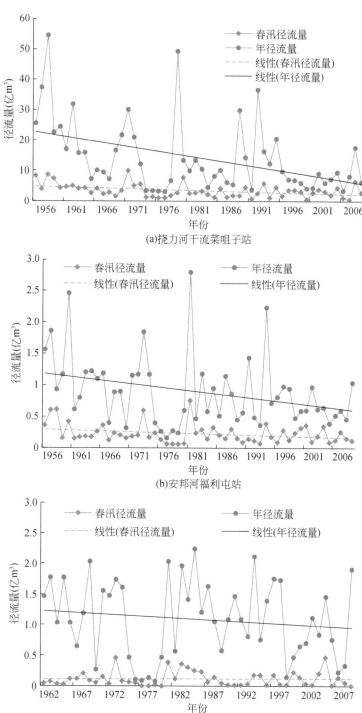

(a)挠力河干流菜咀子站

(b)安邦河福利屯站

(c)阿凌达河鹤立站

图 5-28　三江平原代表站春汛（4～5月）径流量和年径流量变化

从径流量总体趋势来看，年径流量年际变化剧烈，而且下降的趋势明显；春汛径流量年际变化相对缓和，平原区流域春汛径流量呈现出显著的下降趋势，山丘区流域下降趋势不明显。年降水量的差异是导致年径流量变化剧烈的主因；汛期径流则主要以融雪径流为主，冬季前后积雪量是影响其变化的主因。4～5月的降水可直接形成产流，并且径流系数因冻土的存在一般较高，从而在春汛期间形成较大的洪峰。如果只是融雪径流，洪峰流量会相对平缓。人类水资源开发利用是平原区河流径流减少的主因；春汛期间径流量也有减少的趋势，但是与5.6.1节降雪量增加的趋势不相符合，产生此种现象的原因应与春灌引水有关。阿凌达河春汛径流量略有增加趋势的例子可以佐证上述观点，因为该流域鹤立站以上山丘区面积较大，人类引水量相对较少，对春汛径流量的影响不像安邦河和挠力河人类活动效应显著，因此，春汛径流量随降雪量的增加而出现小幅度上扬的趋势。

从春汛径流量占年径流量的比例来看，挠力河菜咀子站为30.0%，安邦河福利屯站为28.3%，阿凌达河鹤立站为13.3%。阿凌达河鹤立站的春汛径流量占年径流量的比例明显低于另外两个站。阿凌达河鹤立站多年平均月径流量过程如图5-29所示，从图5-29可以看出，阿凌达河月径流过程并不像三江平原其他流域的径流过程那样呈现春汛和夏汛分明的马鞍形径流过程，而是4月径流量开始持续上涨，直到8月径流量达到最高值。阿凌达河流域位于小兴安岭东麓，地势较高且凹凸不平，积雪不会像地势平坦的平原地区那样随着春季气温的升高而迅速融化，而是向阳坡面的积雪首先融化，背阴坡面的积雪缓慢融化，加之高密度植被覆盖，积雪融化径流缓慢形成，因此，阿凌达河流域融雪径流峰值较平原区流域有所延后，推迟到了5～6月，从而与夏汛融合，形成了图5-29所示的径流过程。

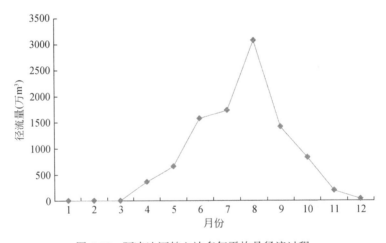

图 5-29 阿凌达河鹤立站多年平均月径流过程

5.6.3 冷季蒸发动态规律

蒸散发是三江平原重要的水循环通量，是水资源的绝对损失量，在水量平衡中扮演着重要角色。三江平原蒸散发规律已经在耗水规律分析中进行了详细阐述，这里主要分析冷季冠层截留蒸发、土壤蒸发、植被蒸腾、河道水面蒸发和积雪升华的变化规律及其在全年蒸散发中的贡献。

从全年来看，土壤蒸发和植被蒸腾占据绝对优势，蒸发强度上两者不相上下，蒸发总量上前者更多。两者还具有此消彼长的规律：随着气温升高，土壤蒸发增加，随后由于植被生长、冠层覆盖度增加，土壤蒸发减少，植被蒸腾增加；随着气温降低，植被开始进入休眠，蒸腾减弱，土壤蒸发再次增加，但是比之前的峰值有所减少；气温进一步降低，土壤蒸发降至一年中的最低值，直至次年温度回升。

河道水面蒸发和冠层截留蒸发仅次于土壤蒸发和植被蒸腾，也有随气温升高和植被冠层密度增大而增加的趋势。积雪升华最低，而且只发生在 10 月至次年 5 月的积雪期。三江平原 2000 ～ 2014 年模型模拟的 5 项蒸散发在月尺度上的波动过程如图 5-30 所示。

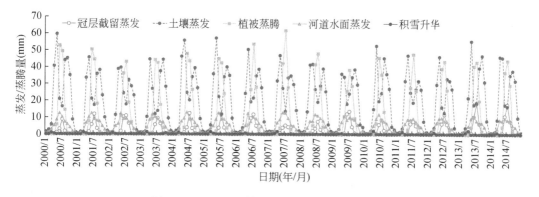

图 5-30　三江平原模拟期平均蒸散发量月过程

从图 5-30 可以看出，除了积雪升华外，其他各项蒸散发都在温度高的暖季异常活跃，在温度低的冷季跌至谷底，可见温度是蒸散发的主要控制因素。冠层截留蒸发和植被蒸腾主要发生在 4 ～ 10 月，其他月份几乎为 0。只有土壤蒸发和河道水面蒸发尚在持续，两者 11 月至次年 3 月的蒸发量如图 5-31 所示。

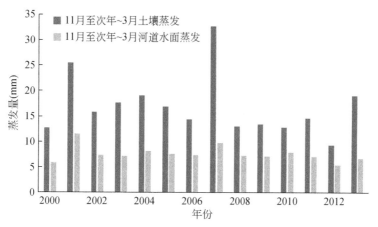

图 5-31　三江平原冷季土壤蒸发量与河道水面蒸发量

11月至次年3月的蒸发量与全年蒸发量相比要小得多。冷季三江平原多年平均土壤蒸发量仅为16.9mm，占多年平均蒸发量的7.7%；河道水面蒸发量更小，多年平均值仅为7.6mm，但是能到达多年平均蒸发量的13.5%。冷季气温降低，各种赋存形式的水分大部分时间处于固态，固态水分蒸发（升华）远小于液态水分蒸发，导致冷季的蒸发基本处于抑制状态。

5.6.4 冷季地下水补给规律

三江平原地下水补给来源包括江河湖库湿地的渗漏补给、山前侧渗补给、降水入渗补给等。寒区冰雪融水也是地下水重要的补给来源，但是在冰雪融水时期，土壤尚处于冻结状态，对地下水的面上补给可能受到阻碍。三江平原平原区的降水/融雪对地下水的补给是地下水总补给量的主要部分，因此这里主要针对三江低平原和兴凯湖平原的降水/融雪补给进行分析，即浅层地下水的土壤剖面渗漏补给量。图5-32给出了兴凯湖平原和三江低平原地下水的土壤剖面渗漏补给量月过程。

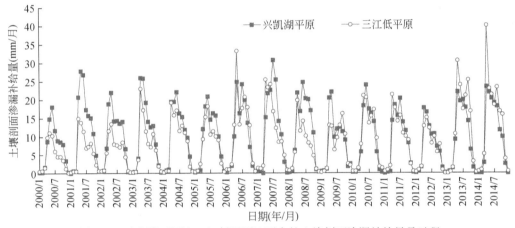

图 5-32 兴凯湖平原和三江低平原地下水的土壤剖面渗漏补给量月过程

从图5-32可以看出，三江平原的两个低平原地下水的土壤剖面渗漏补给过程较为一致，基本上是4～10月补给量显著高于11月至次年3月。4～5月为三江平原的春汛，积雪融水迅速增加，同时冻土层也即将融通，部分冻土层厚度较薄的区域已经融通，冻土层上蓄滞的融雪水和雨水迅速与冻土融水融合，并继续下渗，快速补给地下水，地下水补给量急剧增加。6～10月三江平原平原区冻土基本消失，降水也比较多，降水入渗补给量随降水量变化。从11月开始，降水以降雪形式在地表累积，冻土也开始形成并逐渐增厚，土壤剖面的渗漏补给迅速降低，直到次年3月。

3～5月是三江平原积雪和冻土的融化期。随着气温升高，积雪大量融化，融雪水一部分以地表径流和壤中流的形式汇入河流，一部分滞留在冻土层以上，形成冻土层上层滞水。3～4月初由于表层土壤含水量增大，地表承重能力降低，农田耕作受到很大影响，地下水的土壤层渗漏补给也受到限制。4～5 月融雪水和降水进一步增加了春汛的洪量，土壤层积水也达到峰值，冻土出现部分融通的现象，地表和土壤积水渗漏补给地下水。随着冻土解冻范围的增大，地下水的土壤剖面渗漏补给量也迅速增加。多年平均地下水的土壤剖面渗漏补给量月分布如图 5-33 所示。图 5-33 显示，4 月土壤剖面渗漏补给量急剧增加，到 5 月达到最大值；11 月至次年 3 月是地下水开采量最少的时期，尽管地下水的土壤剖面渗漏补给量不大，但是河流和湖泊等地表水以及山前侧渗一直在持续补给地下水，可以使地下水得到较大程度的恢复。

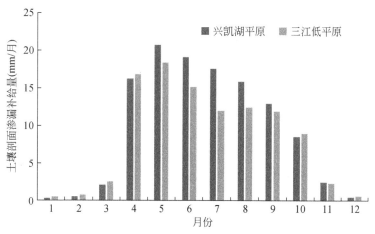

图 5-33 多年平均地下水的土壤剖面渗漏补给量月分布

5.7 小 结

本章以构建 2000～2014 年水循环模型为基础，定量评价了模拟期三江平原的水循环转化关系，重点分析了各种土地利用类型的产流规律、耗水规律、重要流域的河道径流量变化以及地下水的动态平衡关系等水循环关键通量的变化，并分析了三江平原寒区水循环演变规律。主要结论如下：

1）三江平原水循环转化规律分析。首先给出了三江平原全区详细的水循环路径，包括各环节的水分通量和各种水分赋存空间的水分蓄变量，从整体上展现了三江平原水循环转化的详细过程。其次分析了三江低平原和兴凯湖平原两大人类活动剧烈的平原区的水量平衡关系，尽管各平原区水分的补给量和排泄量基本保持了水量平衡，但是部分地表水和地下水蓄量出现了减少的趋势。例如，三江低平原地下水蓄量年均减少 4.13 亿 m³，地表水（包括河道和水库）蓄量年均减少 1.02 亿 m³，兴凯湖平原地表水蓄量年均减少 0.26 亿 m³。地下水的超采和地表径流的减少对三江平原的生态安全和社会经济可持续发展产生了显著的消极影响。

2）地表产流的时空分布差异显著。不同 LUC 类型的产流量存在较大差异，以居工地和林地的产流量最大，其中林地主要位于山丘区，提高了林地的产流量；产流量有随着降水量增加的趋势，但是仍然受前一年降水量的影响以及下垫面变化的影响，两者之间并非呈现线性关系；在空间分布上，三江低平原的产流量最低，兴凯湖平原的产流量次之，山丘区的产流量最多。

3）耗水量增加幅度大。首先分析了三江平原不同 LUC 类型的耗水强度和耗水量，农田是耗水强度最大的土地利用类型，其中水田的耗水强度远高于其他 LUC 类型的耗水强度。然后对比分析了农田中水稻、玉米、大豆、油料、小麦等主要农作物的耗水强度和耗水量，水稻的耗水强度高居首位。"旱改稻"的大规模种植结构变化导致三江平原水分绝对消耗量增加，主要农作物的总耗水量从 2000 年的 130 亿 m³ 增加到 2014 年的 253 亿 m³。水资源人为损耗的加剧为三江平原水资源的合理开发利用提出了更高的要求。

4）河道径流量和水文节律均产生了不同程度的变化，对沿河湿地生态系统的稳定性和农业活动产生影响。2000～2014 年降水量有增加趋势，河道径流量也随之增加，丰富的水量为湿地生态提供了较好的栖息环境。但是各流域的水文节律均出现了一定的变化，大部分河流出现了汛期提前的趋势，土壤封冻期就出现了大量的产流，增加了土壤湿度，不利于农作物的种植和生长。

5）地下水超采严重。根据三江平原地下水补给 - 排泄动态平衡分析，平原区（三江低平原和兴凯湖平原）2000～2014 年地下水蓄量每年减少 4.04 亿 m³，地下水开采量逐年增加是造成地下水亏空的主因。平原区是地下水开采的主要区域，三江低平原是地下水超采最为严重的区域，尤其是三江低平原东北部，地下水超采形成了大面积的漏斗区。

6）地下水超采机理。三江低平原地下水开采强度空间分布比较均匀，但是有些地区超采严重，有些地区却保持采补平衡。东北部超采严重的地区水文地质条件特殊，该地区地表覆盖有 5～20m 的亚黏土层，其特点在于储水系数较低，地下水位对地下水开采的响应极为敏感，同时渗透性较差，降水、灌溉渗漏缓慢，造成地下水入不敷出。其他地下水平衡区除了降水入渗补给强度大外，其他补给来源也比较丰富，地下水的大量开采能很快得到补给，从而保持了地下水的动态平衡。

7）三江平原寒区水循环演变规律。①从趋势上看，三江平原降雪量有增加的趋势，年际变化也更加剧烈；大部分区域初雪有延后的趋势，终雪有提前的趋势，后者比前者更加显著，但不同地区存在一定的差异。②从径流量长期趋势上看，年径流量年际变化剧烈，而且下降的趋势明显；春汛径流量年际变化相对缓和，平原区流域春汛径流量呈现出显著的下降趋势，山丘区流域下降趋势不明显。人类水资源开发利用是平原区河流径流量减少的主因；春汛期间径流量也有减少的趋势，但是与降雪量增加的趋势不相符合，产生此种现象的原因应与春灌引水有关。③冷季三江平原多年平均土壤蒸发量仅为 16.9 mm，占多年平均蒸发量的 7.7%；河道水面蒸发量更小，多年平均值仅为 7.6 mm，但是能到达多年平均蒸发量的 13.5%。冷季气温降低，各种赋存形式的水分大部分时间处于固态，固态水分蒸发（升华）远小于液态水分蒸发，导致冷季的蒸发基本处于抑制状态。④随着融雪水和降水增加以及冻土融通，三江平原 4 月的土壤剖面渗漏补给量急剧增加，到 5 月达到最大值；11 月至次年 3 月是地下水开采量最少的时期，尽管地下水的土壤剖面渗漏补给量不大，但是河流和湖泊等地表水以及山前侧渗一直在持续补给地下水，可以使地下水得到较大程度的恢复。

| 第 6 章 | 三江平原水资源合理配置

三江平原水资源合理配置是水资源调控的基础之一，将为水资源调控提供可选择的方案。本章首先简要介绍了三江平原水资源合理配置模型的逻辑结构、数学原理、模块功能、运行流程、配置规则和相关假定。然后根据模型运行结果，统计了三江平原基准年（2014年）和规划水平年（2030年）的需水量和可供水量，并进行了简单的水资源供需平衡分析，大体得出了不同供需情景下的水资源缺口。最后给出了三江平原水资源合理配置的部分关键成果，并介绍了支撑水资源配置的若干重点工程措施。

6.1 三江平原水资源合理配置模型

6.1.1 模型结构及逻辑关系

在本次配置中，根据区域经济社会发展、湿地状况及水资源特点进行了模型设计，主要考虑的因素有：

1）区域经济社会发展、湿地生态环境保护和水资源开发利用策略的互动影响与协调。

2）水量供需、水环境的污染与治理、水工程投资的来源与分配之间的动态平衡关系。其中在水量供需中，水资源供给考虑区域水资源演变和具体供水工程，水资源需求考虑湿地生态环境和社会经济两大用水需求；水环境污染与治理主要是指污水集中处理回用和污水处理厂的建设；水工程投资主要是指各项节水和工程调配措施之间的均衡分配。

3）在决策过程中，各地区、各部门之间的利益冲突协调，包括灌区上下游用水竞争、湿地生态用水和灌区用水竞争协调、各用水行业用水协调等。

4）决策问题描述的详尽性和决策有效性之间的权衡。

5）有关政策性法规、水管理机构的运作模式和运行机制等半结构化问题的处理。

6）区域水资源长期发展过程不确定性和供水风险评估。

本次配置是在相关目标与原则的指导下，在综合考虑了区域发展及各分区近期、中长期总体规划和各专项规划的基础上，拟定了各种水资源开发利用、经济社会发展、生态环境保护目标，以水资源供需平衡模拟模型为核心，以预测的各计算单元的各行业的不同时间尺度需水量和需水过程为需求依据，以水资源系统中的各种水源为供水资源，以供水区内已建及规划的水利工程为备选供水设施，依据所确定的各项规则，对供水区进行系统分析和模拟计算，通过水资源配置方案的优化选择（包括水资源系统发展方案的优化选择和各种水源的优化调度），分析基准年和规划水平年的水资源供需平衡状况，得到水资源配置方案的供需平衡结果。

为实现水资源的合理配置，构建了三江平原水资源合理配置模型，该模型由6个子模型组成，除核心子模型水资源供需平衡模拟模型外，还包括计量经济预测模型、人口预测模型、国民经济需水预测模型、生态需水预测模型和水库优化调度模型。对各模型进行相应的耦合，共同生成区域水资源配置方案的非劣集，进一步与水资源合理配置模型耦合，最终生成区域水资源合理配置方案。

三江平原水资源合理配置模型中各子模型的逻辑关系可以描述为：首先，使用计量经济预测模型和人口预测模型分别进行国民经济发展和人口增长预测，其预测过程充分考虑节水型社会建设进程的推进，体现水生态文明建设理念，产业结构、种植结构和用水结构不断优化；其次，基于现有的流域和区域相关规划，确定规划水平年可能水利工程投资规模和备选的节水方案集合，同时结合计量经济预测模型和人口预测模型的预测结果，利用国民经济需水预测模型进行需水预测；再次，根据规划引调水方案等水利工程组合，结合水源供给和水库优化调度规则，确定不同时段的区域可供水量；最后，根据水资源配置的宏观原则和操作准则，以计算单元为对象进行逐时段供需平衡模拟计算，提出各单元各分区的配水方案。

6.1.2　模型数学原理

水资源合理配置模型中的方案优选基于多目标优化算法，其数学原理包含三个方面：目标函数、约束条件和边界条件。

6.1.2.1　目标函数

1）目标函数之一：缺水总量最小（ min Z ）。

$$\min Z = \sum_{i=1}^{I} \sum_{j=1}^{J} \sum_{k=1}^{K} S(i,j,k) \tag{6-1}$$

式中，$S(i,j,k)$ 为第 i 个计算单元（总数为 I）第 j 时段（总数为 J）第 k 用水类型（总数为 K）的缺水量。

2）目标函数之二：各具有水力联系的计算单元的缺水率基本一致。

$$\eta_{\max}(j,y) - \eta_{\min}(j,y) \leqslant \varepsilon \tag{6-2}$$

$$\eta_{\max}(j,y) = \text{Max}\,[\eta(i,j,y)] \tag{6-3}$$

$$\eta_{\min}(j,y) = \text{Min}\,[\eta(i,j,y)] \tag{6-4}$$

$$\eta(i,j,y) = \frac{\sum_{k=1}^{K} S(i,j,k,y)}{\sum_{k=1}^{K} D(i,j,k,y)} \tag{6-5}$$

式中，$\eta_{\max}(j,y)$ 和 $\eta_{\min}(j,y)$ 分别为第 j 时段第 y 水平年具有水力联系的计算单元中最大缺水率和最小缺水率；ε 为用户给定的阈值，阈值越小，不同计算单元的缺水率差异越小，水资源配置越合理；$\eta(i, j, y)$ 为第 i 个计算单元第 j 时段第 y 水平年的缺水率；$S(i, j, k, y)$ 表示第 i 个计算单元第 j 时段第 y 水平年第 k 用水类型的缺水量；$D(i, j, k, y)$ 为第 i 个计算单元第 j 时段第 y 水平年第 k 用水类型的需水量。

3）目标函数之三：满足各用水户供水保证率要求。

$$P_i \geq x_i \quad (6\text{-}6)$$

式中，P_i 为第 i 个用水户的供水保证率（%）；x_i 为第 i 个用水户的供水保证率阈值（%）。其中，生活和工业供水保证率不低于 95%，农田灌溉供水保证率不低于 75%，湿地自然保护区的补水保证率不低于 50%。

6.1.2.2 约束条件

（1）水量平衡约束

1）计算单元水量平衡约束：

$$\begin{aligned} S(i, j, k, y) = &\, D(i, j, k, y) - N(i, j, k, y) - Q(i, j, k, y) - H(i, j, k, y) \\ &- R(i, j, k, y) - G(i, j, k, y) + L(i, j, k, y) \end{aligned} \quad (6\text{-}7)$$

式中，$S(i, j, k, y)$ 为第 i 计算单元第 y 水平年第 j 时段第 k 用水类型缺水量；$D(i, j, k, y)$ 为第 i 计算单元第 y 水平年第 j 时段第 k 用水类型需水量；$N(i, j, k, y)$ 为第 i 计算单元第 y 水平年第 j 时段第 k 用水类型使用的当地地表水量；$Q(i, j, k, y)$ 为第 i 计算单元第 y 水平年第 j 时段第 k 用水类型的引调水使用量；$H(i, j, k, y)$ 为第 i 计算单元第 y 水平年第 j 时段第 k 用水类型的河道引提水量；$R(i, j, k, y)$ 为第 i 计算单元第 y 水平年第 j 时段第 k 用水类型的水库供水量；$G(i, j, k, y)$ 为第 i 计算单元第 y 水平年第 j 时段第 k 用水类型的地下水使用量；$L(i, j, k, y)$ 为第 i 计算单元第 y 水平年第 j 时段第 k 用水类型的损失水量。

2）河道节点水量平衡约束：

$$\begin{aligned} H(j, n, y) = &\, H(j, n-1, y) + H_{in}(j, n-1, y) + T(j, n-1, y) \\ &- V_r(j, n-1, y) - H_{ou}(j, n, y) - L(j, n, y) \end{aligned} \quad (6\text{-}8)$$

式中，$H(j, n, y)$ 是第 y 水平年第 j 时段河道节点 n 的来水量；$H(j, n-1, y)$ 为第 y 水平年第 j 时段河道节点 $n\text{-}1$ 的来水量；$H_{in}(j, n-1, y)$ 为第 y 水平年第 j 时段河道节点 $n\text{-}1$ 的注入水量；$T(j, n-1, y)$ 为第 y 水平年第 j 时段河道节点 $n\text{-}1$ 产生的退水量；$V_r(j, n-1, y)$ 为第 y 水平年第 j 时段河道节点 $n\text{-}1$ 处水库的放水量；$H_{ou}(j, n, y)$ 为第 y 水平年第 j 时段从河道节点 n 处引走的水量；$L(j, n, y)$ 为第 y 水平年第 j 时段河道节点 $n\text{-}1$ 与节点 n 之间损失的水量。

3）水库水量平衡约束：

$$V(y, j+1, t) = V(y, j, t) + V_{in}(y, j, t) - V_r(y, j, t) - L(y, j, t) \quad (6\text{-}9)$$

式中，$V(y, j, t)$、$V(y, j+1, t)$ 分别为第 t 水库第 y 水平年的初始库容和末库容；$V_{in}(y, j, t)$ 为第 t 水库第 y 水平年第 j 时段的入库水量；$V_r(y, j, t)$ 为第 y 水平年第 j 时段从第 t 水库引走的水量；$L(y, j, t)$ 为第 t 水库第 y 水平年第 j 时段损失的水量。

（2）蓄水库容约束

$$V_{\min}(t) \leqslant V(y,j,t) \leqslant V_{\max}(t) \quad\quad\quad (6\text{-}10)$$

$$V_{\min}(t) \leqslant V(y,j,t) \leqslant V'_{\max}(t) \quad\quad\quad (6\text{-}11)$$

式中，$V_{\min}(t)$ 是第 t 水库的死库容；$V(y,j,t)$ 为第 t 水库第 y 水平年第 j 时段的库容；$V_{\max}(t)$ 为第 t 水库的兴利库容；$V'_{\max}(t)$ 为第 t 水库的汛限库容。

（3）当地地表水量约束

$$N(i,j,k,y) \leqslant N_{\max}(i) \quad\quad\quad (6\text{-}12)$$

式中，$N_{\max}(i)$ 为第 i 计算单元可利用的当地地表最大水量。

（4）引、提水量约束

$$H(i,j,k,y) \leqslant H_{\max}(i) \qu\quad\quad\quad (6\text{-}13)$$

式中，$H(i,j,k,y)$ 为第 i 计算单元第 y 水平年第 j 时段第 k 用水类型引、提水量；$H_{\max}(i)$ 为第 i 计算单元最大引、提水能力。

（5）地下水使用量约束

$$G(i,j,k,y) \leqslant P_{\max}(i,j,y) \quad\quad\quad (6\text{-}14)$$

$$\sum_{j=1}^{J} G(i,j,k,y) \leqslant G_{\max}(i,y) \quad\quad\quad (6\text{-}15)$$

式中，$G(i,j,k,y)$ 为第 i 计算单元第 y 水平年第 j 时段第 k 用水类型的地下水使用量；$P_{\max}(i,j,y)$ 为第 i 计算单元第 y 水平年第 j 时段第 k 用水类型的地下水开采能力；$G_{\max}(i,y)$ 为第 i 计算单元第 y 水平年最大允许地下水开采量。

（6）水环境约束

1）污水产生量与排放量、回用量之间的平衡约束：

$$\mathrm{SW_{pr}}(i,j,y) = \mathrm{SW_{le}}(i,j,y) + \mathrm{SW_{re}}(i,j,y) \quad\quad\quad (6\text{-}16)$$

式中，$\mathrm{SW_{pr}}(i,j,y)$ 为第 i 计算单元第 y 水平年第 j 时段产生的污水量；$\mathrm{SW_{le}}(i,j,y)$ 为第 i 计算单元第 y 水平年第 j 时段的污水排放量；$\mathrm{SW_{re}}(i,j,y)$ 为第 i 计算单元第 y 水平年第 j 时段的污水回用量。

2）各类污染物质的排放总量与其运移、积累及降解自净之间的平衡约束：

$$\mathrm{PL_{le}}(i,j,y) = \mathrm{PL_{ac}}(i,j,y) + \mathrm{PL_{ca}}(i,j,y) + \mathrm{PL_{sm}}(i,j,y) \quad\quad\quad (6\text{-}17)$$

式中，$\mathrm{PL_{le}}(i,j,y)$ 为第 i 计算单元第 y 水平年第 j 时段各类污染物的排放总量；$\mathrm{PL_{ac}}(i,j,y)$ 为第 i 计算单元第 y 水平年第 j 时段污染物的积累总量；$\mathrm{PL_{ca}}(i,j,y)$ 为第 i 计算单元第 y 水平年第 j 时段污染物的运移总量；$\mathrm{PL_{sm}}(i,j,y)$ 为第 i 计算单元第 y 水平年第 j 时段污染物的降解自净总量。

（7）通航流量约束

$$Q_{\mathrm{sh}} \geqslant Q_{\mathrm{limit}} \quad\quad\quad (6\text{-}18)$$

式中，Q_{limit} 为河流的最小通航限制流量，其中黑龙江干流控制在 4600m³/s，松花江干流控制在 850m³/s。

（8）非负约束

模型中所涉变量均非负。

6.1.2.3 边界条件

1）水库的起调库容：

$$V(1, t) = V_0(t) \qquad （6-19）$$

式中，$V(1, t)$ 为第 t 水库第 1 时段的库容；$V_0(t)$ 为第 t 水库起调库容。

2）传递条件：

$$V(j + 1, t) = V(j, t) \qquad （6-20）$$

式中，$V(j + 1, t)$ 为第 t 水库第 $j+1$ 月份的初始库容；$V(j, t)$ 为第 t 水库第 j 月份的末库容。

6.1.3 模型模块与运算流程

6.1.3.1 模型模块

模型的设计遵循模块化原则，主要由需水预测模块、供水预测模块和模拟计算模块三部分组成，如图 6-1 所示。

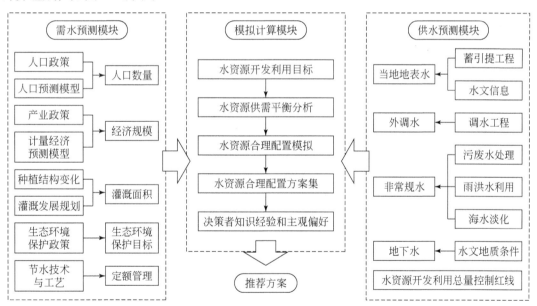

图 6-1 水资源合理配置模型框架结构

（1）需水预测模块

需水预测模块的功能是根据社会经济政策、发展规划、生态环境保护等信息，结合节水潜力、技术和工艺发展趋势，预测各计算单元不同时间段的需水量。需水预测功能的实现，需要建立在大量前期工作的基础上，包括基础资料的收集与整理、历史和现状用水调查及用水水平分析、需水驱动要素预测方法的选定、经济和社会发展预测、产业结构趋势预测、节水潜力与节水技术经济政策分析以及合理性检查与分析等。

（2）供水预测模块

供水预测模块是在不同来水条件下，工程设施参考需水所能提供的水量。包括单项工程可供水量和区域可供水量，二者之间有一定的调节能力。具体包括当地地表水来水数据、地下水信息、界河来水、引调水相关数据以及污水处理、雨洪水利用等数据的读入，根据水文地质信息对地下水可供水量作适当的控制，将地表水与地下水联合运用，为水资源合理配置模拟计算提供输入信息。

（3）模拟计算模块

模拟是一种利用数学方法尽可能真实地描述系统各特征和行为的技术。模拟计算模块是实现水资源合理配置模拟的工具，其应用能够了解对于给定输入的响应，避免决策失误和物理模拟的大量浪费。模拟计算模块是在给定系统结构和运行规则下，得出水资源供需平衡结果。由于水资源系统的复杂性，对大系统全部特性和演变规律详尽的模拟是不现实的，应根据模拟目的和需要抓住主要问题和主要矛盾，对其他次要方面作适当概化。

根据研究区水资源情况，本次水资源配置水源分为非常规水、当地地表水、河网引提水（调水包括在河网供水内）、水库水以及当地地下水。供水优先级的思路：首先进行非常规水的分配，其次是当地地表水分配，接着根据流域水循环过程对河网水、水库水进行分配；然后进行调水分配，最后利用地下水。

模拟计算模块还包括两个主要的子功能模块：计算单元内部水配置模块和水循环模块。

计算单元内部水配置模块：非常规水、当地地表水均是计算单元内部分配，该模块实现计算单元内部水资源分配。根据各个计算单元内部的非常规水和当地地表水的可利用量，结合各个用水户分水比和优先级，进行二阶段水资源合理配置。

水循环模块：基于水资源系统网络结构，进行"二元"水循环模拟计算，按照河流先支流后干流、再当地地下水的水源顺序，依次逐节点的进行水量平衡分析，对节点相应计算单元同样进行两阶段水资源合理配置。

6.1.3.2　运算流程

模型运算的总体流程主要包括模型启动、数据预处理、方案选择、模拟输入格式文件生成、模拟演算、成果输出和模型结束 7 个步骤，具体过程如图 6-2 所示。

6.1.4　配置规则与相关假定

6.1.4.1　配置规则

（1）两阶段配置规则

根据各水源对其供水用水户的分水比及供水优先级，采取两阶段配置。第一阶段是在

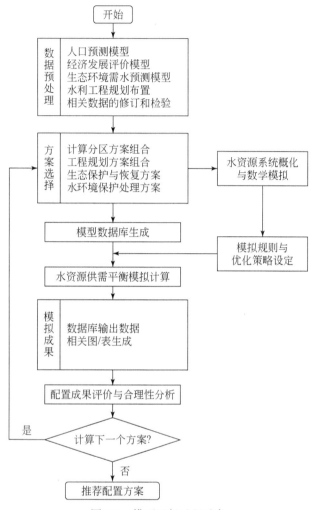

图 6-2　模型运行过程示意

各水源开发利用率预定的前提下，根据各水源预设的用水户分水比进行初步配置；第二阶段是对于各水源剩余可供水量依据用水户供水优先级进行逐一分配。

通过两阶段配置规则，既能够保证各用水户的水源构成，满足用水户的基本需求，又能够确保优先级较高的用水户（如城镇生活、工业）用水优先得到满足。

（2）各种需水要求满足顺序

依次为城镇生活、农村生活、工业、农业（水田和旱田）和湿地生态，但每一项需水均有最小供水控制。

（3）不同需水要求下的供水次序

城镇生活需水依次为当地地表径流、水库蓄水、河网水、引调水、地下水；农村生活需水主要为地下水。工业需水依次为可循环利用的水、非常规水、地下水、当地地表径流、引调水、水库蓄水；农业需水依次为当地地表径流、水库蓄水、引调水、地下水；湿地生态补水为当地地表径流、引调水。

6.1.4.2　相关假定

为实现水资源合理配置，该模型相关假定如下：

1）计算每个单元的当地径流，只考虑将其可利用水量参与计算，供水对象限定于所在单元。

2）将每个计算单元的地下淡水层视作一个地下水库，并且不考虑地下水库间的水力联系。根据水资源评价和水资源开发利用评价的结果，认为这个地下水库按照年调节性能，且仅在部分时段进行地下水供给。地下水库的供水对象限定于所在计算单元。

3）每个地表水工程只对其指定的供水区承担供水任务。只有当满足规定供水任务且在工程满蓄后尚有余水时，多余水量依次为下游水库所蓄存。水库蓄存不下的多余水量，则按照计算单元的水流走向，依次纳入单元的河道水量计算。余水的利用规定滞后一个时段。

4）按照需水要求供水。在考虑了节水挖潜等工程、非工程措施后，认为预测得到的需水相对合理，具体配置时不再进行调整，而是直接进行分水源、分层次供水。

5）退水系数。各个用水户的退水系数不同，水田退水系数为0.08，工业退水系数为0.2，城镇生活退水系数约为0.7，各个计算单元可根据实际情况进行调整；假定农村生活、旱田以及湿地不退水或退水不可利用，退水系数为0。

6.2　三江平原供需水预测

需水预测和供水预测是三江平原水资源合理配置模型的两个重要功能，通过供需水预测所需输入数据的分析计算，输出三江平原基准年和规划水平年各计算单元（水资源分区）的需水量和可供水量数据。模型中，需水量和可供水量只是中间数据，可直接用于开展水资源供需平衡分析和水资源配置模拟计算，但是为了更加清晰地了解三江平原基准年和规划水平年各计算单元、各用水户的发展和需水情况，以及各供水水源的可供水能力，本节专门对模型的经济社会发展、生态环境保护目标、供需水预测数据进行统计，同时也是为水资源调控提供基础数据。

6.2.1　水资源开发利用总体思路

三江平原拥有黑龙江省四大煤矿城市和东部中心城市佳木斯市，是黑龙江省老工业基地的重要组成部分。随着东北老工业基地的振兴和城市的发展进步，产业用水和城市人口用水总量将会逐步增加，对水质的要求也会越来越高。因此，充分利用区内水资源，围绕老工业基地振兴和重点城市的发展，建设水资源安全供给支撑体系，通过合理开发、高效利用和多种水源联合调度，实现水资源的合理配置。根据资源分布条件，调整产业布局和经济结构，优先满足城乡居民生活用水，努力保证社会和经济发展的用水需求。2030年之前，基本形成水资源合理配置的格局，达到供需平衡。

三江平原自然条件优越，土地和过境水资源丰富，水质优良，适宜发展绿色农业和优质水稻生产。通过水资源开发和水田建设，新增产的粮食全部为商品粮。为了保证农业对水资源的需求，大量开采地下水，导致个别地区地下水超采严重，灌溉保证率降低。随着商品粮基地对粮食高产、稳产和对水资源提出的要求，迫切需要加大投资力度，新建和续建水源工程、骨干工程及配套田间工程，从总体上提高兴利除害综合保障能力。无论是从商品粮基地建设、确保国家粮食安全的角度，还是从发展当地经济、促进农民增收、保护和改善生态环境、统一管理水资源、变无序开发为有序开发等角度，都应积极开发利用当地和过境水资源，支持全区农田灌溉的发展，实现土地资源的高效利用，提高粮食的单产和总产。

为支持全区的水田发展计划，加强国家粮食生产基地建设，在充分考虑生态环境保护要求的基础上，大力加强水源工程建设。到 2030 年，基本完成水资源短缺流域的蓄水工程建设，沿三江一湖地区的引、提水工程的建设，扩大水田灌溉面积；完成大中型灌区的节水改造与续建配套，提高现有水田的灌溉保证率；适当开展区域调水工程，解决水资源短缺流域的社会、经济发展与水资源的矛盾。届时，基本实现能够支撑全区农业经济和粮食基地可持续发展的水资源安全供给体系。

6.2.2　经济社会与生态环境发展预测

6.2.2.1　人口指标预测

2014 年底，三江平原总人口为 836.23 万人，其中城镇人口为 591.90 万人，农村人口为 244.33 万人，城镇化率为 70.78%；根据人口预测模型的计算结果，到 2030 年，三江平原城镇人口将增加至 660.13 万人，农村人口将会大幅度减少，降至 169.19 万人，总人口将减少至 829.32 万人，城镇化率达到 79.60% 的较高水平。可见三江平原人口数量变化将呈现出农村向城镇转移、区内向区外转移的趋势，与东北地区现阶段的人口动态趋势大体相近。2014 年和 2030 年三江平原各水资源分区的人口数据统计及预测成果见表 6-1。

表 6-1　2014 年和 2030 年三江平原各水资源分区的人口数量统计及预测成果

（单位：万人）

水资源分区	2014 年			2030 年		
	城镇	农村	合计	城镇	农村	合计
倭肯河	83.77	53.71	137.48	98.92	35.26	134.18
依兰至佳木斯区间	80.48	6.21	86.69	97.68	4.28	101.96
梧桐河	71.13	0.92	72.05	76.30	0.66	76.96
佳木斯以下区间	113.88	54.11	167.99	122.57	39.79	162.36
黑河至松花江口干流区间	19.96	10.27	30.23	20.05	7.07	27.12
松花江口至乌苏里江口干流区间	7.68	6.91	14.59	8.42	4.92	13.34

续表

水资源分区	2014 年			2030 年		
	城镇	农村	合计	城镇	农村	合计
穆棱河	146.22	51.25	197.47	164.80	33.70	198.50
穆棱河口以上区间	3.71	5.54	9.25	4.04	3.63	7.67
挠力河	51.07	43.90	94.97	52.35	31.68	84.03
穆棱河口至挠力河口区间	9.44	4.81	14.25	10.06	3.38	13.44
挠力河口以下区间	4.56	6.70	11.26	4.94	4.82	9.76
合计	591.90	244.33	836.23	660.13	169.19	829.32

6.2.2.2 农田灌溉面积发展预测

2014 年底，三江平原灌溉面积达到 3738.65 万亩，其中水田面积为 3566.08 万亩，水浇地面积为 151.61 万亩，菜田面积为 20.96 万亩。

2030 年，搞好现有大中型灌区节水改造及节水灌溉工程建设的同时，继续发展以黑龙江、乌苏里江、兴凯湖为水源的新建灌区，并配套 2030 年修建的水库为水源的新灌区工程，继续控制部分地区或流域地下水灌溉面积。

预测 2030 年三江平原灌溉面积达到 4772.55 万亩，比 2014 年增加 1033.90 万亩；其中水田增加 940.48 万亩；水浇地增加 84.72 万亩；菜田增加 8.70 万亩。2014 年和 2030 年三江平原各水资源分区农田灌溉面积统计及预测成果见表 6-2。

表 6-2　2014 年和 2030 年三江平原各水资源分区农田灌溉面积统计及预测成果

（单位：万亩）

水资源分区	2014 年				2030 年			
	水田	水浇地	菜田	合计	水田	水浇地	菜田	合计
倭肯河	142.80	21.65	2.60	167.05	161.39	34.47	3.50	199.36
依兰至佳木斯区间	85.46	8.18	0.56	94.20	108.88	13.19	0.89	122.96
梧桐河	68.22	9.63	1.95	79.80	86.52	15.19	2.59	104.30
佳木斯以下区间	625.51	51.39	6.22	683.12	748.53	80.81	8.27	837.61
黑河至松花江口干流区间	155.18	10.73	0.08	165.99	202.01	17.03	0.53	219.57
松花江口至乌苏里江口干流区间	522.27	2.26	1.21	525.74	682.17	2.53	1.55	686.25
穆棱河	324.95	9.15	3.53	337.63	372.82	14.44	4.90	392.16
穆棱河口以上区间	276.29	2.03	0.08	278.40	315.22	3.10	0.53	318.85

水资源分区	2014 年				2030 年			
	水田	水浇地	菜田	合计	水田	水浇地	菜田	合计
挠力河	751.64	32.14	4.08	787.86	1015.46	48.89	5.54	1069.89
穆棱河口至挠力河口区间	259.48	4.01	0.61	264.10	308.94	6.05	0.88	315.87
挠力河口以下区间	354.28	0.44	0.04	354.76	504.62	0.63	0.48	505.73
合计	3566.08	151.61	20.96	3738.65	4506.56	236.33	29.66	4772.55

6.2.2.3 林牧渔畜业发展预测

2014 年底，三江平原林果地灌溉面积为 12.83 万亩；草场灌溉面积为 18.67 万亩；鱼塘面积为 19.79 万亩；牲畜为 1500.64 万头，其中大牲畜 195.08 万头，小牲畜为 1305.56 万头。

预测 2030 年三江平原林果地灌溉面积为 30.24 万亩，增加 17.41 万亩；草场灌溉面积为 49.56 万亩，增加 30.89 万亩；鱼塘面积为 19.79 万亩，保持不变；牲畜为 1975.01 万头，年均增长率为 1.73%，其中大牲畜为 276.52 万头，年均增长率为 2.20%，小牲畜为 1698.49 万头，年均增长率为 1.66%，2030 年各流域大小牲畜的增长率基本一致。2014 年和 2030 年三江平原各水资源分区林牧渔畜业统计及预测成果见表 6-3 和表 6-4。

表 6-3　2014 年三江平原各水资源分区林牧渔畜业统计

水资源分区	灌溉面积（万亩）		鱼塘面积（万亩）	牲畜头数（万头）		
	林果地	草场		大牲畜	小牲畜	合计
倭肯河	1.20	1.03	1.47	27.54	122.42	149.96
依兰至佳木斯区间	0.35	1.87	1.05	8.26	61.73	69.99
梧桐河	0.16	0.68	0.72	4.57	91.06	95.63
佳木斯以下区间	1.26	0.35	3.34	24.85	283.28	308.13
黑河至松花江口干流区间	2.51	0.71	0.53	8.76	98.68	107.44
松花江口至乌苏里江口干流区间	0.60	1.78	1.03	10.06	51.78	61.84
穆棱河	0.74	2.27	4.50	30.00	126.38	156.38
穆棱河口以上区间	0.09	0.09	2.05	2.93	11.52	14.45
挠力河	4.61	5.85	2.40	61.83	392.66	454.49
穆棱河口至挠力河口区间	1.22	0.27	2.31	7.86	26.08	33.94
挠力河口以下区间	0.09	3.77	0.39	8.42	39.97	48.39
合计	12.83	18.67	19.79	195.08	1305.56	1500.64

表 6-4   2030 年三江平原各水资源分区林牧渔畜业预测成果

水资源分区	灌溉面积（万亩）		鱼塘面积（万亩）	牲畜头数（万头）		
	灌溉林果地	灌溉草场		大牲畜	小牲畜	合计
倭肯河	3.35	2.89	1.47	39.03	159.27	198.30
依兰至佳木斯区间	0.98	2.69	1.05	11.72	80.31	92.03
梧桐河	0.57	1.89	0.72	6.48	118.46	124.94
佳木斯以下区间	4.26	0.77	3.34	35.22	368.53	403.75
黑河至松花江口干流区间	2.51	2.00	0.53	12.42	128.36	140.78
松花江口至乌苏里江口干流区间	1.65	5.00	1.03	14.27	67.36	81.63
穆棱河	1.70	6.34	4.50	42.51	164.41	206.92
穆棱河口以上区间	0.26	0.24	2.05	4.15	14.98	19.13
挠力河	11.91	16.40	2.40	87.64	510.88	598.52
穆棱河口至挠力河口区间	2.80	0.76	2.31	11.14	33.93	45.07
挠力河口以下区间	0.25	10.58	0.39	11.94	52.00	63.94
合计	30.24	49.56	19.79	276.52	1698.49	1975.01

6.2.2.4   第二和第三产业发展预测

需水预测中将第二产业分为工业和建筑业，根据用水特点又将工业分为高用水工业、一般工业和火电，其中火电又根据供水方式分为循环式冷却系统和直流式冷却系统。火电发展预测采用装机容量统计，工业和第三产业发展预测均采用增加值统计。第二产业和第三产业在 2014 年的发展情况以及在 2030 年的发展预测成果见表 6-5 和表 6-6。

表 6-5   2014 年三江平原各水资源分区第二产业和第三产业发展情况

水资源分区	火电装机容量（万 kW）		增加值（亿元）			
	循环式	直流式	高用水工业	一般工业	建筑业	第三产业
倭肯河	213.00		50.77	237.82	9.58	155.12
依兰至佳木斯区间	199.79	20.00	42.42	36.87	17.76	232.23
梧桐河	197.00		41.69	121.33	5.86	72.61
佳木斯以下区间	158.97	20.90	99.19	150.04	24.14	178.90
黑河至松花江口干流区间	1.00		0.75	2.40	0.49	11.18
松花江口至乌苏里江口干流区间			1.19	2.42	0.68	12.37
穆棱河	143.00		113.34	226.54	19.21	246.53

水资源分区	火电装机容量（万 kW）		增加值（亿元）			
	循环式	直流式	高用水工业	一般工业	建筑业	第三产业
穆棱河口以上区间			0.15	0.76	0.06	1.50
挠力河	34.00		43.55	25.01	5.32	45.65
穆棱河口至挠力河口区间			4.13	2.44	0.49	8.75
挠力河口以下区间			0.30	0.31	0.16	1.38
合计	946.76	40.90	397.48	805.94	83.75	966.22

表 6-6　2030 年三江平原各水资源分区第二产业和第三产业发展预测成果

水资源分区	火电装机容量（万 kW）		增加值（亿元）			
	循环式	直流式	高用水工业	一般工业	建筑业	第三产业
倭肯河	290.00		267.87	909.24	13.00	527.06
依兰至佳木斯区间	377.98	20.00	138.18	158.12	28.82	1193.91
梧桐河	372.00		257.72	439.08	8.37	250.78
佳木斯以下区间	748.18	20.90	737.72	570.20	35.09	691.42
黑河至松花江口干流区间	1.00		2.55	7.35	0.65	39.88
松花江口至乌苏里江口干流区间			3.18	5.51	8.88	32.27
穆棱河	843.00		440.42	758.27	24.99	1151.86
穆棱河口以上区间			0.40	1.66	0.08	5.31
挠力河	917.00		220.48	90.27	7.03	187.56
穆棱河口至挠力河口区间			16.22	6.96	0.76	38.82
挠力河口以下区间			0.74	0.61	0.19	3.87
合计	3549.16	40.90	2085.48	2947.27	127.86	4122.74

表 6-5 和表 6-6 显示，除了直流式火电保持不变外，其他各产业均取得了较快增长。循环式火电装机容量从 2014 年的 946.76 万 kW 增加到 2030 年的 3549.16 万 kW，增加了 2.7 倍；高用水工业增加值从 2014 年的 397.48 亿元增加到 2030 年的 2085.48 亿元，增加了 4.2 倍；一般工业增加值从 2014 年的 805.94 亿元增加到 2030 年的 2947.27 亿元，增加了 2.7 倍；第三产业增加值从 2014 年的 966.22 亿元增加到 2030 年的 4122.74 亿元，增加了 3.3 倍。工业和服务业的高速发展使三江平原的产业结构趋于合理，有利于当地经济社会发展。

6.2.2.5 生态环境发展指标预测

生态环境发展指标包括湿地保护区面积发展指标和城镇生态发展指标两部分，其中城镇生态发展指标预测的方法主要是根据城镇建成区面积和城镇人口等指标计算绿化面积、河湖面积和环卫面积。

（1）湿地保护区面积指标

湿地是三江平原重要的自然景观，也是生态环境的重要组成部分。由于水资源的大规模开发利用，河道径流衰减，地下水位下降，三江平原湿地不断萎缩，从大面积、成片的湿地向小面积、沿河、斑块状的湿地退化，形成了若干河流型湿地和斑块状湿地。为了防止湿地状况的进一步恶化，三江平原设立了25个不同级别的湿地保护区，各湿地保护区的情况见表6-7。根据湿地状态，基准年三江平原湿度保护区无补水需求，但随着生态环境保护力度的加强，规划水平年将对湿地进行补水。

表6-7　三江平原25个湿地保护区基本情况统计

序号	保护区名称	级别	类型	总面积（hm²）	沼泽湿地面积（hm²）
1	洪河自然保护区	国家	河流型湿地	21 835	21 698
2	三江自然保护区	国家	河流型湿地	198 089	55 779
3	宝清七星河自然保护区	国家	河流型湿地	20 000	16 279
4	挠力河自然保护区	国家	河流型湿地	160 595	78 299
5	珍宝岛湿地自然保护区	国家	河流型湿地	44 364	18 744
6	兴凯湖自然保护区	国家	斑块状湿地	222 488	46 139
7	八岔岛自然保护区	国家	斑块状湿地	32 014	6 540
8	东方红湿地自然保护区	国家	斑块状湿地	31 516	27 111
9	安邦河自然保护区	省级	河流型湿地	3 715	1 030
10	东升自然保护区	省级	河流型湿地	19 244	8 682
11	嘟噜河自然保护区	省级	河流型湿地	19 967	11 007
12	汤原黑鱼泡自然保护区	省级	河流型湿地	22 401	5 774
13	三环泡自然保护区	省级	河流型湿地	25 075	20 438
14	大佳河自然保护区	省级	河流型湿地	72 600	10 785
15	水莲自然保护区	省级	河流型湿地	8 952	6 033
16	虎口湿地自然保护区	省级	斑块状湿地	15 000	7 974
17	安兴湿地自然保护区	省级	斑块状湿地	11 000	3 000
18	细鳞河自然保护区	省级	斑块状湿地	20 617	3 189
19	老等山自然保护区	市级	斑块状湿地	5 745	3 830

续表

序号	保护区名称	级别	类型	总面积（hm²）	沼泽湿地面积（hm²）
20	莲花河自然保护区	市级	斑块状湿地	13 000	8 667
21	将军石湿地自然保护区	市级	斑块状湿地	1 491	994
22	锦江自然保护区	市级	斑块状湿地	9 700	6 467
23	友谊自然保护区	市级	斑块状湿地	4 593	3 062
24	元宝山湿地自然保护区	县级	斑块状湿地	2 000	1 333
25	王老好河自然保护区	县级	斑块状湿地	2 700	1 800

（2）城镇生态环境发展指标预测

城镇生态环境发展指标主要包括三个方面，城镇建成区需要灌溉的绿化面积，需要补水的河湖面积，以及需要洒水的环境卫生面积。2014 年底，三江平原城镇绿化面积为 4243.23 hm²，河湖需水面积为 496.53 hm²，环境卫生面积为 1084.36 hm²。预测 2030 年三江平原城镇生态环境指标进一步发展，绿化面积扩大到 6230.88 hm²，河湖需水面积和环境卫生面积也有所增加，分别为 545.34 hm² 和 1119.69 hm²。2014 年和 2030 年三江平原各水资源分区城镇生态环境发展指标统计见表 6-8。

表 6-8　2014 年和 2030 年三江平原各水资源分区城镇生态环境发展指标统计

（单位：hm²）

水资源分区	2014 年			2030 年		
	绿化	河湖需水	环境卫生	绿化	河湖需水	环境卫生
倭肯河	678.69	91.58	291.74	853.00	93.40	308.77
依兰至佳木斯区间	570.26	22.53	53.04	1115.00	22.84	57.84
梧桐河	653.53	10.58	21.85	952.80	11.70	22.62
佳木斯以下区间	739.05	102.31	193.51	1155.00	115.30	205.38
黑河至松花江口干流区间	76.78	53.72	68.14	60.00	60.00	58.00
松花江口至乌苏里江口干流区间	35.00	15.00	26.25	30.00	15.00	15.00
穆棱河	1134.19	71.16	111.39	1650.00	71.16	138.10
穆棱河口以上区间	19.04	8.84	12.16	25.00	8.84	16.90
挠力河	256.54	94.48	244.24	296.08	117.46	239.76
穆棱河口至挠力河口区间	56.77	19.39	48.20	67.00	22.20	50.48
挠力河口以下区间	23.38	6.94	13.84	27.00	7.44	6.84
合计	4243.23	496.53	1084.36	6230.88	545.34	1119.69

6.2.3 需水量预测

6.2.3.1 生活需水预测

生活需水包括城镇居民生活需水和农村居民生活需水。其中城镇居民生活需水主要是由淋浴用水、冲厕用水、厨房用水、洗衣用水、清洁用水、饮用、浇花等用水组成。人均生活用水与居民生活水平、卫生习惯、气候因素、环境条件、城市规模、城市性质等诸多因素有关。模型中生活需水量利用人口数量和居民生活需水定额计算得到。

2014 年三江平原城镇居民生活需水量为 30 437.45 万 m³, 农村居民生活需水量为 6846.22 万 m³。模型预测 2030 年三江平原城镇居民生活需水量为 36 446.21 万 m³, 相对 2014 年增长了 19.7%；农村居民生活需水量为 5248.87 万 m³, 相对 2014 年减少了 23.3%, 需水量减少的主要原因是农村生活用水定额增长的速率小于农村人口减少的速率。2014 年和 2030 年三江平原各水资源分区居民生活需水量统计及预测成果见表 6-9 和表 6-10。

表 6-9 2014 年三江平原各水资源分区居民生活需水量统计

水资源分区	城镇居民生活			农村居民生活			需水量合计（万 m³）
	用水人口（万人）	毛定额（L/人·日）	需水量（万 m³）	用水人口（万人）	毛定额（L/人·日）	需水量（万 m³）	
倭肯河	83.77	136	4 158.34	53.71	76	1 489.92	5 648.26
依兰至佳木斯区间	80.48	152	4 465.03	6.21	79	179.07	4 644.10
梧桐河	71.13	154	3 998.22	0.92	76	25.52	4 023.74
佳木斯以下区间	113.88	139	5 777.70	54.11	79	1 560.26	7 337.96
黑河至松花江口干流区间	19.96	120	874.25	10.27	76	284.89	1 159.14
松花江口至乌苏里江口干流区间	7.68	123	344.79	6.91	76	191.68	536.47
穆棱河	146.22	143	7 631.95	51.25	76	1 421.68	9 053.63
穆棱河口以上区间	3.71	114	154.37	5.54	76	153.68	308.05
挠力河	51.07	130	2 423.27	43.90	76	1 217.79	3 641.06
穆棱河口至挠力河口区间	9.44	117	403.14	4.81	76	133.43	536.57
挠力河口以下区间	4.56	124	206.39	6.70	77	188.30	394.69
合计	591.90	—	30 437.45	244.33	—	6 846.22	37 283.67

表 6-10　2030 年三江平原各水资源分区居民生活需水量预测成果

水资源分区	城镇居民生活			农村居民生活			需水量合计（万 m³）
	用水人口（万人）	毛定额（L/人·日）	需水量（万 m³）	用水人口（万人）	毛定额（L/人·日）	需水量（万 m³）	
倭肯河	98.92	146	5 271.45	35.26	85	1 093.94	6 365.39
依兰至佳木斯区间	97.68	168	5 989.74	4.28	85	132.79	6 122.53
梧桐河	76.30	162	4 511.62	0.66	84	20.24	4 531.86
佳木斯以下区间	122.57	146	6 531.76	39.79	85	1 234.48	7 766.24
黑河至松花江口干流区间	20.05	125	914.78	7.07	85	219.35	1 134.13
松花江口至乌苏里江口干流区间	8.42	125	384.16	4.92	85	152.64	536.80
穆棱河	164.80	158	9 504.02	33.70	85	1 045.54	10 549.56
穆棱河口以上区间	4.04	126	185.80	3.63	85	112.62	298.42
挠力河	52.35	129	2 464.90	31.68	85	982.87	3 447.77
穆棱河口至挠力河口区间	10.06	125	458.99	3.38	85	104.86	563.85
挠力河口以下区间	4.94	127	228.99	4.82	85	149.54	378.53
合计	660.13	—	36 446.21	169.19	—	5 248.87	41 695.08

6.2.3.2　生产需水预测

生产需水包括第一产业需水、第二产业需水和第三产业需水，第一产业需水包括农田灌溉需水和林牧渔畜业需水，第二产业需水包括工业需水和建筑业需水。本节介绍的需水预测成果为经过供需平衡后的最终成果。

（1）第一产业需水预测

第一产业需水包括农田灌溉需水和林牧渔畜业需水。其中，农田灌溉需水分为水田、水浇地和菜田需水，林牧渔畜业需水包括灌溉林果地、灌溉草场、鱼塘补水和牲畜需水。

1）农田灌溉需水预测。2014 年三江平原农田灌溉需水量为 1 886 377.89 万 m³，其中水田灌溉需水量为 1 868 895.50 万 m³，水浇地灌溉需水量为 14 152.50 万 m³，菜田灌溉需水量为 3329.89 万 m³。模型预测 2030 年三江平原农田灌溉需水量为 2 216 836.84 万 m³，比 2014 年增加了 330 458.95 万 m³，其中水田灌溉需水量为 2 191 395.21 万 m³，比 2014 年增加了 322 499.71 万 m³；水浇地灌溉需水量为 20 901.90 万 m³，比 2014 年增加了 6749.40 万 m³；菜田灌溉需水量为 4539.73 万 m³，比 2014 年增加了 1209.84 万 m³。

2014 年和 2030 年三江平原各水资源分区农田灌溉需水净定额、灌溉水的利用系数以及农田灌溉需水量统计及预测成果见表 6-11 ～表 6-13。

表 6-11　2014 年和 2030 年三江平原各水资源分区农田灌溉需水净定额统计及预测成果

（单位：$m^3/$ 亩）

水资源分区	2014 年			2030 年		
	水田	水浇地	菜田	水田	水浇地	菜田
倭肯河	340	63	150	303	60	150
依兰至佳木斯区间	336	69	150	306	66	150
梧桐河	334	72	150	306	68	150
佳木斯以下区间	325	76	140	304	73	150
黑河至松花江口干流区间	364	70	100	324	66	100
松花江口至乌苏里江口干流区间	357	78	93	319	78	100
穆棱河	367	59	103	343	80	104
穆棱河口以上区间	382	51	110	343	80	110
挠力河	390	83	88.5	351	79	90
穆棱河口至挠力河口区间	356	77	82.5	345	79	95
挠力河口以下区间	390	78	100	339	78	100

表 6-12　2014 年和 2030 年三江平原各水资源分区农田灌溉水的利用系数统计及预测成果

水资源分区	2014 年			2030 年		
	水田	水浇地	菜田	水田	水浇地	菜田
倭肯河	0.60	0.78	0.76	0.69	0.76	0.82
依兰至佳木斯区间	0.62	0.82	0.80	0.66	0.85	0.82
梧桐河	0.62	0.77	0.62	0.69	0.76	0.73
佳木斯以下区间	0.70	0.77	0.80	0.68	0.8	0.82
黑河至松花江口干流区间	0.71	0.82	0.75	0.67	0.85	0.85
松花江口至乌苏里江口干流区间	0.75	0.75	0.82	0.68	0.85	0.85
穆棱河	0.66	0.81	0.75	0.72	0.85	0.8
穆棱河口以上区间	0.67	0.82	0.75	0.7	0.85	0.85
挠力河	0.70	0.79	0.82	0.66	0.84	0.85
穆棱河口至挠力河口区间	0.70	0.82	0.82	0.72	0.85	0.85
挠力河口以下区间	0.70	0.75	0.75	0.66	0.85	0.85

表 6-13　2014 年和 2030 年三江平原各水资源分区农田灌溉需水量统计及预测成果

（单位：万 m³）

水资源分区	2014 年				2030 年			
	水田	水浇地	菜田	小计	水田	水浇地	菜田	小计
倭肯河	80 920.00	1 748.65	513.16	83 181.81	70 871.26	2 721.32	640.24	74 232.82
依兰至佳木斯区间	46 313.81	688.32	105.00	47 107.13	50 480.73	1 024.16	162.80	51 667.69
梧桐河	36 750.77	900.47	471.77	38 123.01	38 369.74	1 359.11	532.19	40 261.04
佳木斯以下区间	29 0415.36	5 072.26	1 088.50	296 576.12	334 636.94	7 373.91	1 512.80	343 523.65
黑河至松花江口干流区间	79 557.07	915.98	10.67	80 483.72	97 688.42	1 322.33	62.35	99 073.10
松花江口至乌苏里江口干流区间	248 600.52	235.04	137.23	248 972.79	320 017.99	232.16	182.35	320 432.50
穆棱河	180 691.89	666.48	484.79	181 843.16	177 607.31	1 359.06	637.00	179 603.37
穆棱河口以上区间	157 526.54	126.26	11.73	157 664.53	154 457.80	291.76	68.59	154 818.15
挠力河	418 770.86	3 376.73	440.34	422 587.93	540 040.09	4 597.99	586.59	545 224.67
穆棱河口至挠力河口区间	131 964.11	376.55	61.37	132 402.03	148 033.75	562.29	98.35	148 694.39
挠力河口以下区间	197 384.57	45.76	5.33	197 435.66	259 191.18	57.81	56.47	259 305.46
合计	1 868 895.50	14 152.50	3 329.89	1 886 377.89	2 191 395.21	20 901.90	4 539.73	2 216 836.84

2）林牧渔畜业需水预测。2014 年林牧渔畜业总需水量为 28 309.49 万 m³，其中林果地灌溉需水量为 1972.88 万 m³，草场灌溉需水量为 3990.67 万 m³，鱼塘需水量为 4133.84 万 m³，牲畜需水量为 18 212.10 万 m³，。模型预测 2030 年林牧渔畜业总需水量增长到 43 739.84 万 m³，其中林果地灌溉需水量为 4682.31 万 m³，草场灌溉需水量为 10 774.09 万 m³，鱼塘需水量为 4133.84 万 m³，牲畜需水量为 24 149.60 万 m³。三江平原各水资源分区林牧渔畜业需水定额基准年和规划水平年保持不变，见表 6-14；需水量统计及预测成果见表 6-15。

表 6-14　三江平原各水资源分区林牧渔畜业需水定额

水资源分区	林牧渔畜业需水定额				
	林果地（m³/亩）	草场（m³/亩）	鱼塘（m³/亩）	大牲畜（L/头日）	小牲畜（L/头日）
倭肯河	151	151	215	55	30
依兰至佳木斯区间	143	145	87	55	30
梧桐河	144	187	88	55	30
佳木斯以下区间	138	186	195	55	30

水资源分区	林牧渔畜业需水定额				
	林果地（m³/亩）	草场（m³/亩）	鱼塘（m³/亩）	大牲畜（L/头日）	小牲畜（L/头日）
黑河至松花江口干流区间	139	206	106	55	30
松花江口至乌苏里江口干流区间	135	201	83	55	30
穆棱河	169	245	362	55	30
穆棱河口以上区间	156	222	202	55	30
挠力河	166	235	248	55	30
穆棱河口至挠力河口区间	161	226	86	55	30
挠力河口以下区间	156	227	85	55	30

表 6-15 2014 年与 2030 年三江平原各水资源分区林牧渔畜业需水量统计及预测成果

（单位：万 m³）

水资源分区	2014 年					2030 年				
	灌溉林果地	灌溉草场	鱼塘	牲畜	合计	灌溉林果地	灌溉草场	鱼塘	牲畜	合计
倭肯河	181.20	155.53	316.05	1 893.36	2 546.14	505.85	436.39	316.05	2 527.53	3 785.82
依兰至佳木斯区间	50.05	271.15	91.35	841.76	1 254.31	140.14	390.05	91.35	1 114.67	1 736.21
梧桐河	23.04	127.16	63.36	1 088.85	1 302.41	82.08	353.43	63.36	1 427.22	1 926.09
佳木斯以下区间	173.88	65.10	651.30	3 600.78	4 491.06	587.88	143.22	651.30	4 742.45	6 124.85
黑河至松花江口干流区间	348.89	146.26	56.18	1 256.40	1 807.73	348.89	412.00	56.18	1 654.87	2 471.94
松花江口至乌苏里江口干流区间	81.00	357.78	85.49	768.95	1 293.22	222.75	1 005.00	85.49	1 024.06	2337.30
穆棱河	125.06	556.15	1 629.00	1 986.11	4 296.32	287.30	1 553.30	1 629.00	2 653.68	6 123.28
穆棱河口以上区间	14.04	19.98	414.10	184.96	633.08	40.56	53.28	414.10	247.34	755.28
挠力河	765.26	1 374.75	595.20	5 540.86	8 276.07	1 977.06	3 854.00	595.20	7 353.51	13 779.77
穆棱河口至挠力河口区间	196.42	61.02	198.66	443.37	899.47	450.80	171.76	198.66	595.17	1 416.39
挠力河口以下区间	14.04	855.79	33.15	606.70	1 509.68	39.00	2 401.66	33.15	809.10	3 282.91
合计	1 972.88	3 990.67	4 133.84	18 212.10	28 309.49	4 682.31	10 774.09	4 133.84	24 149.60	43 739.84

（2）第二产业需水预测

第二产业需水包括工业需水和建筑业需水，其中工业包括高用水工业、一般工业和火电。

1）工业需水预测。2014 年三江平原高用水工业需水定额不同水资源分区差异较大，最高定额可达 149 m³/万元，最低定额仅为 41 m³/万元；一般工业需水定额分区间差异相对较小，需水定额在 36 ～ 114 m³/万元；火电按供水方式分为循环式冷却系统和直流式冷却系统，一般后者需水定额高于前者。经核算，工业需水量为 138 609.10 万 m³，其中高用水工业需水量为 36 615.10 万 m³，一般工业需水量为 42 628.46 万 m³，火电需水量为 59 365.54 万 m³。2014 年三江平原各水资源分区工业需水定额及需水量统计见表 6-16。

表 6-16　2014 年三江平原各水资源分区工业需水定额及需水量统计

水资源分区	需水定额				需水量（万 m³）			
	高用水工业（m³/万元）	一般工业（m³/万元）	火电（m³/万 kW）		高用水工业	一般工业	火电	合计
			循环式	直流式				
倭肯河	77	45	15.93		3 909.29	10 701.90	3 393.09	18 004.28
依兰至佳木斯区间	132	59	122.41	778.55	5 599.44	2 175.33	40 027.29	47 802.06
梧桐河	126	60	20.91		5 252.94	7 279.80	4 119.27	16 652.01
佳木斯以下区间	59	36	23.43	155.87	5 852.21	5 401.44	6 982.35	18 236.00
黑河至松花江口干流区间	140	95	18.99		105.00	228.00	18.99	351.99
松花江口至乌苏里江口干流区间	59	38			70.21	91.96		162.17
穆棱河	92	64	30.69		10 427.28	14 498.56	4 388.67	29 314.51
穆棱河口以上区间	149	114			22.35	86.64		108.99
挠力河	119	80	12.82		5 182.45	2 000.80	435.88	7 619.13
穆棱河口至挠力河口区间	41	61			169.33	148.84		318.17
挠力河口以下区间	82	49			24.60	15.19		39.79
合计					36 615.10	42 628.46	59 365.54	138 609.10

随着工业行业节水新技术和新工艺的普及，到 2030 年，工业用水效率得到大幅度提升。三江平原高用水工业和一般工业需水定额均显著降低，其中前者需水定额降至 21 ～ 55 m³/万元，后者需水定额降至 10 ～ 49 m³/万元；火电需水定额也有所降低，尤其是循环式冷却系统用水，部分地区的需水定额较 2014 年减小了一半以上。尽管如此，工业产值和发电量的高速增长，节水仍然很难遏制工业需水量的持续增加，从而导致工业需水量不降反升。预测到 2030 年，工业需水量将增加至 196 632.34 万 m³，其中高用水工业需水量为 62 218.40 万 m³，一般工业需水量为 46 636.13 万 m³，火电需水量为 87 777.81 万 m³。2030 年三江平原各水资源分区工业需水定额及需水量预测成果见表 6-17。

表 6-17   2030 年三江平原工业需水定额及需水量预测成果

水资源分区	需水定额				需水量（万 m³）			
	高用水工业 (m³/万元)	一般工业 (m³/万元)	火电 (m³/万 kW)		高用水工业	一般工业	火电	合计
			循环	直流				
倭肯河	27	13	14.71		7 232.49	11 820.12	4 265.90	23 318.51
依兰至佳木斯区间	45	16	58.63	759.35	6 218.10	2 529.92	37 347.97	46 095.99
梧桐河	42	18	20.96		10 824.24	7 903.44	7 797.12	26 524.80
佳木斯以下区间	21	10	18.77	152.52	15 492.12	5 702.00	17 231.01	38 425.13
黑河至松花江口干流区间	49	30	18.58		124.95	220.50	18.58	364.03
松花江口至乌苏里江口干流区间	24	17			76.32	93.67		169.99
穆棱河	31	21	11.17		13 653.02	15 923.67	9 416.31	38 993.00
穆棱河以上区间	55	49			22.00	81.34		103.34
挠力河	37	24	12.76		8 157.76	2 166.48	11 700.92	22 025.16
穆棱河口至挠力河口区间	24	26			389.28	180.96		570.24
挠力河口以下区间	38	23			28.12	14.03		42.15
合计					62 218.40	46 636.13	87 777.81	196 632.34

2）建筑业需水预测。2014 年三江平原各水资源分区的建筑业需水定额为 10 ～ 103 m³/万元，差异较大，到 2030 年这种差异仍然存在，但是各水资源分区的需水定额均有所降低，为 7 ～ 75 m³/万元。经核算 2014 年的建筑业需水量为 3909.76 万 m³，预测 2030 年为 4014.31 万 m³，仅小幅度增加。2014 年和 2030 年三江平原各水资源分区建筑业需水定额及需水量统计及预测成果见表 6-18。

表 6-18   三江平原 2014 年与 2030 年建筑业需水定额及需水量统计及预测成果

水资源分区	2014 年		2030 年	
	需水定额 (m³/万元)	需水量（万 m³）	需水定额 (m³/万元)	需水量（万 m³）
倭肯河	38	367.38	27	351.42
依兰至佳木斯区间	36	644.80	24	692.95
梧桐河	35	206.32	24	200.19
佳木斯以下区间	50	1214.84	35	1220.45
黑河至松花江口干流区间	103	50.27	75	48.36

续表

水资源分区	2014 年		2030 年	
	需水定额 (m³/ 万元)	需水量 (万 m³)	需水定额 (m³/ 万元)	需水量 (万 m³)
松花江口至乌苏里江口干流区间	26	17.46	19	165.94
穆棱河	66	1269.71	48	1201.77
穆棱河口以上区间	25	1.52	19	1.43
挠力河	24	127.00	17	121.20
穆棱河口至挠力河口区间	10	4.84	7	5.27
挠力河口以下区间	36	5.62	28	5.33
合计		3909.76		4014.31

（3）第三产业需水预测

三江平原第三产业需水定额比第一产业和第二产业需水定额要低，2014 年各水资源分区需水定额均小于 20 m³/ 万元，到 2030 年则都降到 10 m³/ 万元以下。第三产业是三江平原经济的重要增长点，尽管需水定额有所降低，但是总的需水量却增加了 35.1%。2014 年和 2030 年三江平原各水资源分区第三产业需水定额及需水量统计及预测成果见表 6-19。

表 6-19　2014 年和 2030 年三江平原各水资源分区第三产业需水定额及需水量统计及预测成果

水资源分区	2014 年		2030 年	
	需水定额 (m³/ 万元)	需水量 (万 m³)	需水定额 (m³/ 万元)	需水量 (万 m³)
倭肯河	5	809.88	2	1048.14
依兰至佳木斯区间	6	1382.21	2	1924.31
梧桐河	10	726.09	3	790.71
佳木斯以下区间	6	1043.22	2	1382.84
黑河至松花江口干流区间	13	142.22	6	241.99
松花江口至乌苏里江口干流区间	4	46.52	2	71.13
穆棱河	7	1797.34	2	2502.32
穆棱河口以上区间	7	10.10	3	13.55
挠力河	6	253.60	2	388.20
穆棱河口至挠力河口区间	6	48.31	2	88.48
挠力河口以下区间	18	24.26	9	34.72
合计		6283.75		8486.39

6.2.3.3 生态环境需水预测

（1）湿地保护区生态需水预测

三江平原湿地属于典型的沼泽和沼泽化草甸湿地，其生态需补水量参照水田需水过程进行计算。采用三江平原具有代表性的 17 处地方雨量站和 11 处国家基本气象站1956 ~ 2014 年逐日的降水量观测数据，考虑湿地植物植株蒸腾、棵间蒸发、深层渗漏等水分损失量，通过系列分析法计算湿地需水定额，并根据沼泽湿地的面积，计算 2030 年三江平原 25 个湿地保护区的生态需水量，计算成果见表 6-20。湿地需水量根据保护区所在水资源分区的面积分割 / 汇总，形成三江平原各水资源分区的湿地保护区生态需水量。

表 6-20　2030 年三江平原 25 个湿地保护区的生态需水量估算

序号	保护区名称	沼泽湿地（hm^2）	需水定额（m^3/hm^2）	湿地需水量（万 m^3）
1	洪河自然保护区	21 698	3 885	8 429.67
2	三江自然保护区	55 779	3 885	21 670.14
3	宝清七星河自然保护区	16 279	3 855	6 275.55
4	挠力河自然保护区	78 299	3 360	26 308.46
5	珍宝岛湿地自然保护区	18 744	3 525	6 607.26
6	兴凯湖自然保护区	46 139	3 525	16 264.00
7	八岔岛自然保护区	6 540	3 885	2 540.79
8	东方红湿地自然保护区	27 111	3 525	9 556.63
9	安邦河自然保护区	1 030	3 285	338.36
10	东升自然保护区	8 682	3 360	2 917.15
11	嘟噜河自然保护区	11 007	3 435	3 780.90
12	汤原黑鱼泡自然保护区	5 774	3 435	1 983.37
13	三环泡自然保护区	20 438	3 855	7 878.85
14	大佳河自然保护区	10 785	3 360	3 623.76
15	水莲自然保护区	6 033	3 435	2 072.34
16	虎口湿地自然保护区	7 974	3 525	2 810.84
17	安兴湿地自然保护区	3 000	3 285	985.50
18	细鳞河自然保护区	3 189	3 435	1 095.42
19	老等山自然保护区	3 830	3 435	1 315.61
20	莲花河自然保护区	8 667	3 555	3 081.12
21	将军石湿地自然保护区	994	3 435	341.44
22	锦江自然保护区	6 467	3 555	2 299.02
23	友谊自然保护区	3 062	3 555	1 088.54
24	元宝山湿地自然保护区	1 333	3 435	457.89
25	王老好河自然保护区	1 800	3 435	618.30
	合计	374 654		134 340.91

（2）城镇生态需水预测

城镇生态需水包括绿化需水、河湖需水（城镇建成区内维持河湖景观用的需水）和环境卫生需水，其需水定额在 2014 年和 2030 年完全一致，各水资源分区也完全相同，分别为 3000 m³/hm²、5000 m³/hm²、1500 m³/hm²，由此计算 2014 年三江平原城镇生态的需水量为 1683.92 万 m³，预测 2030 年为 2309.90 万 m³。2014 年和 2030 年三江平原各水资源分区城镇生态需水量统计及预测成果见表 6-21。

表 6-21　2014 年和 2030 年三江平原各水资源分区城镇生态需水量统计及预测成果

（单位：万 m³）

水资源分区	2014 年				2030 年			
	绿化	河湖需水	环境卫生	小计	绿化	河湖需水	环境卫生	小计
倭肯河	203.61	45.79	43.76	293.16	255.90	46.70	46.32	348.92
依兰至佳木斯区间	171.08	11.27	7.96	190.31	334.50	11.42	8.68	354.60
梧桐河	196.06	5.29	3.28	204.63	285.84	5.85	3.39	295.08
佳木斯以下区间	221.72	51.16	29.03	301.91	346.50	57.65	30.81	434.96
黑河至松花江口干流区间	23.03	26.86	10.22	60.11	18.00	30.00	8.70	56.70
松花江口至乌苏里江口干流区间	10.50	7.50	3.94	21.94	9.00	7.50	2.25	18.75
穆棱河	340.26	35.58	16.71	392.55	495.00	35.58	20.72	551.30
穆棱河口以上区间	5.71	4.42	1.82	11.95	7.50	4.42	2.54	14.46
挠力河	76.96	47.24	36.64	160.84	88.82	58.73	35.96	183.51
穆棱河口至挠力河口区间	17.03	9.70	7.23	33.96	20.10	11.10	7.57	38.77
挠力河口以下区间	7.01	3.47	2.08	12.56	8.10	3.72	1.03	12.85
合计	1272.97	248.28	162.67	1683.92	1869.26	272.67	167.97	2309.90

6.2.3.4　总需水量

对前述各用水户的需水量预测统计成果进行汇总，见表 6-22 和表 6-23。2014 年三江平原总需水量为 2 102 457.58 万 m³，其中居民生活需水量为 37 283.67 万 m³，生态环境需水量为 1683.92 万 m³，而生产需水量高达 2 063 489.99 万 m³，占总需水量的 98.1%。生产需水量中，第一产业需水量最大，达到 1 914 687.38 万 m³，占总需水量的 91.1%。第一产业中，农田灌溉需水量为 1 886 377.89 万 m³，占总需水量的 89.7%。

表6-22 2014年三江平原各水资源分区需水量汇总

（单位：万 m³）

水资源分区	居民生活需水			生产需水								生态环境需水			总计
	城镇	农村	合计	第一产业			第二产业			第三产业	合计	湿地保护区	城镇生态	合计	
				农田灌溉	林牧渔畜业	小计	工业	建筑业	小计						
倭肯河	4 158.34	1 489.92	5 648.26	83 181.81	2 546.14	85 727.95	18 004.28	367.38	18 371.66	809.88	104 909.49		293.16	293.16	110 850.91
依兰至佳木斯区间	4 465.03	179.07	4 644.10	47 107.13	1 254.31	48 361.44	47 802.06	644.80	48 446.86	1 382.21	98 190.51		190.31	190.31	103 024.92
群桐河	3 998.22	25.52	4 023.74	38 123.01	1 302.41	39 425.42	16 652.01	206.32	16 858.33	726.09	57 009.84		204.63	204.63	61 238.21
佳木斯以下区间	5 777.70	1 560.26	7 337.96	296 576.12	4 491.06	301 067.18	18 236.00	1 214.84	19 450.84	1 043.22	321 561.24		301.91	301.91	329 201.11
黑河至松花江口干流区间	874.25	284.89	1 159.14	80 483.72	1 807.73	82 291.45	351.99	50.27	402.26	142.22	82 835.93		60.11	60.11	84 055.18
松花江口至乌苏里江口干流区间	344.79	191.68	536.47	248 972.79	1 293.22	250 266.01	162.17	17.46	179.63	46.52	250 492.16		21.94	21.94	251 050.57
穆棱河	7 631.95	1 421.68	9 053.63	181 843.16	4 296.32	186 139.48	29 314.51	1 269.71	30 584.22	1 797.34	218 521.04		392.55	392.55	227 967.22
穆棱河口以上区间	154.37	153.68	308.05	157 664.53	633.08	158 297.61	108.99	1.52	110.51	10.10	158 418.22		11.95	11.95	158 738.22
挠力河	2 423.27	1 217.79	3 641.06	422 587.93	8 276.07	430 864.00	7 619.13	127.00	7 746.13	253.60	438 863.73		160.84	160.84	442 665.63
穆棱河口至挠力河口区间	403.14	133.43	536.57	132 402.03	899.47	133 301.50	318.17	4.84	323.01	48.31	133 672.82		33.96	33.96	134 243.35
挠力河口以下区间	206.39	188.30	394.69	197 435.66	1 509.68	198 945.34	39.79	5.62	45.41	24.26	199 015.01		12.56	12.56	199 422.26
合计	30 437.45	6 846.22	37 283.67	1 886 377.89	28 309.49	1 914 687.38	138 609.10	3 909.76	142 518.86	6 283.75	2 063 489.99		1 683.92	1 683.92	2 102 457.58

表6-23 2030年三江平原各水资源分区需水量汇总

（单位：万m³）

水资源分区	居民生活需水			生产需水								生态环境需水			总计
	城镇	农村	合计	第一产业			第二产业			第三产业	合计	湿地保护区	城镇生态	合计	
				农田灌溉	林牧渔畜业	小计	工业	建筑业	小计						
倭肯河	5 271.45	1 093.94	6 365.39	74 232.82	3 785.82	78 018.64	23 318.51	351.42	23 669.93	1 048.14	102 736.71	985.50	348.92	1 334.42	110 436.52
依兰至佳木斯区间	5 989.74	132.79	6 122.53	51 667.69	1 736.21	53 403.90	46 095.99	692.95	46 788.94	1 924.31	102 117.15		354.60	354.60	108 594.28
梧桐河	4 511.62	20.24	4 531.86	40 261.04	1 926.09	42 187.13	26 524.80	200.19	26 724.99	790.71	69 702.83	1 889.21	295.08	2 184.29	76 418.98
佳木斯以下区间	6 531.76	1 234.48	7 766.24	343 523.65	6 124.85	349 648.50	38 425.13	1 220.45	39 645.58	1 382.84	390 676.92	10 949.91	434.96	11 384.87	409 828.03
黑河至松花江口干流区间	914.78	219.35	1 134.13	99 073.10	2 471.94	101 545.04	364.03	48.36	412.39	241.99	102 199.42	1 445.13	56.70	1 501.83	104 835.38
松花江口至乌苏里江口干流区间	384.16	152.64	536.80	320 432.50	2 337.30	322 769.80	169.99	165.94	335.93	71.13	323 176.86	20 600.33	18.75	20 619.08	344 332.74
穆棱河	9 504.02	1 045.54	10 549.56	179 603.37	6 123.28	185 726.65	38 993.00	1 201.77	40 194.77	2 502.32	228 423.74		551.30	551.30	239 524.60
穆棱河口以上区间	185.80	112.62	298.42	154 818.15	755.28	155 573.43	103.34	1.43	104.77	13.55	155 691.75	19 067.57	14.46	19 082.03	175 072.20
挠力河	2 464.90	982.87	3 447.77	545 224.67	13 779.77	559 004.44	22 025.16	121.20	22 146.36	388.20	581 539.00	48 084.18	183.51	48 267.69	633 254.46
穆棱河口至挠力河口区间	458.99	104.86	563.85	148 694.39	1 416.39	150 110.78	570.24	5.27	575.51	88.48	150 774.77	16 156.63	38.77	16 195.40	167 534.02
挠力河口以下区间	228.99	149.54	378.53	259 305.46	3 282.91	262 588.37	42.15	5.33	47.48	34.72	262 670.57	15 162.45	12.85	15 175.30	278 224.40
合计	36 446.21	5 248.87	41 695.08	2 216 836.84	43 739.84	2 260 576.68	196 632.34	4 014.31	200 646.65	8 486.39	2 469 709.72	134 340.91	2 309.90	136 650.81	2 648 055.61

预测到 2030 年，三江平原总需水量增加到 2 648 055.61 万 m³，其中居民生活需水量增加到 41 695.08 万 m³，城镇居民生活需水量有所增加，而农村居民生活需水量有所减少；生产需水量都有所增加，其中农业需水增加显著，达到 2 260 576.68 万 m³；生态环境需水量增加了湿地补水量，增加幅度最大。农业仍是三江平原的需水大户。

6.2.4 可供水量预测

供水预测是在对现有供水设施的工程布局、供水能力、运行状况，以及水资源开发程度与存在问题等综合调查分析的基础上，对水资源开发利用前景和潜力分析，对不同水平年可供水量进行预测。

可供水量包括地表水可供水量、地下水可供水量以及其他水源可供水量。可供水量估算要充分考虑技术经济因素、水质状况、对生态环境的影响以及开发不同水源的有利和不利条件，预测不同水资源开发利用模式下可能的供水量，并进行技术经济比较，拟定供水方案。其中地表水可供水量包括蓄水、引水、提水工程供水量以及外流域调入的水量。在向外流域调出水量的地区（跨流域调水的供水区）不统计调出的水量，相应的地表水可供水量不包括这部分调出的水量。其他水源可供水量包括雨水集蓄工程可供水量、污水处理再利用量、煤矿疏干水等。

水资源的开发利用要与生态环境的保护协调一致，一方面水资源的开发要适度，防止出现过量开发导致生态环境恶化的现象；另一方面水资源的利用要合理、要适合当今社会经济的发展，这是维持水资源可持续开发利用的必要条件。可供水量预测的原则包括：①加强各业节水，抑制水资源需求的不合理和过快的增长，充分考虑水资源的承受能力，可供水量的年增长速度要与国民经济发展速度相匹配；②对现有供水设施进行挖潜、配套和改造；③加大力度引、提外江水，同时逐步替代超采的地下水；④城镇供水紧张，且水源工程选为水库的，尽量列为近期工程；⑤水资源开发利用顺序为，地表径流、地下水、外江水；⑥控制水资源开发利用率，预留河道内生态环境用水。

2014 年三江平原总可供水量为 184.06 亿 m³，通过分析发现地表水调蓄能力严重不足，必须加强控制性工程建设，提高地表水的调蓄能力。预测 2030 年三江平原区总可供水量达到 260.47 亿 m³，其中地表水可供水量达到 204.82 亿 m³，地下水可供水量达到 54.14 亿 m³，其他水源可供水量为 1.51 亿 m³。比 2014 年总可供水量增加 76.41 亿 m³，其中地表水可供水量增加 123.18 亿 m³，地下水可供水量减少 47.70 亿 m³，其他水源可供水量增加 0.93 亿 m³。在地表水增加的可供水量中，区内地表水增加 19.38 亿 m³，过境水资源量增加 19.04 亿 m³，界河水资源量增加 84.76 亿 m³，可见 2030 年三江平原增加的可供水量以界河水为主。

2014 年三江平原地下水可供水量占总可供水量的比例较高，局部地区地下水位下降。因此 2030 年地下水的开采严格按可开采量控制，并以保护为主，通过地表水置换地下水，遏制地下水位不断下降的趋势。预测 2030 年三江平原地下水开采量为 54.14 亿 m³，比

2014 年的 101.84 亿 m³ 减少 47.70 亿 m³。

预测 2030 年三江平原地表水可供水量增加 123.18 亿 m³，占总增加水量的 99.3%，可见，三江平原增加的可供水量以地表水主。为了达到规划可供水量，穆棱河主要建设青龙山、奋斗两座大型水库工程，流域外调水主要依靠兴凯湖灌区引提水工程；挠力河主要建设七星河（下坝址）、七里沁、太平沟二期、蛤蟆通二期四座大型水库工程，流域外调水主要依靠富锦灌区、青龙山灌区和八五九灌区等引提水工程；倭肯河主要建设兴凯湖调水工程；梧桐河主要建设关门咀子水库、筒子沟水库、十里河水库；安邦河流域外调水主要依靠引松（松花江）工程；松花江干流主要建设锦西灌区、富锦灌区、普阳灌区，流域外调水主要依靠引汤灌区、德隆灌区和二九〇灌区等；乌苏里江干流主要建设兴凯湖灌区、八五九灌区、乌苏镇灌区、饶河灌区等。2014 年三江平原各水资源分区可供水量统计及 2030 年预测成果见表 6-24 和表 6-25。

表 6-24　2014 年三江平原各水资源分区可供水量统计　（单位：亿 m³）

水资源分区	地表水				地下水			其他	合计
	区内	过境	界河	小计	浅层	深层	小计		
倭肯河	6.24			6.24	2.56	0.31	2.87	0.23	9.34
依兰至佳木斯区间	0.93	5.53		6.46	2.47	0.29	2.76		9.22
梧桐河	2.86			2.86	2.06	0.20	2.26	0.11	5.23
佳木斯以下区间	0.59	8.25	3.54	12.38	15.98	0.29	16.27	0.05	28.70
黑河至松花江口干流区间	0.91		1.32	2.23	5.41		5.41		7.64
松花江口至乌苏里江口干流区间	3.57	0.69		4.26	16.54		16.54		20.80
穆棱河	8.30		2.56	10.86	7.88	0.55	8.43	0.19	19.48
穆棱河口以上区间	1.80		7.29	9.09	4.94		4.94		14.03
挠力河	7.39	0.38	11.89	19.66	19.07	0.80	19.87		39.53
穆棱河口至挠力河口区间	3.43		1.97	5.40	6.83		6.83		12.23
挠力河口以下区间	1.02		1.18	2.20	15.66		15.66		17.86
合计	37.04	14.85	29.75	81.64	99.40	2.44	101.84	0.58	184.06

注：过境水为利用松花江干流、汤旺河的水量，界河水为利用乌苏里江、黑龙江、兴凯湖的水量

表 6-25　2030 年三江平原各水资源分区可供水量预测成果　（单位：亿 m³）

水资源分区	地表水				地下水			其他	合计
	区内	过境	界河	小计	浅层	深层	小计		
倭肯河	7.17		0.54	7.71	2.32	0.57	2.89	0.32	10.92
依兰至佳木斯区间	1.42	7.65		9.07	1.01	0.26	1.27	0.40	10.74
梧桐河	5.93			5.93	0.99	0.20	1.19	0.41	7.53

水资源分区	地表水				地下水			其他	合计
	区内	过境	界河	小计	浅层	深层	小计		
佳木斯以下区间	1.83	20.21	7.57	29.61	10.37	0.29	10.66		40.27
黑河至松花江口干流区间	0.99		6.58	7.57	2.80		2.80		10.37
松花江口至乌苏里江口干流区间	1.70	2.94	20.46	25.10	8.86		8.86		33.96
穆棱河	13.43		3.05	16.48	6.09	0.57	6.66	0.38	23.52
穆棱河口以上区间	2.80		11.46	14.26	2.91		2.91		17.17
挠力河	14.42	3.09	37.46	54.97	6.30	0.85	7.15		62.12
穆棱河口至挠力河口区间	6.28		6.61	12.89	3.58		3.58		16.47
挠力河口以下区间	0.45		20.78	21.23	6.17		6.17		27.40
合计	56.42	33.89	114.51	204.82	51.40	2.74	54.14	1.51	260.47

注：过境水为利用松花江干流、汤旺河的水量，界河水为利用乌苏里江、黑龙江、兴凯湖的水量

6.3　三江平原水资源供需平衡分析

三江平原水资源合理配置模型的模拟计算模块对预测的需水量和可供水量进行了供需平衡计算分析，包括基准年不同需水方案和不同供水方案的供需平衡分析，以及规划水平年不同需水方案和不同供水方案的供需平衡分析。本节基准年仅展示 6.2 节预测的需水量和可供水量之间的平衡关系，规划水平年则展示三次供需平衡分析。

6.3.1　基准年供需平衡分析

6.3.1.1　目的与相关规则

基准年供需平衡分析的目的是摸清水资源开发利用在现状条件下存在的主要问题，分析水资源供需结构、利用效率和工程布局的合理性，提出水资源供需平衡分析中供水满足程度、余缺水量、缺水程度、缺水地区、缺水原因等信息，以及工程性与非工程性措施等问题，为规划水平年供需分析提供基础信息。

根据各河段功能划分，生活取水只能是满足Ⅲ级及以上水质的水；工业取水只能是满足Ⅳ级及以上水质的水；农业与生态用水根据特定用途，取水最低为Ⅴ级。考虑到实际情况，建筑业与第三产业取水按生活的取水标准计算。

按照基准年经济社会发展水平、用水水平和节水水平，扣除供水中不合理开发的水量，如地下水超采量、未处理污水直接利用量及不符合水质要求的供水量、挤占生态环境的用水量等，对供水和需水进行了供需分析。

基准年需水量不同于 2014 年实际用水量，是经分析后提出的代表现状水平年的社会经济指标和用水定额相应的需水量。社会经济指标采用 2014 年统计数据，各用水户用水定额不是 2014 年实际用水定额，而是代表现状水平的较为合理的需水定额。

6.3.1.2 供需平衡分析

基准年供需平衡分析，采用基准年多年平均需水量与可供水量进行比较。2014 年来水量相当于多年平均水平，基本达到了供水能力，故按现状供水量考虑。

在 2014 年工程条件下，三江平原可供水量为 184.06 亿 m³，其中地表水可供水量为 81.64 亿 m³，地下水可供水量为 101.84 亿 m³，其他可供水量为 0.58 亿 m³。地下水可供水量中浅层地下水的可供水量为 99.40 亿 m³，深层地下水的可供水量为 2.44 亿 m³。

基准年需水量为 210.23 亿 m³，其中居民生活需水量为 3.72 亿 m³，生产需水量为 206.34 亿 m³，生态环境需水量为 0.17 亿 m³。缺水量为 26.17 亿 m³，缺水率为 12.45%，缺水性质主要是工程型缺水，但在挠力河、倭肯河等部分流域存在资源型缺水的问题。缺水主要是由农业缺水造成的，农业由农田灌溉和林牧渔组成，林牧渔需水量较小，基本可以满足需求，缺水还是以农田灌溉为主，考虑到非农业需水（包括生活需水、工业需水、建筑业需水、第三产业需水和城镇生态需水）要求的保证率相对较高或与人民的生活质量息息相关，故农田灌溉和非农业的供需平衡缺口应在水资源配置中引起足够的重视。2014 年三江平原各水资源分区水资源供需平衡分析成果见表 6-26。

表 6-26　2014 年三江平原各水资源分区水资源供需平衡分析成果

水资源分区	可供水量（亿 m³）				需水量（亿 m³）				缺水量（亿 m³）	缺水率（%）
	地表水	地下水	其他	合计	居民生活	生产	生态环境	合计		
倭肯河	6.24	2.87	0.23	9.34	0.57	10.49	0.03	11.09	1.75	15.79
依兰至佳木斯区间	6.46	2.76		9.22	0.46	9.82	0.02	10.30	1.08	10.48
梧桐河	2.86	2.26	0.11	5.23	0.40	5.70	0.02	6.12	0.89	14.56
佳木斯以下区间	12.38	16.27	0.05	28.70	0.73	32.16	0.03	32.92	4.22	12.81
黑河至松花江口干流区间	2.23	5.41		7.64	0.12	8.28	0.01	8.41	0.77	9.19
松花江口至乌苏里江口干流区间	4.26	16.54		20.80	0.05	25.05	0.00	25.10	4.30	17.13
穆棱河	10.86	8.43	0.19	19.48	0.91	21.85	0.04	22.80	3.32	14.57
穆棱河以上区间	9.09	4.94		14.03	0.03	15.84	0.00	15.87	1.84	11.60
挠力河	19.66	19.87		39.53	0.36	43.89	0.02	44.27	4.74	10.70
穆棱河口至挠力河口区间	5.40	6.83		12.23	0.05	13.37	0.00	13.42	1.19	8.85
挠力河口以下区间	2.20	15.66		17.86	0.04	19.90	0.00	19.94	2.08	10.44
合计	81.64	101.84	0.58	184.06	3.72	206.35	0.17	210.24	26.18	12.45

注：过境水为利用松花江干流、汤旺河的水量，界河水为利用乌苏里江、黑龙江、兴凯湖的水量

6.3.2 规划水平年供需平衡分析

6.3.2.1 一次供需平衡分析

一次供需平衡分析是在没有新增供水的情况下,按照各水平年节水条件下的需水方案,确定水资源供需状况,以充分显示发展进程中水资源供需矛盾,因此,一次供需平衡分析结果是以基准年为基础的未来最大供需缺口。

由 2030 年一次供需平衡分析可知,该水平年三江平原的总缺水量为 80.77 亿 m³,缺水率为 30.50%,相对 2014 年缺水率增加 18.05%。其中缺水量最大的为挠力河,缺水量为 23.79 亿 m³,缺水率为 37.57%。梧桐河、佳木斯以下区间、松花江口至乌苏里江口干流区间、挠力河口以下区间等分区的缺水率也较大。2030 年三江平原各水资源分区一次供需平衡分析成果见表 6-27。

表 6-27　2030 年三江平原各水资源分区一次供需平衡分析成果

水资源分区	可供水量（亿 m³）				需水量（亿 m³）				缺水量（亿 m³）	缺水率（%）
	地表水	地下水	其他	合计	居民生活	生产	生态环境	合计		
倭肯河	6.24	2.87	0.23	9.34	0.64	10.30	0.13	11.07	1.73	15.63
依兰至佳木斯区间	6.46	2.76		9.22	0.61	10.21	0.04	10.86	1.64	15.10
梧桐河	2.86	2.26	0.11	5.23	0.45	6.94	0.22	7.61	2.38	31.27
佳木斯以下区间	12.38	16.27	0.05	28.70	0.78	39.08	1.14	41.00	12.30	30.00
黑河至松花江口干流区间	2.23	5.41		7.64	0.11	10.22	0.15	10.48	2.84	27.10
松花江口至乌苏里江口干流区间	4.26	16.54		20.80	0.05	32.32	2.06	34.43	13.63	39.59
穆棱河	10.86	8.43	0.19	19.48	1.06	22.86	0.05	23.97	4.49	18.73
穆棱河口以上区间	9.09	4.94		14.03	0.03	15.57	1.91	17.51	3.48	19.87
挠力河	19.66	19.87		39.53	0.34	58.15	4.83	63.32	23.79	37.57
穆棱河口至挠力河口区间	5.40	6.83		12.23	0.06	15.08	1.62	16.76	4.53	27.03
挠力河口以下区间	2.20	15.66		17.86	0.04	26.27	1.51	27.82	9.96	35.80
合计	81.64	101.84	0.58	184.06	4.17	247.00	13.66	264.83	80.77	30.50

注:过境水为利用松花江干流、汤旺河的水量,界河水为利用乌苏里江、黑龙江、兴凯湖的水量

6.3.2.2 二次供需平衡分析

解决缺水的途径包括开源和节流两个方面。在需求方面通过各种节流措施进一步压缩需水增长速度,在供给端通过治污、雨水资源利用和当地水资源进一步挖潜以提高供水能力,如仍满足不了水资源需求,则研究实施外流域调水的可能性。本研究在需水预测的过

程中根据流域水资源的紧缺程度已考虑了节水问题,因此,在二次供需平衡中只考虑开源,二次供需平衡仅考虑流域内开源增加的供水能力。

结合三江平原的实际情况,增加当地水资源供水能力的主要措施包括污水回用、对现有设施进行挖潜改造、新建地表水利用工程、合理利用地下水等。

由 2030 年二次供需平衡成果可知,该水平年不考虑规划的流域外调水工程,可供水量为 218.79 亿 m^3,总缺水量为 46.04 亿 m^3,缺水率为 17.38%,相对一次供需平衡缺水率降低 13.11%,可见该水平年的缺水也主要依靠外流调水来解决,详见表 6-24。其中缺水量最大的还是挠力河,挠力河的可供水量为 44.88 亿 m^3,缺水量为 18.44 亿 m^3,缺水率为 29.12%。另外,梧桐河、佳木斯以下区间、松花江口至乌苏里江口干流区间、挠力河口以下区间等分区的缺水率也比较大。2030 年三江平原各水资源分区二次供需平衡分析成果见表 6-28。

表 6-28　2030 年三江平原各水资源分区二次供需平衡分析成果

水资源分区	可供水量（亿 m^3）				需水量（亿 m^3）				缺水量（亿 m^3）	缺水率（%）
	地表水	地下水	其他	合计	居民生活	生产	生态环境	合计		
倭肯河	7.17	2.89	0.32	10.38	0.64	10.30	0.13	11.07	0.69	6.23
依兰至佳木斯区间	7.94	1.27	0.40	9.61	0.61	10.21	0.04	10.86	1.25	11.51
梧桐河	4.93	1.19	0.41	6.53	0.45	6.94	0.22	7.61	1.08	14.19
佳木斯以下区间	24.23	10.66		34.89	0.78	39.08	1.14	41.00	6.11	14.90
黑河至松花江口干流区间	7.17	2.80		9.97	0.11	10.22	0.15	10.48	0.51	4.87
松花江口至乌苏里江口干流区间	19.66	8.86		28.52	0.05	32.32	2.06	34.43	5.91	17.17
穆棱河	15.25	6.67	0.38	22.30	1.06	22.86	0.05	23.97	1.67	6.97
穆棱河口以上区间	12.59	2.91		15.50	0.03	15.57	1.91	17.51	2.01	11.48
挠力河	36.55	8.33		44.88	0.34	58.15	4.83	63.32	18.44	29.12
穆棱河口至挠力河口区间	11.51	3.58		15.09	0.06	15.08	1.62	16.76	1.67	9.96
挠力河口以下区间	13.44	7.68		21.12	0.04	26.27	1.51	27.82	6.70	24.08
合计	160.44	56.84	1.51	218.79	4.17	247.00	13.66	264.83	46.04	17.38

注:过境水为利用松花江干流、汤旺河的水量,界河水为利用乌苏里江、黑龙江、兴凯湖的水量

6.3.2.3　三次供需平衡分析

三次供需平衡在二次供需平衡的基础上,采用跨流域调水的方式进一步弥补 2030 年的供水缺口。2030 年三江平原各水资源分区三次供需平衡分析成果见表 6-29。从平衡分析成果可知,跨流域调水可使三江平原的可供水量增加到 260.47 亿 m^3,将全区的缺水率降至 1.65%。

表 6-29　2030 年三江平原各水资源分区三次供需平衡分析成果

水资源分区	可供水量（亿 m³）				需水量（亿 m³）				缺水量（亿 m³）	缺水率（%）
	地表水	地下水	其他	合计	居民生活	生产	生态环境	合计		
倭肯河	7.71	2.89	0.32	10.92	0.64	10.30	0.13	11.07	0.15	1.36
依兰至佳木斯区间	9.07	1.27	0.4	10.74	0.61	10.21	0.04	10.86	0.12	1.10
梧桐河	5.93	1.19	0.41	7.53	0.45	6.94	0.22	7.61	0.08	1.05
佳木斯以下区间	29.61	10.66		40.27	0.78	39.08	1.14	41.00	0.73	1.78
黑河至松花江口干流区间	7.57	2.80		10.37	0.11	10.22	0.15	10.48	0.11	1.05
松花江口至乌苏里江口干流区间	25.1	8.86		33.96	0.05	32.32	2.06	34.43	0.47	1.37
穆棱河	16.48	6.66	0.38	23.52	1.06	22.86	0.05	23.97	0.45	1.88
穆棱河口以上区间	14.26	2.91		17.17	0.03	15.57	1.91	17.51	0.34	1.94
挠力河	54.97	7.15		62.12	0.34	58.15	4.83	63.32	1.20	1.90
穆棱河口至挠力河口区间	12.89	3.58		16.47	0.06	15.08	1.62	16.76	0.29	1.73
挠力河口以下区间	21.23	6.17		27.4	0.04	26.27	1.51	27.82	0.42	1.51
合计	204.82	54.14	1.51	260.47	4.17	247.00	13.66	264.83	4.36	1.65

注：过境水为利用松花江干流、汤旺河的水量，界河水为利用乌苏里江、黑龙江、兴凯湖的水量

6.4　三江平原水资源合理配置

6.4.1　水量配置

水资源总体配置方案，第一个层面是按照人与自然和谐相处，维护河流健康生命的要求，合理确定水资源量在经济社会与生态环境两大系统之间的配置；第二个层面是按照合理开发、优化配置的要求，确定水源供给在当地水与调入水、地表水与地下水以及其他水源之间的合理配置比例；第三个层面是按照高效利用的要求，确定国民经济用水量在城乡之间，工业、农业、生活、生态等用水部门之间的配置。

6.4.1.1　经济社会系统与生态环境系统间水量配置

在水资源的开发利用时，为维护河流的健康，需要保障河道内留有合理的生态环境水量；为维护地下水生态系统良性循环，也需要保障地下水生态系统环境水量。三江平原水资源量为 161.96 亿 m³，另外还有 2680 亿 m³ 的过境水量（伯力站）。到 2030 年三江平原的经济社会用水总量为 251.17 亿 m³，河道外生态环境系统用水总量为 13.66 亿 m³，其余水量与社会经济的排水量共同组成河道内生态用水量，详见表 6-30。

表 6-30 2030 年三江平原各水资源分区经济社会与河道外生态环境系统间水量分配

（单位：亿 m³）

水资源分区	水资源总量	经济社会用水总量	生态环境系统用水总量
倭肯河	15.14	10.94	0.13
依兰至佳木斯区间	2.97	10.82	0.04
梧桐河	13.59	7.39	0.22
佳木斯以下区间	23.81	39.86	1.14
黑河至松花江口干流区间	8.97	10.33	0.15
松花江口至乌苏里江口干流区间	11.83	32.37	2.06
穆棱河	27.88	23.92	0.05
穆棱河口以上区间	6.05	15.60	1.91
挠力河	33.11	58.49	4.83
穆棱河口至挠力河口区间	12.68	15.14	1.62
挠力河口以下区间	5.93	26.31	1.51
合计	161.96	251.17	13.66

6.4.1.2 供水水源配置

供水水源配置是在强化节水模式、供需平衡推荐方案的前提下，根据各流域和区域的水资源条件和开发利用水平，合理调配地表水、地下水与其他水源，当地水与外调水，以保障流域和区域经济社会的可持续发展。

2030 年三江平原供需平衡后共配置河道外供水量 260.47 亿 m³，其中地表水为 204.82 亿 m³，地下水为 54.14 亿 m³，其他水源为 1.51 亿 m³。在地表水供水量中，利用区外调水和三大江干流及兴凯湖可供水量为 148.40 亿 m³，利用区内地表水量 56.42 亿 m³；在地下水供水量中，浅层地下水为 51.40 亿 m³，深层地下水为 2.74 亿 m³。2030 年三江平原各水资源分区供需平衡后供水量组成见表 6-31。

表 6-31 2030 年三江平原各水资源分区供需平衡后供水量组成 （单位：亿 m³）

水资源分区	地表水									地下水			其他	总计
	区内	过境			界河				合计	浅层	深层	合计		
		松花江	汤旺河	小计	黑龙江	乌苏里江	兴凯湖	小计						
倭肯河	7.17						0.54	0.54	7.71	2.32	0.57	2.89	0.32	10.92
依兰至佳木斯区间	1.42	4.16	3.49	7.65					9.07	1.01	0.26	1.27	0.40	10.74

续表

水资源分区	地表水								地下水			其他	总计
	区内	过境			界河			合计	浅层	深层	合计		
		松花江	汤旺河	小计	黑龙江	乌苏里江	兴凯湖	小计					
梧桐河	5.93								5.93	0.99	0.20	1.19	0.41	7.53
佳木斯以下区间	1.83	19.97	0.24	20.21	7.57			7.57	29.61	10.37	0.29	10.66		40.27
黑河至松花江口干流区间	0.99				6.58			6.58	7.57	2.80		2.80		10.37
松花江口至乌苏里江口干流区间	1.70	2.94		2.94	18.27	2.19		20.46	25.10	8.86		8.86		33.96
穆棱河	13.43					0.21	2.84	3.05	16.48	6.09	0.57	6.66	0.38	23.52
穆棱河口以上区间	2.80					4.91	6.55	11.46	14.26	2.91		2.91		17.17
挠力河	14.42	3.09		3.09	37.01	0.45		37.46	54.97	6.30	0.85	7.15		62.12
穆棱河口至挠力河口区间	6.28				6.23	0.38		6.61	12.89	3.58		3.58		16.47
挠力河口以下区间	0.45				11.43	9.35		20.78	21.23	6.17		6.17		27.40
合计	56.42	30.16	3.73	33.89	80.86	23.34	10.31	114.51	204.82	51.40	2.74	54.14	1.51	260.47

从供水量的组成变化来看，地表水供水量由 2014 年的 81.64 亿 m^3，增加到 2030 年的 204.82 亿 m^3，地下水供水由 2014 年的 101.84 亿 m^3，降低到 2030 年的 54.14 亿 m^3。从供水量的组成来看，以地表水供水为主，占总供水量的 78.6%；其次为地下水供水，占总供水量的 20.8%。

经过水资源的合理配置后，到 2030 年，三大江干流及兴凯湖、汤旺河供水量为 148.40 亿 m^3，其中松花江干流、黑龙江干流、乌苏里江干流、兴凯湖和汤旺河分别为 30.16 亿 m^3、80.86 亿 m^3、23.34 亿 m^3、10.31 亿 m^3 和 3.73 亿 m^3。

6.4.1.3 用水户水量配置

在水资源配置中，既要考虑水资源的有效供给，保障经济社会的发展，又要考虑经济社会发展要适应水资源条件，根据水资源的承载状况确定产业结构与经济布局，通过水资源的高效利用促进经济增长方式的转变。模型中对各地区经济社会的发展指标、产业结构和经济布局的确定充分考虑了水资源承载状况，根据资源节约环境友好型社会的要求合理配置水资源在城镇、农村、生活、第一产业、第二产业、第三产业、生态之间的组成。按照既定配水规则，模型将 2030 年的供水量配置到不同的用水户，配置成果见表 6-32。

表 6-32　2030 年三江平原各水资源分区用水户水量配置成果　（单位：亿 m³）

水资源分区	城乡水量配置		用水部门水量配置					合计
	城镇	农村	生活	第一产业	第二产业	第三产业	生态	
倭肯河	3.03	7.89	0.64	7.68	2.37	0.10	0.13	10.92
依兰至佳木斯区间	5.51	5.23	0.61	5.22	4.68	0.19	0.04	10.74
梧桐河	3.23	4.30	0.45	4.11	2.67	0.08	0.22	7.53
佳木斯以下区间	4.80	35.47	0.78	34.25	3.96	0.14	1.14	40.27
黑河至松花江口干流区间	0.16	10.21	0.11	10.04	0.04	0.02	0.15	10.37
松花江口至乌苏里江口干流区间	0.08	33.88	0.05	31.80	0.03	0.01	2.06	33.96
穆棱河	5.28	18.24	1.05	18.14	4.02	0.25	0.06	23.52
穆棱河口以上区间	0.03	17.14	0.03	15.22	0.01	0.00	1.91	17.17
挠力河	2.52	59.60	0.34	54.69	2.21	0.04	4.83	62.12
穆棱河口至挠力河口区间	0.12	16.35	0.06	14.73	0.06	0.01	1.62	16.47
挠力河口以下区间	0.03	27.37	0.04	25.84	0.00	0.00	1.52	27.40
合计	24.79	235.68	4.17	221.72	20.06	0.85	13.67	260.47

6.4.2　水资源配置重点工程措施

6.4.2.1　水库工程

三江平原自开发建设到 2014 年底，共建成各类水库 203 座，总库容为 32.86 亿 m³。其中大型水库 6 座，总库容为 19.61 亿 m³，兴利库容为 9.39 亿 m³；中型水库 23 座，总库容为 9.01 亿 m³，兴利库容为 6.44 亿 m³；小型水库 174 座，总库容为 4.24 亿 m³，兴利库容为 2.71 亿 m³。三江平原水库工程净调节总水量达到 13.63 亿 m³。

根据该地区已有工程及社会各部门的综合利用要求，按照各河流总体规划，本研究推荐 2030 年之前建设各类水库 134 座，其中大型水库 10 座，中型水库 34 座，小型水库 90 座。

规划 10 座大型水库中，新建水库 7 座分别为四方山水库、青龙山水库、奋斗水库、东方红水库、七星河水库、七里沁水库、关门咀子水库；续（扩）建水库 3 座分别为西大岗水库、太平沟水库（二期）、蛤蟆通水库（二期）。规划 10 座大型水库总工程量为 2251.14 万 m³，其中土方 1143.76 万 m³，砂石方 1048.48 万 m³，砼 58.9 万 m³。

规划 34 座中型水库中，新建水库 33 座，续（扩）建水库 1 座。规划 34 座中型水库总工程量为 3412.17 万 m³，其中土方 2343.0 万 m³，石方 1002.61 万 m³，砼 66.56 万 m³。

规划 90 座小型水库，规划总工程量为 3157.56 万 m³，其中土方 2384.31 万 m³，石方 709.57 万 m³，砼 63.68 万 m³。

2020 年之前完成 5 座大型水库、13 座中型水库、51 座小型水库。设计总库容为 43.64 亿 m³，兴利库容为 30.42 亿 m³，调节库容为 27.1 亿 m³。其中大型水库设计总库容为 33.52 亿 m³，兴利库容为 22.70 亿 m³，调节库容为 20.11 亿 m³；中型水库设计总库容为 6.66 亿 m³，兴利库容为 5.17 亿 m³，调节库容为 5.23 亿 m³。

2030 年建设水库 65 座，其中大型水库 5 座、中型水库 21 座、小型水库 39 座。设计总库容为 18.02 亿 m³，兴利库容为 13.47 亿 m³，调节库容为 12.35 亿 m³。

6.4.2.2 引松工程

松花江干流佳木斯断面多年平均天然来水量为 731 亿 m³，扣除规划水平年佳木斯上游松花江干流总用水量 210 亿 m³，预留下游各行业用水量（不包含规划连通工程供水区用水量）2.45 亿 m³，并预留航运用水量 149 亿 m³，佳木斯断面余水量为 369.55 亿 m³。在临界期保证率 75% 的情况下，松花江干流佳木斯断面余水流量为 1020 m³/s，预留 800 m³/s 的航运流量后，余水流量为 220 m³/s。

本着优先利用当地地表水，适当开采地下水，合理配置引松水的原则，多水源联合调度运用，实现当地地表水、地下水及引松水的合理配置，充分发挥区域内地表水及地下水的多年调节作用，以尽量减少松花江引水规模及引水量。经长系列供需平衡，在保证枢纽以下最低通航水位的前提下，初拟引松渠首设计引水流量为 440 m³/s，规划引水量为 35.4 亿 m³。

引松总干渠引水线路自建国乡渠首闸引出后，从星火公社北侧绕过，继续向东，在苏家店与朱家村之间穿过桦川至集贤公路，在红旗堤防站附近利用交叉建筑物穿过安邦河至黑鱼泡滞洪区，为引松总干渠上游段，长 90 km。由黑鱼泡滞洪区分出两条分干渠，一分干利用外七星河连接挠力河，为两岸农业供水，长 167.0 km。二分干在二九一农场南穿过集贤至富锦公路后，通过扩建现有排干进入三环泡滞洪区，长 38 km。二分干为黑鱼泡与三环泡之间连接渠，引松水通过三环泡后利用三环泡泄洪道，在炮台亮子汇入挠力河中游河道，为中下游农业灌溉用水、置换煤电化基地工业用水及湿地补水。

包括松花江干流及水库为主要水源的灌区，松花江干流南岸规划灌区 27 处，规划灌溉面积为 1165 万亩，其中以松花江为主要水源的灌区 11 处，规划灌溉面积为 430.93 万亩；引松干渠为主要水源灌区 12 处，规划灌溉面积为 576.20 万亩；引松干渠补偿灌溉灌区 1 处，规划灌溉面积为 50.3 万亩；水库为主要水源的灌区 3 处，规划灌溉面积为 107.57 万亩。

6.4.2.3 引黑工程

黑龙江干流全长为 2821km，流域总面积为 185.5 万 km²，其中我国境内约为 89 万 km²。黑龙江干流抚远断面多年平均来水量为 2240 亿 m³，$P=80\%$ 年径流量为 1652 亿 m³。黑龙江干流萝北断面多年平均来水量为 1257 亿 m³，P=80% 年径流量为 920 亿 m³。现状黑龙江干流用水以农业灌溉为主，黑龙江干流抚远断面以上用水量约为 2.0 亿 m³，占多年平均来水量的 8.9%。

根据引松工程的水资源利用分析，松花江干流需要补充流量为 220 m³/s，同时为满足沿线鹤岗等主要城市工业用水、农业灌溉要求，初步确定在鸭蛋河口处开明渠引水至悦来水利枢纽坝址下。黑松总干渠引提水流量为 270 m³/s，其中松花江干流需要补充流量为 220 m³/s，灌溉及城镇供水流量为 50 m³/s。引水总能力可达 14.6 亿 m³。

引黑工程渠首泵站初拟在鸭蛋河口处，利用鸭蛋河一直向南，在萝北县城与水城子之间穿过，尽量沿 83 m 等高线继续南下后向西，利用交叉建筑物在嘟噜河、梧桐河中下游穿过，于悦来水利枢纽坝址下汇入松花江。总干渠由梧桐河交叉口处分为上、下两段，总干上段为 56 km，下段为 47 km，全长为 103 km。

包括松花江干流为主要水源的灌区，松花江干流北岸规划灌区 9 处，规划灌溉面积为 285 万亩，其中以松花江为主要水源的灌区 7 处，规划灌溉面积为 205.04 万亩；引黑干渠为主要水源灌区 2 处，规划灌溉面积为 79.96 万亩。

6.4.2.4 兴凯湖引调水工程

兴凯湖引调水工程是解决鸡西、七台河两市十区近期城市缺水问题的重要工程。其中，小兴凯湖主要径流来源于穆棱河，小兴凯湖来水可由新开流、鲤鱼港及湖岗第一泄洪闸、湖岗第二泄洪闸泄入大兴凯湖，考虑到大小兴凯湖之间的联通关系，本次将大小兴凯湖的可利用水量统一分析。

大兴凯湖多年平均来水量约为 67.00 亿 m³，小兴凯湖规划情况下多年平均来水量约为 22.27 亿 m³。大小兴凯湖来水量为 89.27 亿 m³，现状情况大小兴凯湖来水量为 85.16 亿 m³，规划大小兴凯湖来水量为 77.96 亿 m³。在多年平均条件下，兴凯湖水位变幅不大，蓄变量很小，湖面蒸发损失接近多年平均值。自然、现状和规划水平年条件下兴凯湖多年平均来水量分别为 89.27 亿 m³、85.16 亿 m³、77.96 亿 m³；根据调查分析，确定自然、现状和规划水平年条件下兴凯湖的用水量分别为 32.89 亿 m³、42.13 亿 m³、47.91 亿 m³；兴凯湖出湖水量估算值分别为 56.38 亿 m³、43.03 亿 m³、30.05 亿 m³。

穆棱河分洪后，兴凯湖自然、现状、规划水平年条件下总来水量、用水量和出湖水量进行供需平衡分析，规划兴凯湖出湖水量约为 30.05 亿 m³，考虑到兴凯湖的生态基流量为 9.13 亿 m³，兴凯湖水资源剩余可利用量约为 20.92 亿 m³。

鸡西市与七台河市合建引水工程，在兴凯湖合建取水口与取水泵站，通过输水管线输水至一号高位水池。鸡西市各区与鸡东县城水量经一号分水阀门井及支管输水至哈达水库，七台河市、密山镇与连珠山镇水量合建输水管线沿挡壁镇至密山市公路敷设至密山市西南处的二号分水阀门井，密山镇与连珠山镇水量由二号分水阀门井处设支管分出，剩余的七台河市区水量单独建管线输水至七台河市净水厂。

兴凯湖年引水总为量 25074 万 m³，其中七台河市区年引水量为 10101 万 m³，鸡西市年总引水量为 13553 万 m³（含密山镇与连珠山镇年引水量合计 783 万 m³）。兴凯湖取水口至二号分水阀门井间为合建工程。鸡西市供水以哈达水库为调蓄，七台河市供水以石龙山水库为调蓄，输水管线为单线敷设。石龙山水库之后输水管线为双线敷设，管线输水规模为 36.0 万 m³/d。

6.5 小 结

针对三江平原区域水资源特点，构建了三江平原水资源合理配置模型，经过经济社会系统与生态环境系统、供水水源、用水部门三个层面的水量配置，实现了区域水资源合理配置。

1）三江平原当地水资源可利用量较小，但过境水资源丰富。三江平原水资源总量为 161.96 亿 m³，人均地表水资源占有量低于全国和黑龙江省水平。三江平原水资源总可利用量为 91.85 亿 m³，占该区水资源总量的 56.7%。2010 年三江平原总用水量为 145.64 亿 m³，表明现状水资源开发利用已超出当地水资源的承载能力。但三江平原境内黑龙江、松花江、乌苏里江三大江水资源量年均达 2700 亿 m³ 左右，过境水量十分丰富。

2）大量引调过境水量，可满足未来经济社会生态发展需求。三江平原自然条件优越，土地资源丰富，适宜发展绿色农业和优质水稻生产；同时该区拥有黑龙江省四大煤矿城市和东部中心城市佳木斯市，是黑龙江省老工业基地的重要组成部分；此外，该区分布着 8 个国家级湿地保护区，多个省、市级湿地保护区；可见，未来三江平原水资源需求量较大。经预测，规划 2030 年需水量为 254.7 亿 m³（75%），较现状年用水量大幅度增加；在当地水资源大量挖潜的基础上，2030 年新增引调水 75.03 亿 m³，可很大程度上满足该区水资源需求。

| 第 7 章 | 三江平原水资源调控研究

随着社会经济的发展和生态环境保护意识的增强，三江平原目前的水资源调控模式逐渐不能满足发展的需求，亟须在新形势水资源合理配置的基础上，以满足粮食安全和生态保护为目标，开展水资源调控新模式的探索。

本章将在三江平原水资源合理配置研究的基础上，利用三江平原分布式水循环模拟模型，开展配置方案与水循环的相互作用与反馈分析，并对比不同方案之间水循环的差异，依此给出有利于三江平原粮食安全和生态健康的适宜调控模式，并提出水资源调控与生态环境安全保障的控制性指标。

7.1 水资源调控的目标与方法

7.1.1 水资源调控的目标

总体而言，三江平原水资源调控需要实现两大目标：一是保障区域社会经济的可持续发展；二是维持生态环境的健康稳定。这两大目标在三江平原存在较大程度的矛盾，尤其是两者对于水资源的需求存在根本性的冲突。社会经济的发展不断袭夺生态环境的固有水资源条件，使各种赋存形式下的水资源不断减少，同时还向自然界持续排放污染物，使可利用的水资源量更加紧缺。只能通过水资源的合理配置和优化调控实现两大目标的动态平衡，保证在有限的水资源条件下既能保证社会经济的快速、可持续发展，又能维持现状生态环境形势不致进一步恶化。

保障区域社会经济的可持续发展目标比较宏观，包括生活水平不断提高、经济结构不断优化、农业种植结构趋于合理、粮食安全保障程度日益提高等多个方面。如果各方面均考虑在内，往往会增加调控方案计算分析的工作量，而且很难达到目标最优，因此本调控对社会经济目标进行了具体化，以既能保持当地经济持续发展，又能保障社会稳定的粮食生产为代表社会经济可持续发展的目标，以水资源能够最大限度地保障三江平原的粮食生产为调控的目标之一。三江平原对水资源需求量最大的农作物为水稻，水稻种植是当地重要的经济收入来源，对于维护国家粮食安全起到重要作用，是国家和地方大力支持的产业，因此，更具体一下，三江平原地表地下水联合调度的社会经济目标是保证不断扩大的水稻种植面积的安全生产。

维持生态环境的健康稳定目标在三江平原也比较宽泛，包括林地、草地、湿地和人工生态环境的健康稳定。其中湿地是三江平原重要的自然景观之一，是三江平原生态环境随水资源条件变化而变化的指示剂，随着地下水位和地表径流量的波动而规律性的消长，与陆面水循环的关系最为密切，因此在维护国家粮食安全的同时维持湿地生态系统健康稳定成为三江平原地表地下水联合调度的另一个目标（图7-1）。

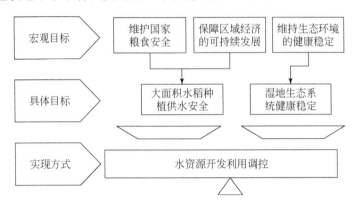

图7-1 水资源调控的目标设定

　　根据这两个目标的要求，三江平原必须通过水资源调控保障远期水稻种植面积所需的水资源量，同时又不能引起地下水位的持续下降和地表径流的趋势性衰减，以维持湿地生态系统健康稳定。依据历次规划和目前的社会经济发展趋势，未来水稻面积将进一步扩大，对水资源的需求随之增加，如不进一步开源节流，地下水超采有可能恶化，对湿地生态造成更大的危害。

　　根据第6章三江平原水资源合理配置，利用水循环模型，检验各种方案的水循环变化对生态环境的影响，通过对比分析，选出保障粮食安全和生态环境安全的最优方案，并提出该方案下水稻最大种植面积，以其为水资源开发利用与生态环境安全保障的控制性指标。

7.1.2 水资源调控的方法

　　三江平原水资源开发利用调控以水循环模型为工具，以水资源配置方案为调控对象，通过对各种不同配置方案在水循环模型中的模拟，分析水循环在未来水资源配置方案的影响下所发生的变化，尤其是在保证社会经济按照预期发展的同时，是否有利于生态环境的维持和修复。其调控思路可以归纳为方案预设、模型模拟、效应对比、方案遴选和指标确定五个步骤。具体如图7-2所示。

　　水资源配置方案是三江平原水资源调控的基础，通过配置确定的多个水资源配置方案实施后可能对水循环的各项通量和状态量产生不同程度的影响，但在实施前只能通过水循环模型进行模拟才能了解这些方案的水循环效应。水资源配置方案中以水资源在不同用水行业和不同水源之间的分配为主，这些水资源分配数据是未来水平年水循环模拟中农业、工业、生活和生态用水的必要输入数据。

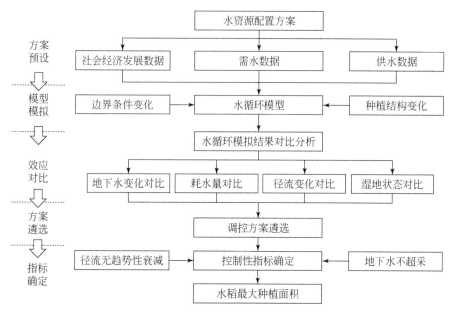

图 7-2　水资源调控方法流程图

除了不同配置方案的供用水数据作为模型输入数据外，还需要考虑未来水平年边界条件变化和种植结构变化。区域边界的河流入境水量会随上游下垫面变化引起产流量变化、河道引水量增加、流域外调水、水库调蓄等因素的影响而发生变化，从而导致区域内过境河流的引水量、渗漏量、蒸发量变化，是区域水循环的重要影响因素，需要重点考虑。种植结构变化使农业灌溉量、耗水量、下渗量等多个水循环通量发生变化，因此未来水平年的农业种植结构变化也要在模型的输入中重点考虑。

配置方案和其他可能变化的数据经处理后，更新已经构建并校准的现状年模型中的对应数据，建立不同配置方案下的水循环模型。然后对模型关键水循环模拟结果进行对比分析，以分析不同配置方案对水循环的影响，关键水循环模拟结果包括耗水量、地下水通量、地下水位、地表径流等。这些水循环通量或状态量的变化直接关系生态环境的健康稳定，尤其是湿地生态的健康稳定。

通过对比分析不同配置方案对水循环的影响，选出保障粮食生产安全和湿地生态健康稳定的最优方案作为未来三江平原水资源调控的优先模式。

最后在最优方案下的水循环模型中，以地表径流无趋势性衰减和地下水不出现超采现象为标准，调整水稻种植面积，提出水稻最大种植面积，以其为三江平原水资源开发利用与生态环境安全保障的控制性指标。

7.2　水资源调控方案

7.2.1　方案预设

根据历次规划以及基于最新基准年和最新社会经济发展趋势开展三江平原水资源合理配置成果，预设水资源开发利用调控的不同方案组合。

三江平原各行业需水中，农业需水规模最大，对水循环的影响最深刻，又是决定区域经济发展和粮食安全的关键，因此是方案制定必须考虑的要素。决定农业需水的是水稻种植面积，旱地只有小面积菜田需要灌溉，其他农作物几乎全部为雨养，故水稻种植面积设为方案组合之一。

三江平原各种水源的供水量中，当地地表水和地下水根据水利工程规划采用一种方案，外调水则考虑连通工程（三大江之间的规划调水工程）调水和不调水两种方案，这样三江平原供水方案仍然为两种。

水稻种植面积考虑现状方案和发展方案两种，供水考虑连通工程调水和不调水两种方案，这样可以组成四种有代表性的供需水方案。

方案一：现状水稻种植面积与连通工程不调水的组合方案；

方案二：现状水稻种植面积与连通工程调水的组合方案；

方案三：2030 年水稻大面积种植与连通工程不调水的组合方案；

方案四：2030 年水稻大面积种植与连通工程调水的组合方案。

上述四种方案中，方案二没有现实意义，故不予考虑。这样就形成了三种有对比意义的方案集：现状水平年的不调水方案，规划水平年的 2030 年不调水方案和规划水平年的 2030 年调水方案。其中，2030 年代表了水稻大面积种植方案。

方案中水稻大面积种植是指到 2030 年三江平原水稻种植面积在现状年的基础上进一步扩大，其中包括连通工程供水区规划新增的水稻面积。连通工程调水是指通过跨流域、跨区域引调界江和过境水资源，实现黑龙江、松花江和区域内地表水、地下水联合调度。

需要说明的是，上述三种方案在水循环模型中进行调控时，还需要考虑边界条件的变化，即过境河流的上游来水量变化，包括黑龙江、松花江和乌苏里江。由于黑龙江和乌苏里江为界河，开发程度相对较小，未来入境流量变化可以忽略，直接采用现状年入境流量即可。松花江入境断面以上流域受上游下垫面变化引起产流量变化、河道引水量增加、水库调蓄等因素的影响，到 2030 年入境水量必然发生变化，因此需要预测 2030 年的入境水量。

7.2.2　方案数据组合

预设的三种水资源配置方案的社会经济指标和供需水预测成果已经在三江平原水资源合理配置中进行了详细统计和计算，在水资源开发利用调控时需要在现状年水循环模型的基础上对模型输入数据进行更新，构建不同方案的水循环模型。不同方案在水循环模型中的部分输入数据有较大差异，见表 7-1。

表 7-1　三种方案在水循环模型中输入数据的差异

数据类型	现状水平年不调水	2030 年不调水	2030 年调水
方案组合	现状水稻＋不调水	水稻扩展＋不调水	水稻扩展＋调水
工业／生活／城镇生态环境供用水	2014 年统计数据	2030 年预测供用水数据	2030 年预测供用水数据
农业供用水	2014 年统计数据	2030 年预测平水年供用水数据	2030 年预测平水年供用水数据
松花江干流入境水量	2000～2014 年实测流量	2030 年折算的 2000～2014 年预测流量	2030 年折算的 2000～2014 年预测流量
种植结构数据	2014 年统计数据	2030 年预测种植结构，含连通工程供水区规划新增水稻面积	2030 年预测种植结构，含连通工程供水区规划新增水稻面积

　　三种方案的气象驱动均采用 2000～2014 年的数据，该时段的年均降水量与 1956～2014 年长序列年均降水量相似，因此在研究各方案的水循环响应时，都可以作为多年平均情景下或者平水年情景下的调控成果。模型的其他输入数据，如土壤数据、地表高程数据、水文地质数据等在各方案中也采用同一套数据。

7.2.3　方案数据

　　三种方案的模拟需要从配置方案中获取供用水数据、种植结构数据以及入境流量数据。

（1）种植结构

　　2014 年三江平原的种植结构基本上已经形成水稻、玉米和大豆三种主要农作物占绝大部分种植面积的结构，其他所有农作物面积仅占总播种面积的 3.4%，2030 年其他作物将继续减少。根据历次规划，水稻种植面积将继续扩大，从 2014 年的 3566.04 万亩增加到 2030 年的 4506.54 万亩，其中连通工程规划灌区内将增加约 600 万亩。水稻增加的面积来自现有旱地，种植结构只分现状水平年和 2030 年两种方案，各方案的种植结构见表 7-2。

表 7-2　三江平原现状水平年和 2030 年种植结构　　　（单位：万亩）

分区	现状水平年					2030 年				
	水稻	玉米	大豆	其他作物	小计	水稻	玉米	大豆	其他作物	小计
八五三灌区	57.35	30.54	7.66	0.01	95.56	69.13	9.43	15.84	0.01	94.41
宝泉岭	232.41	119.07	36.47	0.72	388.67	260.53	95.01	32.25	0.58	388.37
大兴灌区	40.90	1.25	1.62	0.16	43.93	40.62	0.71	2.16	0.16	43.65
东泄总灌区	80.04	31.87	4.22	0.00	116.13	110.18	0.25	1.79	0.00	112.22
二九一南部灌区	18.56	32.50	0.00	0.00	51.06	48.54	0.00	2.00	0.00	50.54
凤翔灌区	13.28	14.51	5.36	0.00	33.15	29.63	0.71	2.81	0.00	33.15
共青灌区	3.58	5.15	0.00	0.00	8.73	4.34	0.00	4.35	0.00	8.69

分区	现状水平年					2030 年				
	水稻	玉米	大豆	其他作物	小计	水稻	玉米	大豆	其他作物	小计
哈尔滨市	34.15	67.12	16.97	3.90	122.14	38.29	63.51	17.01	3.69	122.50
蛤蟆通灌区	17.31	67.32	13.25	0.23	98.11	55.75	9.52	32.00	0.23	97.50
鹤岗市	104.91	34.08	53.32	0.00	192.31	117.60	28.89	45.75	0.00	192.24
红旗灌区	3.39	3.54	1.83	0.20	8.96	5.52	0.80	2.42	0.20	8.94
红卫灌区	4.67	0.45	2.57	0.00	7.69	7.53	0.00	0.00	0.00	7.53
红兴隆	45.48	58.39	70.04	4.23	178.14	50.98	55.59	67.98	4.03	178.58
鸡西市	260.07	374.66	92.68	20.56	747.97	291.54	350.06	87.01	19.21	747.82
集安灌区	4.58	14.70	6.12	2.74	28.14	24.21	0.55	2.46	0.23	27.45
集笔灌区	4.32	37.54	0.00	1.28	43.14	33.90	0.00	6.68	1.88	42.46
佳木斯市	632.11	272.78	283.72	52.62	1241.23	708.60	243.63	242.00	47.00	1241.23
尖山子灌区	0.10	14.04	10.99	0.00	25.13	25.05	0.00	0.00	0.00	25.05
建三江	926.14	71.22	95.53	0.66	1093.55	1038.20	22.16	32.90	0.20	1093.46
江川灌区	40.88	1.76	0.00	0.00	42.64	40.68	1.75	0.00	0.00	42.43
锦东灌区	22.58	69.46	0.00	0.00	92.04	60.58	5.00	20.66	0.50	86.74
锦江灌区	10.85	1.61	0.00	0.00	12.46	12.37	0.00	0.00	0.00	12.37
锦南灌区	33.26	19.00	32.61	10.17	95.04	87.78	0.00	5.19	0.51	93.48
锦西灌区	52.00	99.60	0.00	0.00	151.60	110.33	0.00	40.15	0.00	150.48
莲花河灌区	9.60	11.89	5.21	0.27	26.97	23.97	0.95	1.29	0.27	26.48
岭南灌区	0.25	6.12	0.00	0.00	6.37	2.11	0.00	4.24	0.00	6.35
龙头桥灌区	28.25	24.03	7.43	0.50	60.21	44.40	2.25	11.30	0.50	58.45
牡丹江	435.26	157.29	57.50	32.52	682.57	487.92	122.08	47.11	25.24	682.35
牡丹江市	5.62	62.23	82.59	40.39	190.83	6.30	61.99	82.23	40.23	190.75
普阳灌区	45.54	0.00	0.57	0.05	46.16	51.21	0.00	0.00	0.00	51.21
七里沁灌区	19.95	2.63	0.00	0.13	22.71	21.91	0.06	0.52	0.13	22.62
七台河市	27.69	184.43	39.72	24.56	276.40	31.04	181.84	39.58	24.22	276.68
群英灌区	8.15	2.56	2.92	0.22	13.85	12.86	0.00	0.00	0.00	12.86

分区	现状水平年					2030 年				
	水稻	玉米	大豆	其他作物	小计	水稻	玉米	大豆	其他作物	小计
三环泡灌区	14.00	5.56	3.64	0.00	23.20	23.20	0.00	0.00	0.00	23.20
双鸭山市	88.36	246.13	77.66	20.31	432.46	99.05	238.22	75.33	19.66	432.26
松江灌区	52.47	8.90	1.23	15.40	78.00	60.34	1.24	8.86	6.10	76.54
绥松灌区	13.24	1.60	0.20	0.72	15.76	14.76	0.00	0.65	0.00	15.41
梧桐河灌区	25.08	8.18	0.00	0.00	33.26	29.08	0.00	2.71	0.00	31.79
五九七灌区	6.74	43.50	5.85	0.00	56.09	47.38	0.94	7.15	0.00	55.47
小黄河灌区	10.50	30.46	13.86	6.53	61.35	44.44	1.90	12.98	1.12	60.44
新河宫灌区	16.45	42.43	4.90	2.44	66.22	45.06	2.86	16.62	0.99	65.53
新团结灌区	15.50	6.40	0.12	0.04	22.06	20.40	0.10	0.71	0.12	21.33
星火灌区	15.20	2.66	0.40	0.71	18.97	17.54	0.15	0.83	0.07	18.59
幸福灌区	29.19	34.75	7.63	0.00	71.57	60.46	2.57	7.73	0.00	70.76
延军灌区	1.77	7.37	0.45	0.11	9.70	6.50	0.35	2.59	0.11	9.55
友谊西部灌区	16.03	28.27	1.47	3.77	49.54	42.65	3.10	1.47	0.00	47.22
悦来灌区	30.66	3.22	0.57	0.00	34.45	33.41	0.00	0.60	0.00	34.01
振兴灌区	7.62	1.27	0.24	0.16	9.29	8.67	0.00	0.50	0.00	9.17
合计	3566.04	2364.04	1049.12	246.31	7225.51	4506.54	1508.17	988.41	197.19	7200.31

（2）三江平原水资源配置成果

三江平原水资源配置以 2014 年为现状水平年，2030 年为规划水平年。现状水平年可供水量为 130.49 亿 m³，按地表水、浅层地下水、深层地下水和外调水分配给农业、工业、城镇生活、城镇生态和农村生活五类用水部门，非农业部门按 100% 配置，农业配置剩余水量。

2030 年又分为不考虑连通工程调水和考虑连通工程调水两种不同的水资源配置方案。不考虑连通工程调水方案下，大面积水稻供水水源以地下水和外调水为主，外调水主要来自黑龙江和乌苏里江，供水对象为连通工程灌区范围以外的 4 个农垦分局和 7 个地市。考虑连通工程调水方案下，总供水量进一步增加，连通工程灌区部分地下水开采量被外调水置换，以修复超采的地下水。

现状水平年不调水、2030 年不调水和 2030 年调水三种方案下的水资源配置成果见表 7-3～表 7-5。

表 7-3　三江平原现状水平年连通工程不调水的水资源配置成果

（单位：万 m³）

分区	农业			工业			城镇生活			城镇生态环境		农村生活	合计
	地表水	浅层地下水	外调水	地表水	浅层地下水	深层地下水	地表水	浅层地下水	深层地下水	地表水	浅层地下水	浅层地下水	
八五三灌区	2 777.00	7 532.00	0.00	0.00	36.90	0.00	0.00	17.78	0.00	0.00	0.81	128.63	10 493.11
宝泉岭	4 498.55	48 789.49	5 726.60	0.00	75.27	0.00	0.00	78.77	0.00	0.00	4.38	369.41	59 542.45
大兴灌区	0.00	4 637.00	0.00	0.00	0.00	0.00	0.00	0.00	0.00	0.00	0.00	16.88	4 653.88
东进总灌区	575.00	9 038.00	0.00	0.00	17.73	0.00	0.00	0.00	0.00	0.00	0.00	126.77	9 739.77
二九一南部灌区	0.00	2 907.00	0.00	0.00	0.00	0.00	0.00	8.54	0.00	0.00	0.39	97.83	3 031.48
凤翔灌区	2 183.00	2 437.00	0.00	124.47	29.05	76.34	124.47	7.75	0.00	6.21	0.01	55.55	4 919.37
共青灌区	0.00	1 073.00	0.00	0.00	0.00	0.00	0.00	0.00	0.00	0.00	0.00	7.21	1 080.21
哈尔滨市	18 222.59	5 711.07	0.00	0.00	198.00	0.00	0.00	245.00	0.00	15.00	0.00	577.77	25 183.43
哈峡通灌区	5 344.00	609.00	0.00	0.00	0.00	0.00	0.00	0.00	0.00	0.00	0.00	110.88	6 063.88
鹤岗市	7 957.86	20 625.18	0.00	4 112.42	955.61	2 522.25	4 112.42	251.38	0.00	205.24	0.00	398.74	37 028.68
红旗灌区	1 484.00	306.00	0.00	0.00	0.00	0.00	0.00	0.00	0.00	0.00	0.00	42.43	1 832.43
红卫灌区	2 509.00	45.00	0.00	0.00	0.00	0.00	0.00	0.00	0.00	0.00	0.00	8.56	2 562.56
红兴隆	7 799.81	13 492.26	0.00	0.00	160.55	0.00	0.00	77.34	0.00	0.00	3.52	688.13	22 221.61
鸡西市	68 986.00	52 217.22	24 237.00	5 956.00	3 081.00	3 176.00	5 956.00	0.00	0.00	295.00	0.00	3 959.22	166 204.44
集安灌区	0.00	1 574.00	0.00	0.00	0.00	0.00	0.00	0.00	0.00	0.00	0.00	67.41	1 641.41
集笔灌区	995.00	457.00	0.00	0.00	0.00	0.00	0.00	0.00	0.00	0.00	0.00	95.94	1 547.94
佳木斯市	65 040.36	91 138.87	3 389.37	0.00	5 085.85	246.47	0.00	5 453.05	0.00	223.15	0.00	2 948.31	202 206.18
尖山子灌区	0.00	339.00	0.00	0.00	0.00	0.00	0.00	0.00	0.00	0.00	0.00	22.18	361.18

续表

分区	农业			工业			城镇生活			城镇生态环境		农村生活	合计
	地表水	浅层地下水	外调水	地表水	浅层地下水	深层地下水	地表水	浅层地下水	深层地下水	地表水	浅层地下水	浅层地下水	
建三江	48.27	260 865.17	7 240.36	0.00	210.00	0.00	0.00	80.00	0.00	0.00	4.00	146.55	268 594.35
江川灌区	18 649.00	4 877.00	0.00	0.00	5.52	0.00	0.00	2.66	0.00	0.00	0.12	82.99	23 617.29
锦东灌区	0.00	10 724.00	0.00	990.41	175.63	8.51	0.00	188.31	0.00	7.71	0.00	333.05	12 427.62
锦江灌区	0.00	4 176.00	0.00	0.00	0.00	0.00	0.00	0.00	0.00	0.00	0.00	20.40	4 196.40
锦南灌区	0.00	8 665.00	0.00	310.58	55.07	2.67	2.42	59.05	0.00	0.00	0.00	137.98	9 232.77
锦西灌区	0.00	14 318.00	0.00	0.00	0.00	0.00	0.00	0.00	0.00	0.00	0.00	284.87	14 602.87
莲花河灌区	0.00	4 610.00	0.00	253.12	44.89	2.18	1.97	48.13	0.00	0.00	0.00	69.32	5 029.59
岭南灌区	0.00	178.00	0.00	0.00	0.00	0.00	0.00	0.00	0.00	0.00	0.00	6.92	184.92
龙头桥灌区	14 004.00	335.00	0.00	62.73	62.39	23.58	0.00	83.11	57.41	5.66	0.00	120.98	14 754.85
牡丹江	39 944.28	83 177.29	57 506.73	0.00	101.00	0.00	0.00	118.00	0.00	0.00	7.00	2 387.57	183 241.87
牡丹江市	5 315.00	369.00	0.00	1 553.00	857.00	15.00	361.00	0.00	0.00	20.00	0.00	2 414.28	10 904.28
普阳灌区	0.00	14 624.00	0.00	0.00	7.92	0.00	0.00	8.29	0.00	0.00	0.46	30.92	14 671.58
七里沁灌区	1 270.00	1 055.00	0.00	0.00	0.00	0.00	0.00	0.00	0.00	0.00	0.00	19.07	2 344.07
七台河市	14 807.00	1 965.00	0.00	2 302.00	446.00	1 933.00	2 562.00	0.00	1 933.00	95.00	0.00	1 964.31	26 074.31
群英灌区	965.00	2 955.00	0.00	0.00	0.00	0.00	0.00	0.00	0.00	0.00	0.00	55.32	3 975.32
三环泡灌区	3 544.00	1 541.00	0.00	0.00	0.00	0.00	0.00	0.00	0.00	0.00	0.00	24.47	5 109.47
双鸭山市	9 510.81	7 889.83	1 197.00	1 849.62	1 839.64	695.42	0.00	2 450.74	1 692.76	166.83	0.00	923.05	28 215.72
松江灌区	2 099.00	21 062.00	0.00	0.00	30.47	80.41	131.11	8.01	0.00	6.54	0.00	171.07	23 588.62
绥松灌区	0.00	1 904.00	0.00	0.00	0.00	0.00	0.00	0.00	0.00	0.00	0.00	36.80	1 940.80

续表

分区	农业			工业			城镇生活			城镇生态环境		农村生活	合计
	地表水	浅层地下水	外调水	地表水	浅层地下水	深层地下水	地表水	浅层地下水	深层地下水	地表水	浅层地下水	浅层地下水	
梧桐河灌区	2 955.00	5 655.00	0.00	0.00	2.68	0.00	0.00	2.81	0.00	0.00	0.16	13.24	8 628.89
五九七灌区	66.00	2 567.00	0.00	0.00	0.00	0.00	0.00	0.00	0.00	0.00	0.00	92.50	2 725.50
小黄河灌区	410.00	2 600.00	0.00	127.66	126.97	48.00	0.00	169.15	116.83	11.51	0.00	212.51	3 822.63
新河宫灌区	5 959.00	3 121.00	0.00	700.34	124.19	6.02	0.00	133.15	0.00	5.45	0.00	183.82	10 232.97
新团结灌区	176.00	6 222.00	0.00	0.00	0.00	0.00	0.00	0.00	0.00	0.00	0.00	22.65	6 420.65
星火灌区	6 048.00	2 375.00	0.00	0.00	0.00	0.00	0.00	0.00	0.00	0.00	0.00	63.20	8 486.20
幸福灌区	13 970.00	4 866.00	0.00	1 879.35	333.26	16.15	0.00	357.32	0.00	14.62	0.00	227.42	21 664.12
延华灌区	0.00	1 054.00	0.00	0.00	0.00	0.00	0.00	0.00	0.00	0.00	0.00	6.12	1 060.12
友谊西部灌区	624.00	3 279.00	0.00	0.00	53.30	0.00	0.00	25.68	0.00	0.00	1.17	221.43	4 204.58
悦来灌区	14 400.00	4 302.00	0.00	1 630.45	289.12	14.01	0.00	310.00	0.00	12.69	0.00	157.55	21 115.81
振兴灌区	917.00	2 548.00	0.00	0.00	0.00	0.00	0.00	0.00	0.00	0.00	0.00	56.75	3 521.75
合计	344 053.53	746 807.38	99 297.06	44 851.00	14 405.00	8 866.00	13 247.00	10 184.00	1 867.00	1 095.00	22.00	20 208.94	1 304 903.91

表7-4　2030年连通工程不调水的水资源配置成果

（单位：万m³）

分区	农业			工业			城镇生活			城镇生态环境		农村生活	合计
	地表水	浅层地下水	外调水	地表水	浅层地下水	深层地下水	地表水	浅层地下水	深层地下水	地表水	浅层地下水	浅层地下水	
八五三灌区	2 458.00	9 467.00	0.00	0.00	162.61	0.00	0.00	34.42	0.00	1.67	0.00	129.69	12 253.40
宝泉岭	3 480.92	42 776.31	53 720.00	0.00	331.70	0.00	0.00	152.53	0.00	9.05	0.00	372.46	100 842.97
大兴灌区	0.00	6 281.00	0.00	0.00	0.00	0.00	0.00	0.00	0.00	0.00	0.00	17.02	6 298.02
东泄总灌区	0.00	15 986.00	0.00	0.00	0.00	0.00	0.00	0.00	0.00	0.00	0.00	127.81	16 113.81
二九一南部灌区	0.00	6 556.00	0.00	0.00	78.12	0.00	0.00	16.54	0.00	0.80	0.00	98.64	6 750.10
凤翔灌区	884.00	4 906.00	0.00	227.89	128.04	193.26	0.00	15.00	0.00	0.02	12.85	56.01	6 423.06
共青灌区	0.00	1 198.00	0.00	0.00	0.00	0.00	0.00	0.00	0.00	0.00	0.00	7.27	1 205.27
哈尔滨市	8 326.14	4 214.47	0.00	790.20	872.59	0.00	0.00	474.44	0.00	0.00	31.02	582.54	15 291.39
蛤蟆通灌区	4 017.00	5 927.00	0.00	0.00	0.00	0.00	0.00	0.00	0.00	0.00	0.00	111.80	10 055.80
鹤岗市	5 885.51	7 747.64	56 821.00	0.00	4 211.39	6 385.37	7 529.65	486.79	0.00	0.00	424.43	402.03	89 893.81
红旗灌区	0.00	1 283.00	0.00	0.00	0.00	0.00	0.00	0.00	0.00	0.00	0.00	42.78	1325.78
红卫灌区	6 688.00	1 960.00	0.00	0.00	0.00	0.00	0.00	0.00	0.00	0.00	0.00	8.63	8 656.63
红兴隆	6 901.73	12 916.92	20 000.00	0.00	707.54	0.00	0.00	149.78	0.00	7.27	0.00	693.82	41 377.05
鸡西市	55 259.00	23 767.00	59 062.00	15 866.72	13 578.02	8 040.42	10 905.15	0.00	0.00	0.00	610.04	3 991.92	191 080.27
集安灌区	0.00	3 749.00	0.00	0.00	0.00	0.00	0.00	0.00	0.00	0.00	0.00	67.97	3 816.97
集笔灌区	0.00	4 912.00	0.00	0.00	0.00	0.00	0.00	0.00	0.00	0.00	0.00	96.73	5 008.73
佳木斯市	45 201.90	17 220.06	185 752.00	105 904.00	22 413.43	623.96	0.00	10 559.72	0.00	0.00	461.46	2972.66	391 109.18
尖山子灌区	572.00	4 199.00	0.00	0.00	0.00	0.00	0.00	0.00	0.00	0.00	0.00	22.36	4 793.36

续表

分区	农业			工业			城镇生活			城镇生态环境		农村生活	合计
	地表水	浅层地下水	外调水	地表水	浅层地下水	深层地下水	地表水	浅层地下水	深层地下水	地表水	浅层地下水	浅层地下水	
建三江	91.28	118 352.55	209 767.00	0.00	925.47	0.00	0.00	154.92	0.00	8.27	0.00	147.76	329 447.26
江川灌区	0.00	9 677.00	0.00	0.00	24.34	0.00	0.00	5.15	0.00	0.25	0.00	83.67	9 790.41
锦东灌区	8 798.00	18 381.00	0.00	3 657.12	773.99	21 55	0.00	364.65	0.00	0.00	15.94	335.80	32 348.04
锦江灌区	5 215.00	4 371.00	0.00	0.00	0.00	0.00	0.00	0.00	0.00	0.00	0.00	20.56	9 606.56
锦南灌区	0.00	15 113.00	0.00	1 146.81	242.71	6.76	0.00	114.35	0.00	0.00	5.00	139.12	16 767.74
锦西灌区	0.00	22 261.00	0.00	0.00	0.00	0.00	0.00	0.00	0.00	0.00	0.00	287.22	22 548.22
莲花河灌区	1 322.00	8 393.00	0.00	934.66	197.81	5.51	0.00	93.19	0.00	0.00	4.07	69.89	11 020.13
岭南灌区	0.00	1 597.00	0.00	0.00	0.00	0.00	0.00	0.00	0.00	0.00	0.00	6.98	1 603.98
龙头桥灌区	1 958.00	5 668.00	0.00	231.61	274.94	59.70	0.00	160.94	72.06	0.00	11.70	121.98	8 558.94
牡丹江	36 734.26	69 787.43	88 126.00	0.00	445.11	0.00	0.00	228.50	0.00	14.48	0.00	2 407.29	197 743.06
牡丹江市	5 280.00	314.00	0.00	5 734.47	3 776.81	37.97	660.97	0.00	0.00	0.00	0.00	2 434.22	18 279.81
普阳灌区	614.00	17 205.00	0.00	0.00	34.89	0.00	0.00	16.05	0.00	0.95	0.00	31.17	17 902.06
七里沁灌区	2 798.00	4 289.00	0.00	0.00	0.00	0.00	0.00	0.00	0.00	0.00	0.00	19.23	7 106.23
七台河市	9 523.00	1 862.00	0.00	8 500.16	1 965.53	4 893.62	4 690.90	0.00	0.00	0.00	196.45	1 980.53	33 612.19
群英灌区	1 216.00	6 363.00	0.00	0.00	0.00	0.00	0.00	0.00	0.00	0.00	0.00	55.78	7 634.78
三环泡灌区	0.00	3 195.00	0.00	0.00	0.00	0.00	0.00	0.00	0.00	0.00	0.00	24.67	3 219.67
双鸭山市	8 296.78	8 558.13	59 062.00	6 829.73	8 107.35	1 760.54	0.00	4 745.82	2 124.95	0.00	344.99	930.68	100 760.97
松江灌区	1 094.00	24 899.00	0.00	0.00	134.27	203.58	240.06	15.52	0.00	0.00	13.53	172.48	26 772.44
绥棱灌区	0.00	3 130.00	0.00	0.00	0.00	0.00	0.00	0.00	0.00	0.00	0.00	37.10	3 167.10

续表

分区	农业			工业			城镇生活			城镇生态环境		农村生活	合计
	地表水	浅层地下水	外调水	地表水	浅层地下水	深层地下水	地表水	浅层地下水	深层地下水	地表水	浅层地下水	浅层地下水	
梧桐河灌区	0.00	8 997.00	0.00	0.00	11.83	0.00	0.00	5.44	0.00	0.32	0.00	13.35	9 027.94
五九七灌区	0.00	5 098.00	0.00	0.00	0.00	0.00	0.00	0.00	0.00	0.00	0.00	93.27	5 191.27
小黄河灌区	0.00	7 198.00	0.00	471.37	559.55	121.51	0.00	327.55	146.66	0.00	23.81	214.27	9 062.72
新河宫灌区	4 357.00	11 834.00	0.00	2 586.01	547.30	15.24	0.00	257.85	0.00	0.00	11.27	185.34	19 794.00
新团结灌区	0.00	7 635.00	0.00	0.00	0.00	0.00	0.00	0.00	0.00	0.00	0.00	22.84	7 657.84
星火灌区	0.00	6 754.00	0.00	0.00	0.00	0.00	0.00	0.00	0.00	0.00	0.00	63.72	6 817.72
幸福灌区	10 038.00	11 644.00	0.00	6 939.51	1 468.67	40.89	0.00	691.94	0.00	0.00	30.24	229.30	31 082.55
延军灌区	0.00	2 293.00	0.00	0.00	0.00	0.00	0.00	0.00	0.00	0.00	0.00	6.17	2 299.17
友谊西部灌区	0.00	6 963.00	0.00	0.00	234.91	0.00	0.00	49.73	0.00	2.41	0.00	223.26	7 473.31
悦来灌区	0.00	8 589.00	0.00	6 020.44	1 274.16	35.47	0.00	600.30	0.00	0.00	26.23	158.86	16 704.46
振兴灌区	682.00	5 749.00	0.00	0.00	0.00	0.00	0.00	0.00	0.00	0.00	0.00	57.21	6 488.21
合计	237 691.51	601 236.51	732 310.00	165 612.80	63 483.09	22 445.32	24 254.61	19 721.12	2 343.68	45.49	2 264.40	20 375.85	1 891 784.39

表 7-5 2030 年连通工程调水的水资源配置成果

（单位：万 m³）

分区	农业			工业			城镇生活			城镇生态环境		农村生活	合计
	地表水	浅层地下水	外调水	地表水	浅层地下水	深层地下水	地表水	浅层地下水	深层地下水	地表水	浅层地下水	浅层地下水	
八五三灌区	23 413.00	7 045.00	0.00	0.00	162.61	0.00	0.00	34.42	0.00	0.00	1.67	129.69	30 786.40
宝泉岭	3 480.92	42 776.31	53 720.00	0.00	331.70	0.00	0.00	152.53	0.00	0.00	9.05	372.46	100 842.97
大兴灌区	14 835.00	4 740.00	0.00	0.00	0.00	0.00	0.00	0.00	0.00	0.00	0.00	17.02	19 592.02
东进总灌区	46 062.00	12 167.00	0.00	0.00	0.00	0.00	0.00	0.00	0.00	0.00	0.00	127.81	58 356.81
二九一南部灌区	20 719.00	5 094.00	0.00	0.00	78.12	0.00	0.00	16.54	0.00	0.00	0.80	98.64	26 007.10
凤翔灌区	884.00	3 952.00	10 533.00	0.00	128.04	193.26	227.89	15.00	0.00	12.85	0.02	56.01	16 002.06
共青灌区	0.00	689.00	1 049.00	0.00	0.00	0.00	0.00	0.00	0.00	0.00	0.00	7.27	1 745.27
哈尔滨市	8 326.14	4 214.47	0.00	790.20	872.59	0.00	0.00	474.44	0.00	31.02	0.00	582.54	15 291.39
鳖蟆通灌区	16 945.00	4 360.00	0.00	0.00	0.00	0.00	0.00	0.00	0.00	0.00	0.00	111.80	21 416.80
鹤岗市	5 885.51	7 747.64	56 821.00	0.00	4 211.39	6 385.37	7 529.65	486.79	0.00	424.43	0.00	402.03	89 893.81
红旗灌区	1 481.00	550.00	0.00	0.00	0.00	0.00	0.00	0.00	0.00	0.00	0.00	42.78	2 073.78
红卫灌区	1 192.00	1 536.00	0.00	0.00	0.00	0.00	0.00	0.00	0.00	0.00	0.00	8.63	2 736.63
红兴隆	6 901.73	12 916.92	20 000.00	0.00	707.54	0.00	0.00	149.78	0.00	0.00	7.27	693.82	41 377.05
鸡西市	55 259.00	23 767.00	59 062.00	15 866.72	13 578.02	8 040.42	10 905.15	0.00	0.00	610.04	0.00	3 991.92	191 080.27
集贤灌区	12 768.00	1 228.00	0.00	0.00	0.00	0.00	0.00	0.00	0.00	0.00	0.00	67.97	14 063.97
集笔灌区	14 054.00	3 019.00	0.00	0.00	0.00	0.00	0.00	0.00	0.00	0.00	0.00	96.73	17 169.73
佳木斯市	45 201.90	17 220.06	185 752.00	105 904.00	22 413.43	623.96	0.00	10 559.72	0.00	461.46	0.00	2 972.66	391 109.18
尖山子灌区	11 110.00	2 908.00	0.00	0.00	0.00	0.00	0.00	0.00	0.00	0.00	0.00	22.36	14 040.36
建三江	91.28	118 352.55	209 767.00	0.00	925.47	0.00	0.00	154.92	0.00	0.00	8.27	147.76	329 447.26

续表

分区	农业			工业			城镇生活		城镇生态环境		农村生活	合计
	地表水	浅层地下水	外调水	地表水	浅层地下水	深层地下水	浅层地下水	深层地下水	地表水	浅层地下水	浅层地下水	
江川灌区	8 352.00	7 353.00	0.00	0.00	24.34	0.00	5.15	0.00	0.00	0.25	83.67	15 818.41
锦东灌区	12 057.00	14 890.00	0.00	3 657.12	773.99	21.55	364.65	0.00	15.94	0.00	335.80	32 116.04
锦江灌区	3 059.00	2 101.00	0.00	0.00	0.00	0.00	0.00	0.00	0.00	0.00	20.56	5 180.56
锦南灌区	37 254.00	11 407.00	0.00	1 146.81	242.71	6.76	114.35	0.00	5.00	0.00	139.12	50 315.74
锦西灌区	38 363.00	14 085.00	0.00	934.66	0.00	0.00	0.00	0.00	4.07	0.00	287.22	52 735.22
莲花河灌区	4 291.00	6 747.00	0.00	231.61	197.81	5.51	93.19	0.00	4.07	0.00	69.89	12 343.13
岭南灌区	0.00	248.00	865.00	0.00	0.00	0.00	0.00	0.00	0.00	0.00	6.98	1 119.98
龙头桥灌区	19 957.00	4 121.00	0.00	0.00	274.94	59.70	160.94	72.06	11.70	0.00	121.98	25 010.94
牡丹江	36 734.26	69 787.43	88 126.00	0.00	445.11	0.00	228.50	0.00	0.00	14.48	2 407.29	197 743.06
牡丹江市	5 280.00	314.00	0.00	5 734.47	3 776.81	37.97	0.00	0.00	41.36	0.00	2 434.22	18 279.81
普阳灌区	6 525.00	13 044.00	0.00	0.00	34.89	0.00	16.05	0.00	0.00	0.95	31.17	19 652.06
七里沁灌区	5 097.00	3 184.00	0.00	0.00	0.00	0.00	0.00	0.00	0.00	0.00	19.23	8 300.23
七台河市	9 523.00	1 862.00	0.00	8 500.16	1 965.53	4 893.62	0.00	0.00	196.45	0.00	1 980.53	33 612.19
群英灌区	1 668.00	3 180.00	0.00	0.00	0.00	0.00	0.00	0.00	0.00	0.00	55.78	4 903.78
三环泡灌区	8 558.00	2 533.00	0.00	0.00	0.00	0.00	0.00	0.00	0.00	0.00	24.67	11 115.67
双鸭山市	8 296.78	8 558.13	59 062.00	6 829.73	8 107.35	1 760.54	4 745.82	2 124.95	344.99	0.00	930.68	100 760.97
松江灌区	11 658.00	15 450.00	0.00	0.00	134.27	203.58	15.52	0.00	13.53	0.00	172.48	27 887.44
绥松灌区	4 113.00	2 169.00	0.00	0.00	0.00	0.00	0.00	0.00	0.00	0.00	37.10	6 319.10
梧桐河灌区	0.00	5 668.00	6 206.00	0.00	11.83	0.00	5.44	0.00	0.00	0.32	13.35	11 904.94

续表

分区	农业			工业			城镇生活			城镇生态环境		农村生活	合计
	地表水	浅层地下水	外调水	地表水	浅层地下水	深层地下水	地表水	浅层地下水	深层地下水	地表水	浅层地下水	浅层地下水	
五九七灌区	23 507.00	2 331.00	0.00	0.00	0.00	0.00	0.00	0.00	0.00	0.00	0.00	93.27	25 931.27
小黄河灌区	21 424.00	3 840.00	0.00	471.37	559.55	121.51	0.00	327.55	146.66	23.81	0.00	214.27	27 128.72
新河宫灌区	6 870.00	10 177.00	0.00	2 586.01	547.30	15.24	0.00	257.85	0.00	11.27	0.00	185.34	20 650.00
新财结灌区	0.00	4 655.00	4 854.00	0.00	0.00	0.00	0.00	0.00	0.00	0.00	0.00	22.84	9 531.84
星火灌区	2 829.00	2 869.00	0.00	0.00	0.00	0.00	0.00	0.00	0.00	0.00	0.00	63.72	5 761.72
幸福灌区	18 972.00	5 420.00	0.00	6 939.51	1 468.67	40.39	0.00	691.94	0.00	30.24	0.00	229.30	33 792.55
延军灌区	0.00	1 125.00	1 877.00	0.00	0.00	0.00	0.00	0.00	0.00	0.00	0.00	6.17	3 008.17
友谊西部灌区	19 181.00	3 111.00	0.00	0.00	234.91	0.03	0.00	49.73	0.00	0.00	2.41	223.26	22 802.31
悦来灌区	6 843.00	5 395.00	0.00	6 020.44	1 274.16	35.47	0.00	600.30	0.00	26.23	0.00	158.86	20 353.46
振兴灌区	701.00	2 389.00	0.00	0.00	0.00	0.00	0.00	0.00	0.00	0.00	0.00	57.21	3 147.21
合计	609 722.51	502 296.51	757 694.00	165 612.80	63 483.09	22 445.32	24 254.61	19 721.12	2 343.68	2 264.40	45.49	20 375.85	2 190 259.39

（3）松花江入境水量

根据佳木斯断面 2014 年和 2030 年的多年平均下泄水量以及依兰断面 2000～2014 年实测径流过程，推断在 2000～2014 年降水条件下 2030 年的径流过程。随着断面以上经济社会用水的增加，2030 年下泄水量减少至 350.74 亿 m³。松花江依兰断面各水平年径流量见表 7-6。

表 7-6　松花江依兰断面各水平年径流量　　　　　　（单位：亿 m³）

年份	1 月	2 月	3 月	4 月	5 月	6 月	7 月	8 月	9 月	10 月	11 月	12 月	合计
2014	13.42	10.73	13.92	31.33	39.56	38.76	51.93	80.85	56.09	36.69	20.07	16.05	409.40
2030	9.74	11.19	27.46	29.06	33.78	43.47	76.54	49.12	29.65	18.40	12.88	9.46	350.74

7.3　方案调控效应对比分析

不同水资源开发利用调控方案对三江平原的水文情势、地下水动态、生态环境形势等产生不同的影响。本节将对比分析地下水位、耗水量、河道径流等关键水循环通量和状态量以及对水循环极为敏感的湿地生态在不同方案中的变化，从而找到既有利于社会经济发展，又能改善区域生态的水资源开发利用调控模式。

7.3.1　地下水变化

地下水是三江平原重要的水资源，在地表水调蓄工程供水能力不足的情况下，为工农业生产和生活提供了可靠的水源。现状水平年地下水开采强度大，部分地区出现严重的超采现象，如果未来水稻种植面积进一步增加，同时又建立了更多的蓄引提调地表水工程，将会对地下水补给、排泄、蓄变和水位产生怎样的影响，通过本节的对比分析将能较好地回答上述问题。

（1）平原区地下水平衡对比分析

三江平原水稻发展迅速，随之而变的水资源开发利用调控模式对区域地下水的影响极为显著。现状水平年模型采用 2014 年的土地利用和种植结构数据，供用水量采用现状水平年不调水方案下的水资源配置成果，驱动数据采用 2000～2014 年的气象数据，松花江干流入境水量采用 2000～2014 年的实测流量。现状水平年不调水方案下地下水动态平衡见表 7-7。现状水平年地下水总开采量高达 107.51 亿 m³，地下水过度开采使地下水储量处于负蓄变状态，年均超采量达到 10.99 亿 m³，现状水平年不调水方案明显不利于地下水的保护和水资源的可持续利用。

表 7-7　现状水平年不调水方案下地下水动态平衡　　　　（单位：亿 m^3）

年份	区域补给量	排泄量			蓄变量
		总开采	潜水蒸发	基流排泄	
2002	107.39	117.92	1.87	11.84	-24.25
2003	112.32	127.05	2.24	10.03	-27.00
2004	111.08	121.37	2.45	12.19	-24.92
2005	103.88	120.81	2.29	13.86	-33.09
2006	113.53	102.38	2.18	19.97	-11.00
2007	114.70	126.77	2.73	21.68	-36.47
2008	97.49	133.25	2.52	13.77	-52.04
2009	122.73	104.22	2.23	13.18	3.11
2010	125.92	77.68	2.35	24.50	21.39
2011	115.38	102.84	2.82	16.65	-6.93
2012	143.30	102.31	2.33	19.17	19.50
2013	146.60	64.70	2.96	45.14	33.79
2014	130.96	96.36	3.52	36.09	-5.01
平均	118.87	107.51	2.50	19.85	-10.99

2030 年模型仍以 2014 年土地利用数据为下垫面基础，但是水田和旱地的种植结构发生了显著变化。预测连通工程规划灌区范围外（约 9.2 万 km^2）水稻种植面积将从现状水平年的 2792 万亩增加到 2030 年的 3130 万亩，增加 338 万亩；预测规划灌区范围内（约 1.4万 km^2）水稻种植面积从现状水平年的 774 万亩增加到 2030 年的 1376 万亩，增加 602 万亩。供用水数据来自水资源配置成果，需水量增加促使三江平原新建更多的地下水和地表水供水工程，可供水量相应增加。驱动数据仍然采用 2000～2014 年的气象数据，但是松花江干流来水量有所减少。2030 年连通工程不调水方案下地下水动态平衡见表 7-8。

表 7-8　2030 年连通工程不调水方案下地下水动态平衡　　　　（单位：亿 m^3）

年份	区域补给量	排泄量			蓄变量
		总开采	潜水蒸发	基流排泄	
2002	131.16	113.88	3.09	22.77	-8.58
2003	137.84	125.11	3.99	25.33	-16.59

年份	区域补给量	排泄量			蓄变量
		总开采	潜水蒸发	基流排泄	
2004	135.04	119.42	4.18	30.55	−19.11
2005	130.38	116.68	4.01	30.23	−20.55
2006	134.09	101.16	3.77	37.19	−8.03
2007	140.68	125.05	4.70	39.05	−28.13
2008	125.86	127.78	4.50	27.56	−33.99
2009	140.37	102.90	4.50	34.24	−1.27
2010	140.76	76.87	3.53	48.86	11.49
2011	135.14	104.09	4.18	42.90	−16.03
2012	160.81	100.42	3.50	46.70	10.19
2013	163.42	66.68	4.03	74.52	18.20
2014	151.20	92.24	5.31	56.12	−2.47
平均	140.52	105.56	4.10	39.70	−8.84

与现状水平年不调水方案相比,新建了大量界河引调水工程,使三江平原的地下水开采量仍然维持在现状水平并略有降低,但是地下水补给量增加较多,同时潜水蒸发和基流排泄也相应增加,使三江平原整个平原区的地下水超采量有所降低。此时,连通工程规划灌区尚未考虑调水。

在 2030 年连通工程不调水的方案下,规划灌区地下水仍然存在超采现象。在此基础上考虑连通工程调水对灌区地下水的置换,地下水动态平衡见表 7-9。从表 7-9 可以看出,尽管部分降水较少年份的地下水出现负蓄变,但是从整个模拟期来看,地下水的蓄变量是正值,说明考虑调水后地下水真正实现了采补平衡,可见连通工程调水对于地下水具有显著的修复作用。

表 7-9　2030 年连通工程调水方案下地下水动态平衡　　　　　　(单位:亿 m³)

年份	区域补给量	排泄量			蓄变量
		总开采	潜水蒸发	基流排泄	
2002	129.78	85.80	4.39	28.25	11.33
2003	138.90	98.27	5.49	32.53	2.60
2004	137.47	94.17	5.70	38.13	−0.53

年份	区域补给量	排泄量			蓄变量
		总开采	潜水蒸发	基流排泄	
2005	132.18	94.66	5.14	36.44	-4.06
2006	133.15	79.81	4.87	44.00	4.47
2007	143.64	98.60	6.01	44.95	-5.92
2008	128.21	102.25	5.75	32.05	-11.83
2009	138.42	80.65	5.86	41.71	10.21
2010	137.41	58.89	4.90	61.44	12.17
2011	136.92	77.19	5.95	55.51	-1.73
2012	156.36	79.34	4.99	62.16	9.87
2013	162.68	48.59	5.73	98.94	9.42
2014	152.56	68.48	7.42	76.89	-0.22
平均	140.59	82.05	5.55	50.23	2.75

（2）地下水位变化对比分析

三种方案在地下水模拟时均采用相同的地下水位初始值，但在种植结构变化、供需水增加、外江引调水等社会经济发展和水资源开发利用的影响下，地下水位必然发生不同程度的变化，因此需要对比分析这些方案对地下水位的影响，并作为调控方案选取的依据之一。

现状水平年模拟不同于现状年模拟，2000～2014年的模拟期内全部采用的是2014年的种植结构，2014年灌溉面积远大于2000～2014年平均灌溉面积，灌溉水源大部分来自地下水，导致地下水埋深较现状年埋深有所增大。

2030年三江平原水稻种植面积大幅度增加，尤其是连通工程规划灌区范围内。为了应对水资源供需紧张的形势，规划2030年将新建更多的蓄引提调地表水工程，以满足不断增长的农业和非农业用水需求。在连通工程不调水的情况下，2030年地下水位相对于现状水平年不调水方案的地下水位变化显著。

根据三江平原水利规划，沿黑龙江和乌苏里江的区域将在2030年引入更多的界河水量，使沿界河区域可供水量大幅度增加，对于地下水超采的形势起到很大的缓解作用。沿界河区域地下水位普遍比现状水平年水位上升，尤其是现状水平年超采严重的三江低平原东北部承压层覆盖地区，地下水位最大回升幅度可达到30m左右。

与沿界河区域地下水恢复形成鲜明对比的连通工程规划区范围内，地下水位下降趋势明显，最大下降幅度可达20m以上。形成这种局面的原因是，规划灌区内水稻种植面积增加的幅度远大于灌区以外区域水稻增加的幅度，但是可供水量并没有像沿界河区域的供水量那样大幅度增加，地下水供水量不能满足农业需水，只能通过开采地下水弥补供水缺口，从而造成地下水大幅度超采。

为了改善上述缺水形势，2030 年规划引调黑龙江水和松花江水 40 亿 m³ 入连通工程规划灌区，在置换地下水超采量的同时改善当地生态环境，满足农业用水需求。2030 年调水前后地下水位的变化主要发生在连通工程灌区范围内。

连通工程区调水后地下水位很快恢复，最大上升幅度可达 30m。2030 年不调水方案较现状水平年不调水方案地下水位下降 0～20m，2030 年调水方案较 2030 年不调水方案地下水位又上升 0～30m，那么 2030 年调水方案比现状水平年不调水方案地下水位有所上升。

2030 年水稻大面积扩展，对水资源的需求大幅度增加，如果不考虑调水，当地水资源必然难以满足需求，调水可以很大程度上弥补水资源缺口，同时还能更进一步改善现状水平年的地下水超采，使 2030 年调水方案下的地下水能够实现动态平衡。

综合地下水补给-排泄动态平衡和地下水位变化对比分析，可以得出以下结论：

1）2030 年水稻种植面积大幅度增加，同时蓄引提调水工程增加，如果连通工程范围不调水，尽管灌区外地下水恢复良好，但是灌区内地下水相对现状水平年超采严重，原因在于灌区内现有水资源可供水量难以支撑水稻的大幅度增加（增加约 600 万亩），2030 年不调水方案不利于地下水的可持续利用。

2）2030 年连通工程范围调水后，灌区地下水位很快恢复，不但将不调水方案下地下水严重超采的情势扭转过来，而且实现了地下水的采补平衡。该方案既保证了大面积水稻种植的需水安全，促进了社会经济发展，又修复了地下水超采的现状，较其他方案更有优势。

7.3.2　耗水量对比分析

耗水量是一个区域水分的净损失量，主要包括冠层截留蒸发、积雪升华、地表积水蒸发、土壤蒸发和植被蒸腾，该部分水量是流域水循环的关键通量，决定了植被生长的需水量，尤其是农作物灌溉需水量的重要组成部分，因此在三种方案的对比中是需要考虑的重要环节。三江平原不同水资源开发利用方案下各种 LUC 类型的耗水量对比见表 7-10。

表 7-10　三种方案下各种 LUC 类型的耗水量对比　　（单位：mm）

LUC 类型	现状水平年不调水	2030 年不调水	2030 年调水
水稻	736	736	735
玉米	453	457	458
大豆	436	439	441
其他作物	426	430	431
沼泽地	417	419	421

LUC 类型	现状水平年不调水	2030 年不调水	2030 年调水
高覆盖度草地	396	399	400
农村居民点用地	386	389	391
中覆盖度草地	386	387	388
滩地	383	386	388
无作物	378	378	380
湖泊	377	379	379
沙地	370	372	372
河渠	369	374	376
裸土地	368	371	371
水库坑塘	367	369	369
裸岩石砾地	366	363	366
城镇用地	348	350	352
灌木林地	335	336	337
其他林地	317	315	315
有林地	284	285	285
其他建设用地	278	286	288
疏林地	259	264	264

三江平原农作物仍然是耗水量最强烈的 LUC 类型，尤其是水稻耗水强度远高于其他农作物和 LUC 类型，因此水稻的大面积增加必然会导致三江平原水资源净消耗的增加，引起区域水资源亏缺。

从不同方案的对比上看，绝大多数 LUC 类型的耗水量存在"现状水平年不调水—2030 年不调水—2030 年调水"逐渐增加的趋势，在其他气象条件相同的情况下，水分条件的改善是耗水量增加的主要原因。

2030 年不调水是指连通工程区不接受调水，但是工程区外根据三江平原水利规划仍然会有大量的界河水量调入，很大程度上改善了沿江区域水分条件，使三江平原不同 LUC 类型的平均耗水强度进一步加大。2030 年连通工程调水后进一步改善三江平原的水分条件，使其平均耗水强度在不调水方案上有所增大。

三江平原农作物种植面积在 7000 万亩左右，占三江平原总土地面积的 44%，加之农作物耗水强度比其他 LUC 类型耗水强度大，决定着三江平原总的水资源消耗。在不同的农作物中，水稻耗水强度最大，水稻面积的大幅度增加进一步推动三江平原总耗水量的增加。三江平原三种方案下主要农作物的耗水量见表 7-11。

表 7-11　主要农作物三种方案下的耗水量　　　（单位：亿 m³）

农作物类型	现状水平年不调水	2030 年不调水	2030 年调水
水稻	175.68	223.96	223.74
玉米	73.23	47.11	47.16
大豆	30.21	28.08	28.19
其他作物	5.68	4.35	4.36
合计	284.80	303.50	303.45

尽管三江平原水分条件对耗水强度有一定影响，但是与农作物种植结构变化引起的耗水量变化相比，几乎可以忽略。表 7-11 显示，2030 年调水与否所产生的水资源消耗量区别不大，但是两个不同水平年的耗水量差异巨大，2030 年与 2014 年相比，玉米、大豆和其他作物耗水量减少，水稻耗水量大幅度增加，农作物总耗水量也增加，大面积"旱改稻"的农业种植结构调整是造成耗水量增加的主要原因。

三江平原 2030 年水稻种植面积比 2014 年多出 940 万亩，耗水量增加 18.70 亿 m³，平均每增加一亩水稻，耗水量增加 199m³。为了弥补水分的净消耗，保证区域水分的动态平衡，在充分拦截当地地表水出境水量的同时，引入境外水资源，成为填补这一水分缺口的有效途径。

通过耗水分析可以得出以下结论：大面积"旱改稻"种植结构调整是三江平原经济社会发展的趋势，也是国家政策所驱，由此造成的水资源缺口通过引入资源丰富的外流域水量来弥补，是三江平原保证粮食生产安全的有效途径。因此未来经济社会的发展为调水工程（包括连通工程调水）的实施提出了新的要求。

7.3.3　径流量变化分析

径流量是三江平原社会经济用水的重要组成部分，也是湿地生态稳定的基本条件。下垫面及其水分条件变化导致地表产流量发生变化，河道蓄引提调地表水工程则直接影响河道径流过程，在三江平原土地利用变化、种植结构调整、地表水工程增加、外流域调水引入的情况下，地表产流和河道径流均会发生变化。本节将从地表产流的时空变化和河道径流过程的变化两方面对比分析不同方案对三江平原径流的影响，选出既有利于区域社会经济发展，又有利于改善生态环境的最优方案。

（1）地表产流的时空变化

表 7-12 显示的是三江平原各种 LUC 类型在三种方案下的产流量。与耗水强度相反，农田的产流量在各种 LUC 类型中是最小的，这与农田灌溉中充分利用雨水资源的管理方式有关。林地和建设用地产流量最多，林地绝大部分分布在山丘区，山丘区产流系数远大于平原区，从而整体提高了三江平原林地的产流量。建设用地不透水面积比例高，降水中

的大部分比例形成径流，提高了产流量。

表 7-12 三种方案下各种 LUC 类型产流量对比 （单位：mm）

LUC 类型	现状水平年不调水	2030 年不调水	2030 年调水
水稻	34.55	58.07	62.21
玉米	26.40	25.71	26.22
大豆	30.27	34.05	36.40
其他作物	37.84	39.01	39.73
其他建设用地	261.16	261.35	261.38
有林地	235.93	242.91	243.03
城镇用地	205.73	205.49	206.00
其他林地	169.05	153.25	153.25
疏林地	147.90	215.75	216.49
灌木林地	134.33	138.78	139.94
农村居民点用地	128.97	134.22	138.95
裸岩石砾地	118.62	80.69	86.51
裸土地	98.09	100.15	100.13
沙地	92.19	97.84	97.84
中覆盖度草地	80.98	83.85	85.05
高覆盖度草地	76.57	81.23	83.51
无作物	69.69	74.64	77.79
水库坑塘	63.55	65.84	66.20
河渠	62.48	67.84	69.19
沼泽地	58.81	64.25	66.28
滩地	55.77	60.71	62.33
湖泊	52.38	52.52	52.57

不同社会经济和水资源开发利用方案下同种 LUC 类型的产流量也存在一定的差异。相同水平年条件下，农田在调水方案下的产流量比不调水方案的产流量普遍偏高。调水后农田灌溉面积增加，土壤前期影响雨量增大，导致同样的降水量产生更多的净雨量，产流量相应增加。

主要农作物和一级 LUC 类型的地表产流量在三种方案中的变化见表 7-13。表 7-13 显示，水稻产流量变化最为剧烈，从现状水平年不调水方案下的 8.26 亿 m³ 增加到 2030 不调水方案下的 13.88 亿 m³。2030 年水稻种植面积增加，灌溉面积也随之增加，连通工程范围外的区域为了满足农业需水，增加了供水能力，土壤含水量更加丰富，产流量（包括农田退水）大幅度增加；连通工程调水后，进一步提高了农田产流的前期影响雨量，使产流量进一步增加，在 2030 年调水方案下，水稻产流量（包括农田退水）已经达到 14.87 亿 m³。可见灌溉面积增加和外流域调水可以使区域地表产流量增加。

表 7-13　主要农作物和一级 LUC 类型三种方案的产流量对比　　　（单位：亿 m³）

LUC 类型	现状水平年不调水	2030 年不调水	2030 年调水
水稻	8.26	13.88	14.87
玉米	4.27	4.16	4.24
大豆	2.10	2.36	2.52
其他作物	0.51	0.52	0.53
林地	68.58	70.76	70.81
草地	6.36	6.79	7.04
建设用地	4.28	4.37	4.46
水域	1.55	1.62	1.64
未利用地	6.14	6.69	6.90
合计	102.05	111.15	113.01

旱地农作物在三种方案中的产流量变化不大。大面积"旱改稻"种植结构调整使旱地的面积随水稻面积的增加而减少，旱地的产流量相应的有所减少，但是旱地的灌溉面积到 2030 年有所增加，产流量因灌溉对土壤水分条件的改善而增加，一减一增，使三种方案产流量变化不大。

由于其他一级 LUC 类型面积在三种方案中的面积相同，三种方案下的产流量也应保持不变。但是由于调水增加了农田的产流量，同时地下水位升高，使灌溉农田附近的 LUC 类型的土壤含水量增加，一定程度上提高了这些 LUC 类型的产流量。距离灌溉农田较远的 LUC 类型，其产流量受调水的影响较小。

总体上看，在其他条件不变的情况下，水稻种植面积和调水量的增加均会使三江平原的地表产流总量增加，原因在于灌溉可以使土壤的前期影响雨量增加，农田排水有所增加，提高了降水中形成地表径流的比例。这种变化的优点在于为当地自然景观的维持提供更多的径流量和更高的地下水位。

（2）河道径流过程的变化

河道径流过程的变化直接影响因素有两个方面：水利工程对径流的调蓄和影响以及生产生活用水后的退水入河。

三江平原现状水库工程主要布局在山丘区和山前平原区，用于防洪减灾和供水；引提水工程会减少下游河道的径流量；调水工程往往增加受水区的地表径流量；地下水工程则通过降低地下水位减少基流排泄量而影响河道径流过程。2030 年三江平原将会新建大批的水库和引提水工程，以充分利用当地地表水和过境水；连通工程和其他一些调水工程的兴建将进一步增加三江平原来自界河和过境河的供水量；地表水置换地下水后地下水位将会有所恢复，基流量增加。可见水利工程对径流量的影响有增加效应也有减少效应。

在生产生活退水方面，工业生产规模不断增加，需水量增加，但用水效率也在提高；农业灌溉面积扩大，灌溉需水量增加，但灌溉水利用系数也在提高，农田排水率降低；生活需水定额增加的同时人口却有减少的趋势。与现状水平年相比，2030 年退水量变化不易确定，对径流的影响用一般方法难以阐明。利用水循环模型对社会经济发展、种植结构变化和水资源开发利用模式变化引起的河道径流过程变化具有更大的优势。

河道径流过程变化选取三江平原 6 个主要断面进行对比分析，分别位于穆棱河、挠力河、倭肯河、梧桐河、浓江鸭绿河和七虎林河 6 条在三江平原不同流域具有代表性的主要河流。另外对比了松花江入黑龙江河口处的年均流量，用以说明不同方案引调水对松花江径流量的影响。

图 7-3 为穆棱河口三种方案下的径流量过程。由于穆棱河流域不在连通工程范围内，不存在不调水与调水的区别，只有现状水平年不调水和 2030 年的调控方案两种。根据三江平原水利规划，2030 年将引入外流域和界河的水量，一定程度减少了穆棱河的取水量，同时增加了进入穆棱河的退水量，使其 2030 年的径流量有所增加。

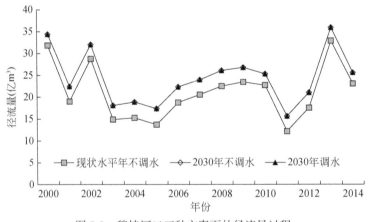

图 7-3　穆棱河口三种方案下的径流量过程

图 7-4 为挠力河口三种方案下的径流量过程。从图 7-4 可以看出，2030 年不调水方案下挠力河的径流量比现状水平年不调水方案有所增加，是因为连通工程范围外区域的流域外引调水置换了一部分挠力河引水。2030 年调水后引入更多的界河水和过境水，置换了更多的挠力河引水量，使挠力河径流量进一步增加。

倭肯河流域与穆棱河流域类似，与连通工程区没有空间交集，不受连通工程调水的影响，故两个水平年调水与否都没有对径流过程产生大的影响，但是两个水平年因不同的需水规模和供水能力导致径流量存在显著差异。2030 年倭肯河将引入数量可观的过境水量，对于改善当地日益减少的自产径流量起到重要作用。倭肯河三种方案下的径流量过程如图 7-5 所示。

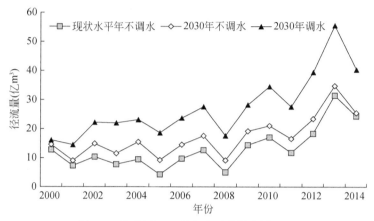

图 7-4　挠力河口三种方案下的径流量过程

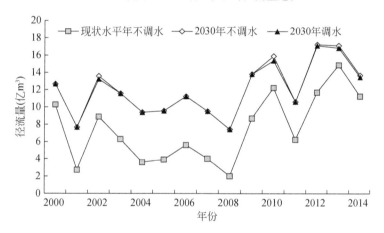

图 7-5　倭肯河口三种方案下的径流量过程

　　图 7-6 为梧桐河口三种方案下的径流量过程。由于梧桐河流域部分区域处于连通工程范围内，连通工程调水和工程范围外区外引水均会对河道径流量产生影响。总体上看，现状水平年不调水方案下径流量最小；2030 年为了满足日益增长的需水，引入了部分界河水和过境水（不包括连通工程调水），可以较大程度地提高该流域的地表径流量和地下水位，连通工程调水后则进一步丰富了梧桐河的径流量。可见，对于梧桐河流域而言，区外引调水对于流域的水分条件可以起到较好的改善作用。

　　浓江鸭绿河位于黑龙江与乌苏里江汇流处的三角地带，地势低洼，河流稀疏，当地地表径流不易调蓄，地下水成为重要的水源。该流域不在连通工程范围内，因此调水与否不影响该流域的水分条件，但是根据三江平原水利规划，2030 年将从黑龙江与乌苏里江引入大量水资源，以置换日益增加的地下水开采量，改善湿地生态状况。根据模型模拟结果，到 2030 年浓江鸭绿河的径流量将显著增加，如图 7-7 所示。

七虎林河流域也不在连通工程受水区范围内，不受调水的影响，2030 年径流量因乌苏里江水量的引入而增加，如图 7-8 所示。

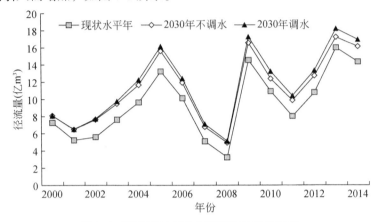

图 7-6　梧桐河口三种方案下的径流量过程

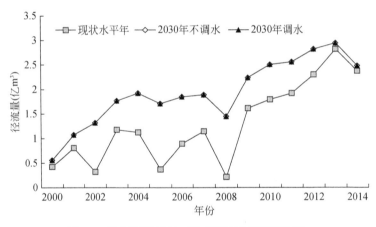

图 7-7　浓江鸭绿河口三种方案下的径流量过程

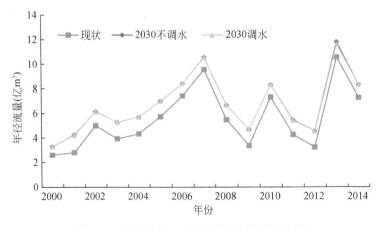

图 7-8　七虎林河口三种方案下的径流量过程

通过三江平原 6 个有代表性流域的径流过程对比可以发现，与连通工程规划灌区有关的流域，其径流过程各方案互不相同，处于工程区范围外的流域只有现状水平年和 2030 年两种径流格局。连通工程区影响的流域包括挠力河流域、梧桐河流域等，这些流域在 2030 年调水方案下径流量不一定增加，可能需要更加合理的调配方式，使其既能满足生产需水又不减少湿地径流。

松花江是三江平原重要的过境河流，平均每年有 463.9 亿 m³ 的径流量通过佳木斯断面（1956～2010 年），是三江平原沿江区域重要的水源。2030 年连通工程和其他一些引调水工程将从松花江取水，对于松花江的径流过程产生重要影响。预设的 3 种方案对松花江干流入黑龙江口处的出流量过程产生的影响见表 7-14。现状水平年方案下，2000～2014 年平均每年有 460 亿 m³ 的水量排入黑龙江；2030 年由于上游引水量增加，松花江入境流量减少，平均入黑龙江口的出流量大幅度减少，降至 425 亿 m³；2030 年实现连通工程调水后，引黑龙江水量、引松花江水量、灌溉排水共同作用于松花江，使松花江口的出流量降至 391 亿 m³。

表 7-14 松花江干流入黑龙江口处的出流量在三种方案中的变化 （单位：亿 m³）

年份	现状水平年	2030 年不调水	2030 年调水
2000	379	346	311
2001	319	297	262
2002	398	373	336
2003	550	509	466
2004	429	394	359
2005	639	586	542
2006	428	402	369
2007	268	254	223
2008	235	227	197
2009	538	500	463
2010	679	608	572
2011	477	436	404
2012	468	439	409
2013	611	554	527
2014	489	448	421
平均	460	425	391

通过径流量变化分析可以得出以下结论：

1）水稻种植面积和外流域调水量的增加可提高农田的前期影响雨量，增大降水的地表产流量。因此，2030 年不调水方案下，大面积水稻种植提高了地表产流量；连通工程调水后置换了地下水的开采量，地下水位升高，进一步增加了地表产流量。

2）不同方案下河道径流量变化，在连通工程范围内外有所不同。连通工程范围外流域的河道径流变化只有现状水平年和 2030 年之分。到 2030 年，水稻种植面积增加，外流域引调水也随之增加，对地下水开采的置换量也增加，地表产流、人工退水、农田排水和基流均增加，提高了连通工程区外的河道径流量。

2）与连通工程受水区有交集的流域河道径流过程均不同程度地受到调水的影响。2030 年调水后引入更多的界河水和过境水，置换更多的当地地表水量，使多数河流的径流量进一步增加。

7.3.4　湿地状态变化对比分析

三江平原受水稻大面积种植和调水影响最为强烈的湿地位于连通工程区内部及附近的 12 个自然保护区内。这些自然保护区内的湿地受地表径流变化、地下水位起伏和人类活动的影响，出现多种变化，包括面积的萎缩、水面的消失、水生植被的退化等。从水循环的角度研究湿地的变化，主要从分析影响和表征湿地状态的水循环通量与状态量的变化来实现，包括影响湿地状态的地表径流量和地下水位，以及表征湿地状态的土壤含水量。

三江平原湿地分为沿河湿地和内陆湿地，前者沿着河道走向形成狭长的带状湿地景观，后者则是围绕低洼地区形成的湖泊、洼地、沼泽等片状湿地。两者对地表径流和地下水位的变化极为敏感，正是由于这两方面的恶化才给人类提供了围垦的条件，导致湿地萎缩。因此在对比分析不同水资源开发利用方案对湿地的影响时，通过对比地表径流、地下水位以及土壤含水量的变化来开展。

（1）湿地地表径流量对比

保护区湿地地表径流量在三种方案中的对比见表 7-15。富锦沿江湿地自然保护区、桦川湿地自然保护区和汤原黑鱼泡自然保护区为沿松花江干流湿地保护区，径流量受方案变化的影响微小，此处不予考虑。2030 年水稻种植面积大幅度增加，如果没有其他水源，当地地下水和地表水将很难满足水稻的灌溉需求。为了保证水稻的正常生长，势必进一步超采地下水，过量汲取河流和湖泊的地表水，造成湿地径流量大幅度减少。如果 2030 年实现连通工程调水，在满足水稻种植需求的同时，有针对性地给湿地补水，将会使湿地径流量显著增加。

表 7-15　保护区湿地地表径流在三种方案中的对比　　　　（单位：亿 m^3）

保护区名称	现状水平年不调水	2030 年不调水	2030 年调水
安邦河自然保护区	1.16	0.37	2.18
东升自然保护区	3.79	1.92	5.43

保护区名称	现状水平年不调水	2030 年不调水	2030 年调水
嘟噜河自然保护区	2.57	2.05	3.46
锦山自然保护区	0.96	0.15	1.66
挠力河自然保护区	13.09	9.37	27.39
宝清七星河自然保护区	2.66	1.29	6.28
三环泡自然保护区	7.16	4.94	12.71
水莲自然保护区	0.37	0.26	0.88
择林自然保护区	0.02	0.02	0.02

（2）湿地地下水位变化

稳定的地下水位可以对湿地形成有效的涵养作用，是影响保护区湿地状态的关键因素之一。表 7-16 为保护区湿地地下水位在三种方案中的对比。

表 7-16　保护区湿地地下水位在三种方案中的对比　　　　（单位：m）

保护区名称	现状水平年	2030 年不调水	2030 年调水
安邦河自然保护区	67.37	55.90	67.47
东升自然保护区	58.25	48.04	58.34
嘟噜河自然保护区	64.66	63.18	64.92
富锦沿江湿地自然保护区	53.44	51.08	55.09
黑鱼泡湿地公园	57.36	41.53	60.69
桦川湿地自然保护区	61.89	55.38	62.48
挠力河自然保护区	45.13	49.60	51.72
宝清七星河自然保护区	54.12	43.22	55.48
三环泡自然保护区	51.63	40.94	53.83
水莲自然保护区	66.26	66.23	66.21
汤原黑鱼泡自然保护区	68.06	63.40	68.19
择林自然保护区	57.49	58.64	60.15

从现状水平年不调水方案和 2030 年不调水方案的对比可以看出，除挠力河自然保护区、水莲自然保护区和择林自然保护区湿地地下水位升高外（其中泽林保护区地下水位基本保持稳定），其余保护区湿地地下水位均降低。2030 年，连通工程范围内水稻面积增加约 600 万亩，区域内地表水不能满足水稻用水需求，只有通过开采地下水进行弥补，从

而造成了地下水位下降。而挠力河自然保护区、水莲自然保护区和择林自然保护区均位于连通工程范围外，工程区外引调水量较大，地下水补给充分，水位有所恢复。

从 2030 年不调水方案和 2030 年调水方案的对比可以看出，12 个保护区湿地地下水位均有明显的上升。连通工程实施调水后，保护区来水大幅度增加，充沛的来水不仅弥补了 2030 年不调水方案下的缺水量，同时还有多余的水量下渗补给地下水，使地下水位大幅度提升。

保护区湿地 2030 年调水方案较现状水平年不调水方案地下水位均有所升高，说明虽然水稻种植面积大幅度增加，但连通工程调水的实施不仅满足了水田种植面积大幅度增加后的用水需求，同时还有多余的水量补给地下水，使地下水位较现状水平年有所回升。

（3）土壤含水量对比

湿地土壤含水量的变化一定程度上能表征湿地状态的变化，土壤含水量降低说明湿地存在萎缩的趋势。表 7-17 为保护区湿地土壤含水量（0 ~ 3000 mm 埋深）在三种方案中的对比。从现状水平年和 2030 年不调水方案的对比可以看出，除挠力河自然保护区、水莲自然保护区以及择林自然保护区土壤含水量增加外，其余保护区湿地土壤含水量均降低。从 2030 年不调水方案和 2030 年调水方案的对比可以看出，所有保护区湿地土壤含水量均大幅度增加，说明连通工程实施调水使保护区湿地健康状况有所提升。从现状水平年不调水方案和 2030 年调水方案的对比可以看出，除嘟噜河自然保护区和东升自然保护区外，其他保护区湿地土壤含水量均有所上升，说明由于连通工程调水实施，未来年份保护区湿地健康状况有好转趋势。

表 7-17　保护区湿地土壤含水量在三种方案中的对比　　（单位：mm）

保护区名称	现状水平年不调水	2030 年不调水	2030 年调水
安邦河自然保护区	566.17	512.46	648.56
东升自然保护区	663.28	584.29	637.95
嘟噜河自然保护区	582.35	521.48	601.39
富锦沿江湿地自然保护区	588.30	584.39	631.77
锦山自然保护区	563.47	554.04	600.10
桦川湿地自然保护区	568.66	553.14	568.23
挠力河自然保护区	680.81	709.80	724.43
宝清七星河自然保护区	580.99	564.28	582.13
三环泡自然保护区	550.29	550.29	592.45
水莲自然保护区	602.45	594.83	660.92
汤原黑鱼泡自然保护区	604.45	553.18	650.23
择林自然保护区	676.87	672.03	815.55

通过不同调控方案对湿地状态变化的对比分析可以得出以下结论：

1）2030年水稻大面积扩展，如果不实施连通工程调水，工程范围内及附近的湿地径流、地下水和土壤含水量均出现不同程度的减小，可见大规模的"旱改稻"不但对水循环产生影响，而且会对湿地生态形成水资源胁迫，必然导致湿地系统的进一步萎缩。

2）2030年实现连通工程调水后，湿地径流增加，地下水位回升，土壤含水量也更加丰富，湿地的状态比现状水平年的状态更好，由此可见调水的优势。

7.4 调控模式选择与控制指标确定

7.4.1 水资源开发利用调控适宜模式

通过三种水资源开发利用调控方案的模拟，并对比分析三种方案的调控效应，基本上可以确定，2030年调水方案在适应三江平原农业发展和改善湿地生态环境上明显优于其他方案，因此可以选为三江平原水资源调控的适宜模式。

7.4.2 水资源开发利用控制性指标

水稻种植是导致三江平原地下水超采、河道径流衰减的唯一因素。如果不大面积发展水稻种植，只发展旱作雨养农业，三江平原的自产水量和三大江的过境水量完全能够满足其他各用水部门的用水量。但是三江平原具有大面积发展高质量粳稻的优良气候和土壤条件，在初级能源生产工业经济衰退的大趋势下，发展水稻商品粮经济成为该地区经济发展的动力之一，同时还是国家政策的要求，对于保障国家粮食安全意义重大。因此，三江平原合理的水稻种植面积是满足经济发展、粮食安全、地下水修复和湿地保护多个目标的关键指标。

通过 7.3 节方案调控对比分析，2030年实施调水后不但满足了三江平原的各项需水，而且地下水实现了正蓄变，径流量也有所增加，湿地还恢复到了现状水平年之前的水平，超额完成了目标。据此推测，在保持地下水和地表水动态平衡、湿地生态稳定的前提下，三江平原在2030年调水后还有继续发展水稻的潜力。

2030年调水方案下地表水的蓄变量虽然为正，但是增加量较少，供水潜力有限，因此在调增水稻面积时不考虑地表水灌溉，仅采用地下水和外调水灌溉。三江平原2030年调水后在其他条件不变的情况下，继续增加三江平原的水稻种植面积，直到平原区浅层地下水的蓄变量减小为0。如果再增加水稻面积，浅层地下水蓄变量将会出现负值，此时的水稻面积即是三江平原水资源开发利用适宜调控模式下能够支撑的水稻最大种植面积。

水稻调增考虑外调水量和地形条件，外调水越多，平原区面积越大，越有利于"旱改稻"。经过多次试算，确定三江平原还可以在2030年水稻面积的基础上继续发展水稻267.04万亩。2030年调水方案下三江平原各分区水稻发展潜力见表 7-18。

表 7-18　2030 年调水方案下三江平原各分区水稻发展潜力

分区	2030 年规划水稻面积（万亩）	地下水补排平衡状态下水稻面积（万亩）	水稻发展潜力
八五三灌区	69.13	73.17	4.04
宝泉岭	260.53	280.99	20.45
大兴灌区	40.62	41.10	0.48
东泄总灌区	110.18	110.50	0.33
二九一南部灌区	48.54	48.86	0.32
凤翔灌区	29.63	30.20	0.56
共青灌区	4.34	5.04	0.70
哈尔滨市	38.29	51.76	13.47
蛤蟆通灌区	55.75	62.43	6.68
鹤岗市	117.60	129.55	11.94
红旗灌区	5.52	6.07	0.55
红卫灌区	7.53	7.53	0.00
红兴隆	50.98	71.40	20.42
鸡西市	291.54	306.14	14.60
集安灌区	24.21	24.73	0.52
集笔灌区	33.90	35.27	1.37
佳木斯市	708.60	793.82	85.22
尖山子灌区	25.05	25.05	0.00
建三江	1038.20	1047.04	8.84
江川灌区	40.69	40.97	0.28
锦东灌区	60.58	64.77	4.19
锦江灌区	12.37	12.37	0.00
锦南灌区	87.78	88.69	0.91
锦西灌区	110.33	116.75	6.42
莲花河灌区	23.97	24.37	0.40
岭南灌区	2.11	2.79	0.68
龙头桥灌区	44.40	46.65	2.25

续表

分区	2030 年规划 水稻面积（万亩）	地下水补排平衡状态下 水稻面积（万亩）	水稻发展潜力
牡丹江	487.92	519.03	31.11
牡丹江市	6.30	12.20	5.90
普阳灌区	51.21	51.21	0.00
七里沁灌区	21.91	22.02	0.11
七台河市	31.04	31.04	0.00
群英灌区	12.86	12.86	0.00
三环泡灌区	23.20	23.20	0.00
双鸭山市	99.05	109.71	10.66
松江灌区	60.34	62.93	2.59
绥松灌区	14.76	14.86	0.10
梧桐河灌区	29.08	29.51	0.43
五九七灌区	47.38	48.67	1.29
小黄河灌区	44.44	47.00	2.56
新河宫灌区	45.06	48.34	3.28
新团结灌区	20.40	20.55	0.15
星火灌区	17.54	17.70	0.17
幸福灌区	60.46	62.11	1.65
延军灌区	6.50	6.99	0.49
友谊西部灌区	42.65	43.38	0.73
悦来灌区	33.41	33.51	0.10
振兴灌区	8.67	8.75	0.08
合计	4506.55	4773.58	267.04

三江平原水资源开发利用调控适宜模式的控制性指标，即在保持地下水采补平衡和地表径流无趋势性衰减的情况下，水稻最大种植面积为 4773.58 万亩，其中连通工程区内为 1420.9 万亩，工程区外为 3352.69 万亩，工程区内增加了 44.42 万亩，工程区外增加了 222.62 万亩。

2030 年调水方案下水稻种植充分挖掘的地下水动态平衡见表 7-19。表 7-19 显示，水稻达到最大种植面积后，地下水的补给量等于排泄量，地下水年均蓄变量为0，地下水长期趋势上实现了采补平衡。

表 7-19 2030 年调水方案下水稻种植充分挖潜的地下水动态平衡　　　　（单位：亿 m³）

| 年份 | 区域补给量 | 排泄量 | | | 蓄变量 |
		总开采	潜水蒸发	基流排泄	
2002	132.38	94.48	4.21	26.84	6.85
2003	141.68	108.21	5.26	30.90	−2.69
2004	140.22	103.70	5.46	36.22	−5.16
2005	134.82	104.24	4.92	34.62	−8.96
2006	135.81	87.89	4.67	41.80	1.45
2007	146.51	108.58	5.76	42.70	−10.53
2008	130.77	112.60	5.51	30.45	−17.79
2009	141.19	88.81	5.61	39.62	7.15
2010	140.16	64.85	4.69	58.37	12.25
2011	139.66	85.00	5.70	52.73	−3.77
2012	159.49	87.37	4.78	59.05	8.29
2013	165.93	53.51	5.49	93.99	12.94
2014	155.61	75.41	7.11	73.05	0.04
平均	143.40	90.36	5.32	47.72	0.00

7.5 小　　结

以三江平原现状水循环模型和水资源配置成果为基础，针对水资源开发利用调控目标，依据调控方法路线，对预设的多个水资源开发利用方案进行模拟，并对比分析各方案引起的主要水循环通量和状态量的变化，以及湿地的水循环效应和状态变化，依此选定三江平原水资源开发利用调控的适宜模式，最后提出三江平原水资源开发利用的控制性指标。

1）以保障三江平原水稻大面积发展的供水安全和湿地生态环境的健康稳定为水资源开发利用调控的两大目标，制定了"方案预设、模型模拟、效应对比、方案遴选和指标确定"水资源调控方法思路。

2）根据历次规划中的水资源配置成果、水稻发展规划、外流域调水规划等信息，预设了现状水平年不调水、2030 年不调水和 2030 年调水三种水资源调控方案。方案中的调水是指连通工程调水。

3）利用水循环模型对各方案进行了模拟，并从地下水、耗水量、径流量和湿地四个方面对三种方案的水循环效应和湿地效应进行了对比分析。2030 年调水方案尽管使区域耗水量增加，但是与现状水平年不调水方案和 2030 年不调水方案相比，调水的引入能扭转地下水超采的严峻形势，并能使河道径流增加，有利于湿地生态系统的修复，因此被选为三江平原水资源开发利用调控的适宜方案。

4）以地下水采补平衡和地表径流无趋势性衰减为控制因素，尽可能发挥 2030 年调水方案的水资源潜力，三江平原可以发展的水稻最大种植面积为 4773.58 万亩，以此作为三江平原在 2030 年调水方案下水资源开发利用的控制性指标。

第8章 | 主要研究成果与展望

8.1 主要研究成果

高纬度寒区水循环机理与水资源调控研究是在大量已有研究成果的基础上的进一步探索和发展,是对现有理论的继续丰富,也是对各种实践应用的有益补充。本书通过寒区水循环相关理论总结和框架整合建立理论基础,以高纬度寒区的典型代表三江平原为研究对象,在一系列的特征分析、模型构建、规律分析、合理配置和方案调控的实施中,对寒区水循环和水资源的理论和实践进行了一次全新的结合,产出了若干具有创新性的成果。

1) 寒区水循环理论体系。寒区水循环是水循环在寒区的表现形式,既有水循环的一般特征,又有区别于非寒区水循环的特殊性。在论述寒区水循环特有要素及其水循环特点的基础上,设计了寒区水循环研究的理论框架体系,该体系涉及冰冻圈科学、水文学、水资源学、地理学和大气科学五大学科,建立在能量平衡和物质平衡两大基础理论之上,涵盖水循环的各个环节和要素,并重点突出寒区水循环的四大要素,各要素水循环又分为多个重要研究内容,从而形成了寒区水循环较为完整的理论体系。

2) 针对三江平原水循环特征的模型改进。三江平原土地利用变化剧烈,农田大面积侵蚀林地、草地、湿地等天然景观,为此模型增加了变土地利用数据处理功能模块;三江平原封冻长达半年左右的季节性冻土层对产汇流、地下水补给、蒸发等关键水循环环节产生重要影响,为了更好地模拟冻土过程及其对水循环的影响,模型改进了冻土模拟模块;三江平原近20年水稻面积增加了7倍,种植面积达到三江平原总面积的近23%,因此合理模拟水稻的灌溉、排水等过程对于精确模拟三江平原水循环意义重大,为此模型优化了水稻田灌溉需求动态识别功能。

3) 三江平原水循环模型校验(率定与验证)的新途径。水循环模型的校验是实现模型模拟功能的保障,也是本书研究的重点和难点。鉴于模型的复杂性和综合性,单纯校验径流过程很难保证模型模拟的准确性,为此,本书研究从多个途径对模型进行了全方位的率定、验证和检验。首先利用一部分实测地表径流和地下水位对模型参数进行了率定。其次利用另一部分实测地表径流和地下水位对模型进行了验证。模型达到一定精度后,再检验模型输出的若干宏观参数,如降水径流系数、降水入渗补给系数、农田灌溉定额等,如果模型输出结果与以往研究、实测结果匹配,则认为模型具有较高的合理性,否则需要继续调试。最后检验模型的水量平衡情况,包括地表水的水量平衡、土壤水的水量平衡、地下水的水量平衡以及全区域的水量平衡,如果各平衡体系均实现了补给量与排泄量的差值等于蓄变量的平衡机制,则说明模型是可靠的。本书研究建立的三江平原水循环模型通过了上述一系列校验，说明在模拟实际水循环中具备了较高的精度、合理性和可靠性。

4）三江平原水循环规律。模型首先模拟了三江平原全区域的完整水循环过程，包括各项水循环通量和状态量变化。通量方面包括自然水循环通量和社会水循环通量两类，前者以降水、蒸发、入渗、径流等为主，后者以引水、灌溉、渗漏、蒸发、消耗、排水等为主；状态量变化方面包括植被截留量、积雪量、土壤含水量、地下水蓄量、水库蓄水量、河道蓄水量等的变化。其次利用模型和实测数据分析了三江平原产流、耗水、河道径流和地下水动态规律。最后详细分析了三江平原的寒区水循环规律，包括降雪变化规律、春汛径流规律、冷季蒸发规律和地下水补给规律。分析发现，三江平原降雪量有增加的趋势，而降雪期有缩短的趋势；平原区因融雪迅速，融雪径流较大，使年径流过程呈马鞍形，春汛突出，而在地形起伏较大的山丘区，融雪缓慢，融雪径流推迟，导致春汛与夏汛几乎重合，汛期比较集中；冷季气温降低，各种赋存形式的水分大部分时间处于固态，固态水分蒸发（升华）远小于液态水分蒸发，导致冷季的蒸发基本处于抑制状态；融雪径流与冻土过程共同作用于土壤水的下渗，使地下水在春季的补给变化剧烈。

5）三江平原水资源调控适宜模式与控制性指标。以促进三江平原社会经济发展和生态环境保护为目的，设定了保障粮食生产安全和湿地生态健康的水资源调控双重目标，利用水资源配置成果预设水资源调控方案集，将水资源调控方案分别输入水循环模型，对比不同方案对水循环的影响，包括地下水、耗水量、径流量和湿地水分变化的差异，根据对比分析选出三江平原水资源调控的适宜模式，并确定实现经济发展、粮食安全、地下水修复和湿地保护多个目标最优的控制性指标。通过上述调控方法，确定了三江平原水资源调控的适宜模式，即 2030 年调水模式，其中包括在连通工程规划灌区范围外的界河引水、规划灌区范围内的调水和水稻面积增长。

8.2 研究展望

三江平原水循环和水资源的宏观研究较少涉及微观机理上的研究，如流域 / 区域水循环整体上的水量平衡机制、平原区地下水的补给 – 排泄规律、融雪径流的趋势性规律、冻土的冻融过程、水资源的宏观调控等，是本研究的重点，而对于积雪和融雪过程的微观驱动、冻土形成和融化的微观机制、冻土微观入渗机理等，因实验数据有限，研究尚待深入。因此，本研究后续可以转入微观机理研究，具体可细分如下几个方面：

1）三江平原寒区专门观测和实验设计。三江平原基础观测站点及其观测数据较为丰富，如气象站、水文站、地下水观测站等，积累了大量翔实的基础数据资料，但是对于寒区要素及其变化的持续性观测、实验尚不完善，造成寒区水循环的微观机理研究不能深入，只能通过基础数据的统计分析和水循环模型的模拟掌握一些宏观规律，对三江平原寒区水循环的内在机理和机制不甚清晰，从而不利于更加精确地把握寒区要素变化对水循环的影响，更难以对水循环控制下的寒区水资源形成转化机制做到较为准确的理解。因此，后续研究应在寒区水循环要素的观测和实验设计上给予更多的精力，这不仅是寒区水循环和水资源研究的需求，而且是寒区水资源开发利用和生态环境保护的需求。

2）积雪消融的驱动机制及其时空过程。积雪消融受多方面因素的影响，其消融速率在不同的下垫面条件、不同的时间、不同的气象条件和气候特征下差异较大，从而影响融雪径流大小和过程、土壤含水量、地下水补给等，因此其驱动机制应在不同的条件组合下进行更加细致的实验观测研究。

3）土壤冻结与融化对土壤水入渗的影响。本书对气温与冻土的关系进行了探讨，即土壤冻结与土壤温度直接相关，而土壤温度与气温、土壤类型、积雪覆盖、植被覆盖等因素有关，从而可以根据上述因素的变化推断出冻土上下界面的移动。冻土在本书研究中被作为隔水层，是没有渗透性的。但是根据土壤含水量、土壤特性以及水分入渗对冻土的影响等因素，冻土会有一定的渗透性，因此积雪融水的下渗和产流需要重新分配。这种微观上的冻土入渗机制还需要大量的实验和观测进行深入研究。

4）气候变化对寒区水循环和水资源的影响。本书主要研究了人类活动对水循环的各种直接影响，一些自然因素也对三江平原的水循环产生着重要影响，如气候变化。随着气候变暖趋势愈加强烈，研究气候变化对降水、径流、地下水等的影响，尤其是气温上升对土壤冻融循环、积雪时空变化的影响，可能进一步改变地表水、土壤水和地下水的相互转化关系。气候变化对水循环和水资源的影响是目前研究的热点，这对于应对气候变化引起的极端气象灾害的防御具有重要意义。

参 考 文 献

程国栋, 周幼吾 . 1988. 中国冻土学的现状和展望 [J]. 冰川冻土 , 10(3): 221-227

丁永建 . 2017. 寒区水文导论 [M]. 北京 : 科学出版社

高鑫 , 叶柏生 , 张世强 , 等 . 2010. 1961 ~ 2006 年塔里木河流域冰川融水变化及其对径流的影响 [J]. 中国
科学 : 地球科学 ,40(5): 654-665

郭生练 , 陈炯宏 , 刘攀 , 等 . 2010. 水库群联合优化调度研究进展与展望 [J]. 水科学进展 , 21(4): 496-503

何道清 , 何涛 , 丁宏林 . 2012. 太阳能光伏发电系统原理与应用技术 [M]. 北京 : 化学工业出版社

寇有观 . 1983. 我国西部山区太阳辐射与高山冰雪消融 [J]. 资源科学 , (3) :82-90

雷晓辉 , 王旭 , 蒋云钟 , 等 . 2012. 通用水资源调配模型 WROOM Ⅰ : 理论 [J]. 水利学报 , 43(2): 225-231

刘潮海 , 康尔泗 , 刘时银 , 等 . 1999. 西北干旱区冰川变化及其径流效应研究 [J]. 中国科学 (D 辑 : 地球科
学),29(S1): 55-62

陆垂裕 , 王浩 , 王建华 , 等 . 2016. 面向对象模块化的水文模拟模型 :MODCYCLE 设计与应用 [M]. 北京 :
科学出版社

毛炜峄 , 曹占洲 , 沙依然 , 等 . 2007. 隆冬异常升温北疆积雪提前融化 [J]. 干旱区地理 , 30(3): 460-462

王建 , 李硕 . 2005. 气候变化对中国内陆干旱区山区融雪径流的影响 [J]. 中国科学 (D 辑 : 地球科学), 35(7):
664-670

王晓巍 . 2010. 北方季节性冻土的冻融规律分析及水文特性模拟 [D]. 哈尔滨 : 东北农业大学博士学位论文

杨针娘 , 刘新仁 , 曾群柱 , 等 . 2000. 中国寒区水文 [M] . 北京 : 科学出版社

叶佰生 , 韩添丁 , 丁永建 . 1999. 西北地区冰川径流变化的某些特征 [J]. 冰川冻土 , 21 (1) :54-58

Bliss A, Hock R, Radić V. 2014. Global response of glacier runoff to twenty-first century climate change[J].
Journal of Geophysical Research: Earth Surface, 119(4): 717-730

Christensen N S, Lettenmaier D P. 2007. A multimodel ensemble approach to assessment of climate change
impacts on the hydrology and water resources of the Colorado River Basin[J]. Hydrology & Earth System
Sciences Discussions, 11(4):1417-1434

Daniel J A, Staricka J A. 2000. Frozen soil impact on ground water-surface water interaction[J]. Journal of the
American Water Resources Association, 36(1):151-160

Dawadi S, Ahmad S. 2013. Evaluating the impact of demand-side management on water resources under changing
climatic conditions and increasing population[J]. Journal of Environmental Management, 114: 261-275

Dornes P F, Tolson B A, Davison B. 2008. Regionalisation of Land Surface Hydrological Model Parameters in
Subarctic and Arctic Environments[J]. Physics and Chemistry of the Earth, 33(17-18): 1081-1089

Granger R J, Gray D M, Dyck G E. 1984. Snowmelt infiltration to frozen prairie soils[J]. Canadian Journal of
Earth Sciences, 21(6): 669-677

Gray D M, Landine P G. 1988. An energy-budget snowmelt model for the Canadian prairies[J]. Canadian Journal
of Earth Sciences, 25(9): 1292-1303

Gusev Y M, Nasonova O N. 1998. The land surface parameterization scheme SWAP: description and partial
validation[J]. Global and Planetary Change, 19: 63-86

Hock R. 2003. Temperature index melt modelling in mountain areas[J]. Journal of Hydrology, 282:104-115

Konrad J M, Morgenstern N R. 1980. A mechanistic theory of ice lens formation in fine-grained soils[J]. Canadian
Geotechnical Journal, 17 (4) :473-486

Nakawo M, Young G J. 1982. Estimate of glacier ablation under a debris layer from surface temperature and meteorological variables[J]. Journal of Glaciology, 28 (98) : 29-34

Pomeroy J W, Gray D M, Brown T, et al. 2007. The cold regions hydrological model: a platform for basing process representation and model structure on physical evidence[J]. Hydrological Processes, 21: 2650-2667

Rigon R, Bertoldi G, Over T M. 2006. GEOtop: a distributed hydrological model with coupled water and energy budgets[J]. Journal of Hydrometeorol, 7 (3):371-388

Sakai A, Nakawo M, Fujita K. 1998. Melt rate of ice cliffs on the Lirung Glacier, Nepal Himalayas, 1996[J]. Bulletin of Glacier Research, 16: 57-66

Shakun J D, Peter U C, He F, et al. 2015. Regional and global forcing of glacier retreat during the last deglaciation[J]. Nature Communications, 6: 8059

Shanley J B, Chalmers A. 1999. The effect of frozen soil on snowmelt runoff at Sleepers River, Vermont[J]. Hydrological Processes, 13: 1843-1857

Singh P, Kumar N. 1997. Impact assessment of climate change on the hydrological response of a snow and glacier melt runoff dominated Himalayan river[J]. Journal of Hydrology,193: 316-350

Stewart I T, Cayan D R, Dettinger M D. 2004. Changes in snowmelt runoff timing in western North America under a 'business as usual' climate change scenario[J]. Climatic Change, 62: 217-232

Thunholm B, Lundin L C, Lindell S. 1989. Infiltration into a frozen heavy clay soil[J]. International Water Association Publications, 20 (3) :153-166

Trumbull N S. 2007. Pressures on urban water resources in Russia: The case of St. Petersburg[J]. Eurasian Geography and Economics, 48 (4) :495-506

Viviroli D, Archer D R, Buytaert W, et al. 2011. Climate change and mountain water resources: overview and recommendations for research, management and policy[J]. Hydrology and Earth System Sciences, 15: 471-504

Woo M, Marsh P. 2005. Snow, frozen soils and permafrost hydrology in Canada, 1999-2002[J]. Hydrological Processes, 19 (1): 215-229

Zhang Z, Kane D L, Hinzman L D. 2000. Development and application of a spatial-distributed Arctic hydrological and thermal process model (ARHYTHM)[J]. Hydrological Processes, 14 (6):1017-1044

Zhao L T, Gray D M. 1997. A parametric expressions for estimating infiltration into frozen soils[J]. Hydrological Processes, 11(13): 1761-1775